建筑给水排水工程

设计

JIANZHU GEISHUI PAISHUI GONGCHENG
SHEJI XUEYONG SUCHENG

学用速成

高爱军 编著

U0348464

中国电力出版社
CHINA ELECTRIC POWER PRESS

内 容 提 要

本书分基础部分和应用部分，着重介绍了建筑给水排水工程制图——设计的语言、建筑给水排水工程识图——设计的表达、建筑给水排水工程实施——设计的开展、建筑给水工程设计、建筑排水工程设计、建筑消防工程设计、建筑热水工程设计、建筑中水工程设计、建筑饮用水工程设计、高层建筑给水排水设计、居民小区给水排水设计、公共设施给水排水设计。

本书严格依据目前最新的国家规范、标准编写，着重的突出新规范、新标准、新工艺、新思维、新形势。本书内容丰富、言简意赅、图文并茂、综合性强，以培养和增强读者的建筑给水排水工程基础知识及应用能力为目的，知识点由易到难循序渐进。本书可作为建筑给水排水工程相关专业人员学习的参考书，特别适合作为建筑给水排水专业人员继续教育的辅导用书。

图书在版编目（CIP）数据

建筑给水排水工程设计学用速成/高爱军编著. —北京：中国电力出版社，2015.1
ISBN 978-7-5123-6375-5

Ⅰ.①建… Ⅱ.①高… Ⅲ.①建筑－给水工程－建筑设计②建筑－排水工程－建筑设计
Ⅳ.①TU82

中国版本图书馆 CIP 数据核字（2014）第 194236 号

中国电力出版社出版发行
北京市东城区北京站西街 19 号 100005 http：//www.cepp.sgcc.com.cn
责任编辑：梁 瑶 联系电话：010-63412605
责任印制：蔺义舟 责任校对：太兴华
北京市同江印刷厂印刷·各地新华书店经售
2015 年 1 月第 1 版·第 1 次印刷
700mm×1000mm 1/16·19 印张·363 千字
定价：42.00 元

编写委员会

董国伟　郭爱云　高爱军　侯红霞　李仲杰
李芳芳　王晓龙　王文慧　王国峰　汪　硕
魏文彪　袁锐文　叶梁梁　赵　洁　周军辉
张　凌　张　蔷　张　英　张正南

前　言

在我国国民经济实力飞速发展的大背景下，建筑行业已成为当今最具有活力的一个行业，不论民用、工业还是公共建筑都如雨后春笋般拔地而起。伴随着建筑施工技术的不断发展与成熟，人们对建筑产品在品质、功能等方面有了更高的要求。建筑设备的完善程度和设计水平，可以作为体现建筑物建设质量和现代化水平的重要标志，在不断发展的过程中，越来越引起人们的关注。

给水排水工程作为建筑设备最基本的要素，与人们的生活、卫生、安全、消防等方面息息相关，其技术水平直接影响建筑物的使用功能。尤其是近些年来，工程新技术、新工艺的不断应用，让人们打开眼界的同时，也享受了建筑设计成果，造福了人类。随着社会的进步，建筑给水排水工程在理论与实践上仍将不断完善与拓展，进而成为现代建筑不可或缺的重中之重。

从目前的趋势来看，一方面，社会对建筑给水排水工程技术人才的需求越来越多，各大高等院校也在积极建立和完善建筑给水排水工程专业人才培养体系；另一方面，建筑给水排水工程技术迅速发展，不仅对实践领域的设计人员有要求，同时对高校相关专业学生的培养也提出了新的要求。

近年来，高校毕业生数量逐年增加，促使建筑给水排水专业队伍不断壮大，也为整个给水排水行业带来了新鲜的血液，使得给水排水工程走向年轻化、多元化。可是存在的问题也日益明显，初出茅庐的高校毕业生，在管理能力、社会经验、实际操作等方面都极为欠缺，他们中的大多数人在毕业后，不能迅速成为一名合格的技术人员，就业前景堪忧。如何改变这种状况？可以让这些刚刚参加工作的毕业生的管理能力和技术水平得到快速的提高？这就迫切需要具有较高实用价值的资料性、实践性教材。本套丛书就是在这样的背景下编写完成的。希望本丛书能够为高等院校建筑给水排水工程专业的读者提供帮助，可作为教学、辅导的参考用书。

本书全面、细致地概括了建筑给水排水工程的设计基础和设计应用。全书共分为12个项目，是一个有机的整体。从建筑产品的使用功能出发，通过对给水、排水、消防、中水、热水、饮用水等不同系统逐一介绍，有效、有序地将建筑给水排水系统设计原理及国家标准、规范融入到设计理论当中，以强调设计过程中的规范意识及对规范条款的应用。本书在内容上由浅及深，循序渐进，适合不同层次的读者，尤其适合新手尽快入门成为高手；在表达上简明易懂、图文并茂、灵活新颖，改变了以往建筑类图书枯燥乏味的记叙，而是分别列出需要掌握的技能，让读者一目了然。

目前，给水排水工程各领域发展迅速，学科之间的联系也越来越紧密，虽然编者在编写时力求做到内容全面及时，但由于自身专业水平有限，加之时间仓促，书中存在不当之处在所难免，恳请读者批评指正。当然，我们会在今后的出版工作中，力求做到精益求精。我们诚挚地希望本套丛书能为奋斗在建筑给水排水工程行业的朋友带来更多的帮助。

编者

目 录

基础部分

项目 1 建筑给水排水工程制图
——设计的语言

1.1 制图标准

1.1.1 图幅、标题栏的要求

1. 图幅

（1）图样幅面及图框尺寸的要求，见表 1-1。

表 1-1　　　　　　　　　　　幅面及图框尺寸　　　　　　　　（单位：mm）

幅面代号 尺寸代号	A0	A1	A2	A3	A4
$b \times l$	841×1189	594×841	420×594	297×420	210×297
c	10			5	
a	25				

注：表中 b 为幅面短边尺寸，l 为幅面长边尺寸，c 为图框线与幅面线间宽度，a 为图框线与装订边间宽度。

（2）需要微缩复制的图样，其一个边上应附有一段准确米制尺度，四个边上均附有对中标志，米制尺度的总长应为 100mm，分格应为 10mm。对中标志应画在图样内框各边长的中点处，线宽 0.35mm，并应伸入内框边，在框外为 5mm。对中标志的线段，于 l_1 和 b_1 范围取中。

（3）图样的短边尺寸不应加长，A0～A3 幅面长边尺寸可加长，见表 1-2。

表 1-2　　　　　　　　　　　图样长边加长尺寸　　　　　　　　（单位：mm）

幅面代号	长边尺寸	长边加长后的尺寸		
A0	1189	1486（A0+1/4l） 1932（A0+5/8l） 2378（A0+l）	1635（A0+3/8l） 2080（A0+3/4l）	1783（A0+1/2l） 2230（A0+7/8l）

续表

幅面代号	长边尺寸	长边加长后的尺寸
A1	841	1051 （A1+1/4l）　1261 （A1+1/2l）　1471 （A1+3/4l） 1682 （A1+l）　1892 （A1+5/4l）　2102 （A1+3/2l）
A2	594	743 （A2+1/4l）　891 （A2+1/2l）　1041 （A2+3/4l） 1189 （A2+l）　1338 （A2+5/4l）　1486 （A2+3/2l） 1635 （A2+7/4l）　1783 （A2+2l）　1932 （A2+9/4l） 2080 （A2+5/2l）
A3	420	630 （A3+1/2l）　841 （A3+l）　1051 （A3+3/2l） 1261 （A3+2l）　1471 （A3+5/2l）　1682 （A3+3l） 1892 （A3+7/2l）

注：有特殊需要的图样，可采用 $b×l$ 为 841mm×891mm 与 1189mm×1261mm 的幅面。

（4）图样以短边作为垂直边应为横式，以短边作为水平边应为立式。A0～A3 图样宜横式使用；必要时，也可立式使用。

（5）工程设计中，每个专业所使用的图样，不宜多于两种幅面，不含目录及表格所采用的 A4 幅面。

2. 标题栏

（1）图样中应有标题栏、图框线、幅面线、装订边线和对中标志。图样的标题栏及装订边的位置，应符合下列规定：

1）横式使用的图样，应按图 1-1、图 1-2 的形式进行布置；

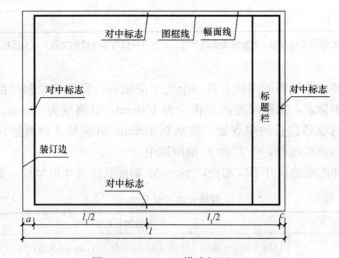

图 1-1　A0～A3 横式幅面（一）

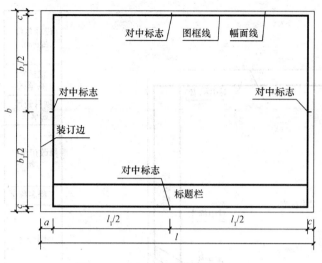

图1-2 A0~A3横式幅面(二)

2)立式使用的图样,应按图1-3、图1-4的形式进行布置。

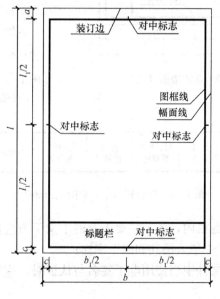

图1-3 A0~A4立式幅面(一)

(2)标题栏应符合图1-5、图1-6的规定,根据工程的需要选择确定其尺寸、格式及分区。签字栏应包括实名列和签名列,并应符合下列规定:

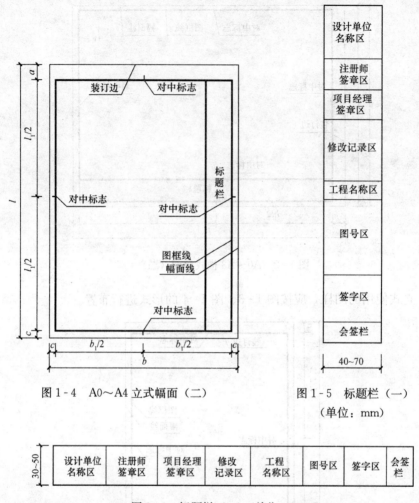

图 1-4　A0～A4 立式幅面（二）　　图 1-5　标题栏（一）

（单位：mm）

| 设计单位名称区 | 注册师签章区 | 项目经理签章区 | 修改记录区 | 工程名称区 | 图号区 | 签字区 | 会签栏 |

图 1-6　标题栏（二）（单位：mm）

1）涉外工程的标题栏内，各项主要内容的中文下方应附有译文，设计单位的上方或左方，应加"中华人民共和国"字样；

2）在计算机制图文件中当使用电子签名与认证时，应符合国家有关电子签名法的规定。

3. 图样编排顺序

（1）工程图样应按专业顺序编排，应为图样目录、总图、建筑图、结构图、给水排水图、暖通空调图、电气图等。

（2）各专业的图样，应按图样内容的主次关系、逻辑关系进行分类排序。

◆◆ 1.1.2 图线、字体、比例的要求

1. 图线

（1）图线的宽度 b，宜从 1.4mm、1.0mm、0.7mm、0.5mm、0.35mm、0.25mm、0.18mm、0.13mm 线宽系列中选取图线宽度，不应小于 0.1mm。每个图样，应根据复杂程度与比例大小，先选定基本线宽 b，再选用表 1-3 中相应的线宽组。同一个图样内，各种不同线宽组中的细线，可统一采用线宽组中较细的细线。

表 1-3   线 宽 组   （单位：mm）

线宽比	线宽组			
b	1.4	1.0	0.7	0.5
$0.7b$	1.0	0.7	0.5	0.35
$0.5b$	0.7	0.5	0.35	0.25
$0.25b$	0.35	0.25	0.18	0.13

注：1. 需要微缩的图样，不宜采用 0.18mm 及更细的线宽组。

2. 同一张图样内，各不同线宽中的细线，可统一采用较细的线宽组的细线。

（2）建筑给水排水专业常用的制图线型，见表 1-4。

表 1-4   线 型

名称	线型	线宽	用 途
粗实线	————	b	新设计的各种排水和其他重力流管线
粗虚线	— — — —	b	新设计的各种排水和其他重力流管线的不可见轮廓线
中粗实线	————	$0.7b$	新设计的各种给水和其他压力流管线及原有的各种排水和其他重力流管线
中粗虚线	— — — —	$0.7b$	新设计的各种给水和其他压力流管线及原有的各种排水和其他重力流管线的不可见轮廓线
中实线	————	$0.5b$	给水排水设备，零（附）件的可见轮廓线；总图中新建的建筑物和构筑物的可见轮廓线；原有的各种给水和其他压力流管线
中虚线	— — — —	$0.5b$	给水排水设备，零（附）件的不可见轮廓线；总图中新建的建筑物和构筑物的不可见轮廓线；原有的各种给水和其他压力流管线的不可见轮廓线

名称	线型	线宽	用　途
细实线	——————	0.25b	建筑的可见轮廓线；总图中原有的建筑物和构筑物的可见轮廓线，制图中的各种标注线
细虚线	- - - - - -	0.25b	建筑的不可见轮廓线，总图中原有的建筑物和构筑物的不可见轮廓线
单点长画线	—·—·—·—	0.25b	中心线、定位轴线
折断线	——〰——	0.25b	断开界线
波浪线	〰〰〰	0.25b	平面图中水面线；局部构造层次范围线；保温范围示意线

（3）同一张图样内，相同比例的各图样，应选用相同的线宽组。图样中，可使用自定义的图线、线型及用途，并应在设计文件中明确说明。自定义的图线、线型及用途不应与国家现行有关标准、规范相矛盾。

（4）图样的图框和标题栏线可采用表1-5的线宽。

表1-5　　　　　　　　图框和标题栏线的宽度　　　　　　　（单位：mm）

幅面代号	图框线	标题栏外框线	标题栏分格线
A0、A1	b	0.5b	0.25b
A2、A3、A4	b	0.7b	0.35b

（5）相互平行的图例线，其净间隙或线中间隙不宜小于0.2mm。

（6）虚线、单点长画线或双点长画线的线段长度和间隔，宜各自相等。

（7）单点长画线或双点长画线，当在较小图形中绘制有困难时，可用实线代替。

（8）单点长画线或双点长画线的两端，不应是点。点画线与点画线交接点或点画线与其他图线交接时，应是线段交接。

（9）虚线与虚线交接或虚线与其他图线交接时，应是线段交接。虚线为实线的延长线时，不得与实线相接。

（10）图线不得与文字、数字或符号重叠、混淆。不可避免时，应保证文字的清晰。

2. 字体

（1）图样上所需注写的文字、数字或符号等，均应笔画清晰、字体端正、排列整齐；标点符号应清楚正确。

（2）文字的字高应从表 1-6 中选用。字高大于 10mm 的文字宜采用 True type 字体。当需注写更大的字时，其高度应按 $\sqrt{2}$ 的倍数递增。

表 1-6　　　　　　　　　　　　文字的字高　　　　　　　　　　（单位：mm）

字体种类	中文矢量字体	True type 字体及非中文矢量字体
字高	3.5、5、7、10、14、20	3、4、6、8、10、14、20

（3）图样及说明中的汉字，宜采用长仿宋体或黑体，同一图样字体种类不应超过两种。长仿宋字的高宽关系应符合表 1-7 的规定，黑体字的宽度与高度应相同。大标题、图册封面、地形图等的汉字，也可注写成其他字体，但应易于辨认。

表 1-7　　　　　　　　　　　长仿宋字高宽关系　　　　　　　　（单位：mm）

字高	20	14	10	7	5	3.5
字宽	14	10	7	5	3.5	2.5

（4）汉字的简化字注写应符合国家有关汉字简化方案的规定。

（5）图样及说明中的拉丁字母、阿拉伯数字与罗马数字，宜采用单线简体或 ROMAN 字体。拉丁字母、阿拉伯数字与罗马数字的注写规则，应符合表 1-8 的规定。

表 1-8　　　　　　　拉丁字母、阿拉伯数字与罗马数字的注写规则

书写格式	字体	窄字体
大写字母高度	h	h
小写字母高度（上下均无延伸）	$7/10h$	$10/14h$
小写字母伸出的头部或尾部	$3/10h$	$4/14h$
笔画宽度	$1/10h$	$1/14h$
字母间距	$2/10h$	$2/14h$
上下行基准线的最小间距	$15/10h$	$21/14h$
词间距	$6/10h$	$6/14h$

（6）拉丁字母、阿拉伯数字与罗马数字，当需写成斜体字时，其斜度应是从字的底线逆时针向上倾斜 75°。斜体字的高度和宽度应与相应的直体字相等。

（7）拉丁字母、阿拉伯数字与罗马数字的字高，不应小于 2.5mm。

（8）数量的数值注写，应采用正体阿拉伯数字，各种计量单位凡前面有量值的，均应采用国家颁布的单位符号注写，单位符号应采用正体字母。

（9）分数、百分数和比例数的注写，应采用阿拉伯数字和数学符号。

(10) 当注写的数字小于1时，应写出各位的"0"，小数点应采用圆点，对齐基准线注写。

(11) 长仿宋汉字、拉丁字母、阿拉伯数字与罗马数字示例，应符合现行国家标准《技术制图　字体》（GB/T 14691—1993）的有关规定。

3. 比例

(1) 图样的比例，应为图形与实物相对应的线性尺寸之比。

(2) 比例的符号应为"："，比例应以阿拉伯数字表示。

(3) 比例宜注写在图名的右侧，字的基准线应取平；比例的字高宜比图名的字高小一号或二号（图1-7）。

平面图 1:100　　⑥ 1:20

图1-7　比例的注写

(4) 建筑给水排水专业制图常用的比例，宜符合表1-9的规定。

表1-9　　　　　　　　　给水排水专业制图常用比例

名称	比　例	备注
区域规划图 区域位置图	1:50 000、1:25 000、1:10 000、1:5000、1:2000	宜与总图专业一致
总平面图	1:1000、1:500、1:300	宜与总图专业一致
管道纵断面图	坚向 1:200、1:100、1:50 纵向 1:1000、1:500、1:300	—
水处理厂（站）平面图	1:500、1:200、1:100	—
水处理构筑物、设备间、卫生间、泵房平、剖面图	1:100、1:50、1:40、1:30	—
建筑给水排水平面图	1:200、1:150、1:100	宜与总图专业一致
建筑给水排水轴测图	1:150、1:100、1:50	宜与相应图纸一致
详图	1:50、1:30、1:20、1:10、1:5、1:2、1:1、2:1	—

(5) 在管道纵断面图中，竖向与纵向可采用不同的组合比例。

(6) 在建筑给水排水轴测系统图中，如局部表达有困难时，该处可不按比例绘制。

(7) 水处理工艺流程断面图和建筑给水排水管道展开系统图可不按比例绘制。

◆◆ *1.1.3   符号的要求*

1. 剖切符号

（1）剖视的剖面的剖切符号应由剖切位置线及剖视方向线组成，均应以粗实线绘制。剖视的剖面的剖切符号应符合下列规定：

1）剖切位置线的长度宜为 6～10mm；剖视方向线应垂直于剖切位置线，长度应短于剖切位置线，宜为 4～6mm，如图 1-8 所示，也可采用国际统一和常用的剖视方法，如图 1-9 所示。绘制时，剖视剖面的剖切符号不应与其他图线相接触。

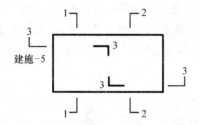

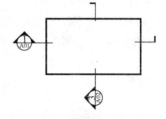

图 1-8   剖视的剖面的剖切符号（一）   图 1-9   剖视的剖面的剖切符号（二）

2）剖视的剖面的剖切符号的编号宜采用阿拉伯数字，按剖切顺序由左至右、由下向上连续编排，并应注写在剖视方向线的端部。

3）需要转折的剖切位置线，应在转角的外侧加注与该符号相同的编号。

4）建（构）筑物断面图的剖面的剖切符号应注在±0.000 标高的平面图或首层平面图上。

5）局部断面图（不含首层）的剖面的剖切符号应注在包含剖切部位的最下面一层的平面图上。

（2）断面的剖面的剖切符号应符合下列规定：

1）断面的剖面的剖切符号应只用剖切位置线表示，并应以粗实线绘制，长度宜为 6～10mm。

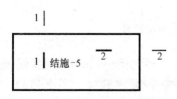

2）断面剖面的剖切符号的编号宜采用阿拉伯数字，按顺序连续编排，并应注写在剖切位置线的一侧；编号所在的一侧应为该断面的剖视方向（图 1-10）。

（3）剖面图或断面图，当与被剖切图样不在同一张图内时，应在剖切位置线的另一

图 1-10   断面的剖面的剖切符号

侧注明其所在图样的编号，也可以在图上集中说明。

2. 索引符号与详图符号

（1）图样中的某一局部或构件，如需另见详图，应以索引符号索引
[图 1-11（a）]。索引符号由直径为 8～10mm 的圆和水平直径组成，圆及水平
直径应以细实线绘制。索引符号应按下列规定编写：

1）索引出的详图，如与被索引的详图同在一张图样内，应在索引符号的上
半圆中用阿拉伯数字注明该详图的编号，并在下半圆中间画一段水平细实线
[图 1-11（b）]。

2）索引出的详图，如与被索引的详图不在同一张图样内，应在索引符号的
上半圆中用阿拉伯数字注明该详图的编号，在索引符号的下半圆用阿拉伯数字
注明该详图所在图样的编号 [图 1-11（c）]。数字较多时，可加文字标注。

3）索引出的详图，如采用标准图，应在索引符号水平直径的延长线上加注
该标准图集的编号 [图 1-11（d）]。需要标注比例时，文字在索引符号右侧或
延长线下方，与符号下对齐。

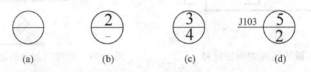

图 1-11　索引符号

（2）索引符号当用于索引剖视详图时，应在被剖切的部位绘制剖切位置线，
并以引出线引出索引符号，引出线所在的一侧应为剖视方向。索引符号的编写
应符合《房屋建筑制图统一标准》第 7.2.1 条的规定（图 1-12）。

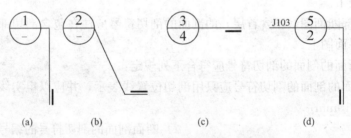

图 1-12　用于索引剖面详图的索引符号

（3）零件、钢筋、杆件、设备等的编号宜以直径为 5～6mm 的细实线圆表
示，同一图样应保持一致，其编号应用阿拉伯数字按顺序编写（图 1-13）。消
火栓、配电箱、管井等的索引符号，直径宜为 4～6mm。

⑤

图 1-13　零件、钢筋等的编号

(4) 详图的位置和编号应以详图符号表示。详图符号的圆应以直径为 14mm 粗实线绘制。详图编号应符合下列规定：

1) 详图与被索引的图样同在一张图样内时，应在详图符号内用阿拉伯数字注明详图的编号（图 1-14）。

图 1-14 与被索引图样同在一张图样内的详图符号

2) 详图与被索引的图样不在同一张图样内时，应用细实线在详图符号内画一水平直径的圆，在上半圆中注明详图编号，在下半圆中注明被索引的图样的编号（图 1-15）。

图 1-15 与被索引图样不在同一张图样内的详图符号

3. 引出线

(1) 引出线应以细实线绘制，宜采用水平方向的直线，与水平方向成 30°、45°、60°、90°的直线，或经上述角度再折为水平线。文字说明宜注写在水平线的上方 [图 1-16 (a)]，也可注写在水平线的端部 [图 1-16 (b)]。索引详图的引出线，应与水平直径线相连接 [图 1-16 (c)]。

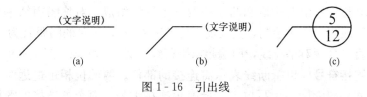

图 1-16 引出线

(2) 同时引出的几个相同部分的引出线，宜互相平行 [图 1-17 (a)]，也可画成集中于一点的放射线 [图 1-17 (b)]。

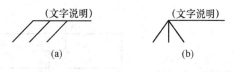

图 1-17 共用引出线

(3) 多层构造或多层管道共用引出线，应通过被引出的各层，并用圆点示意对应各层次。文字说明宜注写在水平线的上方，或注写在水平线的端部，说明的顺序应由上至下，并应与被说明的层次对应一致；如层次为横向排序，则由上至下的说明顺序应与由左至右的层次对应一致（图 1-18）。

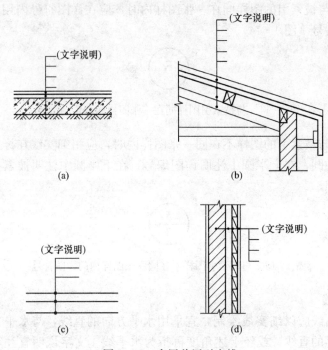

(a)　(b)　(c)　(d)

图 1-18　多层共用引出线

4. 其他符号

（1）对称符号由对称线和两端的两对平行线组成。对称线用细单点长画线绘制；平行线用细实线绘制，其长度宜为 6~10mm，每对的间距宜为 2~3mm；对称线垂直平分两对平行线，两端超出平行线宜为 2~3mm（图 1-19）。

（2）连接符号应以折断线表示需连接的部位。两部位相距过远时，折断线两端靠图样一侧应标注大写拉丁字母表示连接编号。两个被连接的图样应用相同的字母编号（图 1-20）。

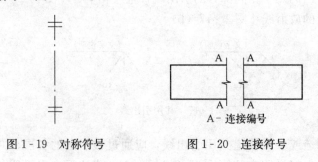

A- 连接编号

图 1-19　对称符号　　　　图 1-20　连接符号

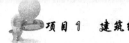

（3）指北针的形状符合图 1-21 的规定，其圆的直径宜为 24mm，用细实线绘制；指针尾部的宽度宜为 3mm，指针头部应注"北"或"N"字。需用较大直径绘制指北针时，指针尾部的宽度宜为直径的 1/8。

（4）对图样中局部变更部分宜采用云线，并宜注明修改版次（图 1-22）。

图 1-21　指北针

图 1-22　变更云线

1—修改次数

◆◆◆ 1.1.4　定位轴线、尺寸标注要求

1. 定位轴线

（1）定位轴线应用细单点长画线绘制。

（2）定位轴线应编号，编号应注写在轴线端部的圆内。圆应用细实线绘制，直径为 8~10mm。定位轴线圆的圆心应在定位轴线的延长线上或延长线的折线上。

（3）除较复杂需采用分区编号或圆形、折线形外，平面图上定位轴线的编号，宜标注在图样的下方或左侧。横向编号应用阿拉伯数字，从左至右顺序编写；竖向编号应用大写拉丁字母，从下至上顺序编写（图 1-23）。

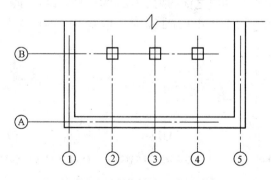

图 1-23　定位轴线的编号顺序

（4）拉丁字母作为轴线编号时，应全部采用大写字母，不应用同一个字母的大小写来区分轴线号。拉丁字母的 I、O、Z 不得用作轴线编号，当字母数量不够使用时，可增用双字母或单字母加数字注脚。

（5）组合较复杂的平面图中定位轴线也可采用分区编号（图1-24）。编号的注写形式应为"分区号—该分区编号"。"分区号—该分区编号"采用阿拉伯数字或大写拉丁字母表示。

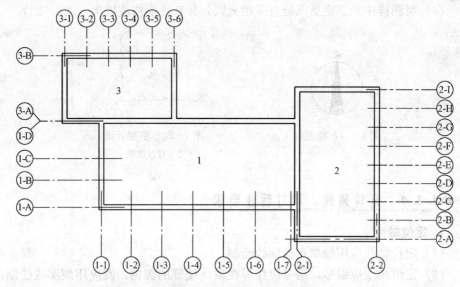

图1-24　定位轴线的分区编号

（6）附加定位轴线的编号，应以分数形式表示，并应符合下列规定：

1）两根轴线的附加轴线，应以分母表示前一轴线的编号，分子表示附加轴线的编号。编号宜用阿拉伯数字顺序编写。

2）1号轴线或A号轴线之前的附加轴线的分母应以01或0A表示。

（7）一个详图适用于几根轴线时，应同时注明各有关轴线的编号（图1-25）。

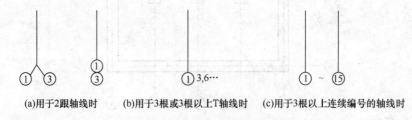

(a)用于2跟轴线时　(b)用于3根或3根以上T轴线时　(c)用于3根以上连续编号的轴线时

图1-25　详图的轴线编号

（8）通用详图中的定位轴线，应只画圆，不注写轴线编号。

（9）圆形与弧形平面图中的定位轴线，其径向轴线应以角度进行定位，其编号宜用阿拉伯数字表示，从左下角或−90°（若径向轴线很密，角度间隔很小）

开始，按逆时针顺序编写；其环向轴线宜用大写阿拉伯字母表示，从外向内顺序编写（图 1-26 和图 1-27）。

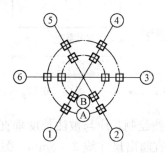

图 1-26　圆形平面定位轴线的编号

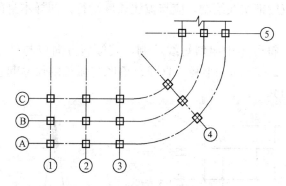

图 1-27　弧形平面定位轴线的编号

（10）折线形平面图中定位轴线的编号可按图 1-28 的形式编写。

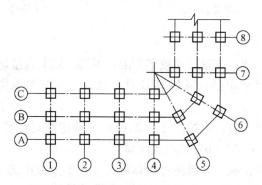

图 1-28　折线形平面定位轴线的编号

2. 尺寸标注

（1）尺寸界线、尺寸线及尺寸起止符号：

1）图样上的尺寸，应包括尺寸界线、尺寸线、尺寸起止符号和尺寸数字

（图1-29）。

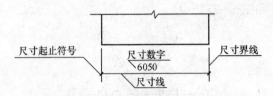

图1-29 尺寸的组成（单位：mm）

2）尺寸界线应用细实线绘制，应与被注长度垂直，其一端应离开图样轮廓线不应小于2mm，另一端宜超出尺寸线2～3mm。图样轮廓线可用作尺寸界线（图1-30）。

3）尺寸线应用细实线绘制，应与被注长度平行。图样本身的图线均不得用作尺寸线。

4）尺寸起止符号用中粗斜短线绘制，其倾斜方向应与尺寸界线成顺时针45°角，长度宜为2～3mm。半径、直径、角度与弧长的尺寸起止符号，宜用箭头表示（图1-31）。

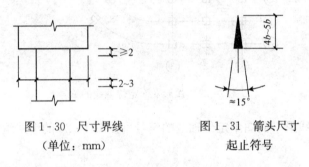

图1-30 尺寸界线　　　　图1-31 箭头尺寸
　　（单位：mm）　　　　　　起止符号

（2）尺寸数字：

1）图样上的尺寸，应以尺寸数字为准，不得从图上直接量取。

2）图样上的尺寸单位，除标高及总平面以"m"为单位外，其他必须以"mm"为单位。

3）尺寸数字的方向，应按图1-32（a）的规定注写。若尺寸数字在30°斜线区内，也可按图1-32（b）的形式注写。

4）尺寸数字应依据其方向注写在靠近尺寸线的上方中部。如没有足够的注写位置，最外边的尺寸数字可注写在尺寸界线的外侧，中间相邻的尺寸数字可上下错开注写，引出线端部用圆点表示标注尺寸的位置（图1-33）。

（3）尺寸的排列与布置：

1）尺寸宜标注在图样轮廓以外，不宜与图线、文字及符号等相交（图1-34）。

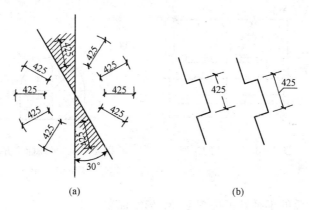

图 1-32　尺寸数字的注写方向（单位：mm）

图 1-33　尺寸数字的注写位置（单位：mm）

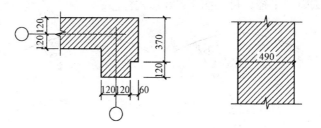

图 1-34　尺寸数字的注写（单位：mm）

2）互相平行的尺寸线，应从被注写的图样轮廓线由近向远整齐排列，较小尺寸应离轮廓线较近，较大尺寸应离轮廓线较远（图 1-35）。

3）图样轮廓线以外的尺寸界线，距图样最外轮廓之间的距离，不宜小于 10mm。平行排列的尺寸线的间距，宜为 7～10mm，并应保持一致（图 1-35）。

4）总尺寸的尺寸界线应靠近所指部位，中间的分尺寸的尺寸界线可稍短，但其长度应相等（图 1-35）。

（4）半径、直径、球的尺寸标注：

1）半径的尺寸线应一端从圆心开始，另一端画箭头指向圆弧。半径数字前应加注半径符号"*R*"（图 1-36）。

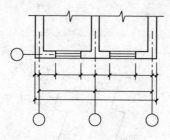
图1-35 尺寸的排列

图1-36 半径标注方法
（单位：mm）

2）较小圆弧的半径，可按图1-37形式标注。

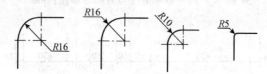
图1-37 小圆弧半径的标注方法（单位：mm）

3）较大圆弧的半径，可按图1-38形式标注。

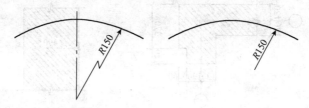
图1-38 大圆弧半径的标注方法（单位：mm）

4）标注圆的直径尺寸时，直径数字前应加直径符号"ϕ"。在圆内标注的尺寸线应通过圆心，两端画箭头指至圆弧（图1-39）。

5）较小圆的直径尺寸，可标注在圆外（图1-40）。

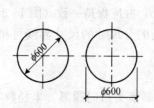
图1-39 圆直径的标注方法
（单位：mm）

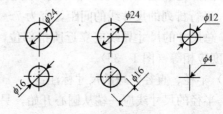
图1-40 小圆直径的标注方法
（单位：mm）

6）标注球的半径尺寸时，应在尺寸前加注符号"SR"。标注球的直径尺寸时，应在尺寸数字前加注符号 $S\phi$。注写方法与圆弧半径和圆直径的尺寸标注方法相同。

（5）角度、弧度、弧长的标注：

1）角度的尺寸线应以圆弧表示。该圆弧的圆心应是该角的顶点，角的两条边为尺寸界线。起止符号应以箭头表示，如没有足够位置画箭头，可用圆点代替，角度数字应沿尺寸线方向注写（图1-41）。

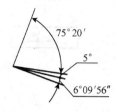

图1-41　角度标注方法

2）标注圆弧的弧长时，尺寸线应以与该圆弧同心的圆弧线表示，尺寸界线应指向圆心，起止符号用箭头表示，弧长数字上方应加注圆弧符号"⌒"（图1-42）。

3）标注圆弧的弦长时，尺寸线应以平行于该弦的直线表示，尺寸界线应垂直于该弦，起止符号用中粗斜短线表示（图1-43）。

图1-42　弧长标注方法

（单位：mm）

图1-43　弦长标注方法

（单位：mm）

（6）薄板厚度、正方形、坡度、非圆曲线等尺寸标注：

1）在薄板板面标注板厚尺寸时，应在厚度数字前加厚度符号"t"（图1-44）。

2）标注正方形的尺寸，可用"边长×边长"的形式，也可在边长数字前加正方形符号（图1-45）。

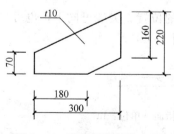

图1-44　薄板厚度标注方法

（单位：mm）

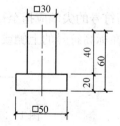

图1-45　标注正方形尺寸

（单位：mm）

3）标注坡度时，应加注坡度符号"←"［图1-46（a）和图1-46（b）］，该符号为单面箭头，箭头应指向下坡方向。坡度也可用直角三角形形式标注

[图1-46（c）]。

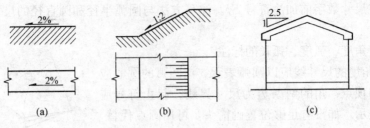

图1-46　坡度标注方法

（7）标高：

1）标高符号应以直角等腰三角形表示，按图1-47（a）所示形式用细实线绘制，当标注位置不够时，也可按图1-47（b）所示形式绘制。标高符号的具体画法应符合图1-47（c）和图1-47（d）所示的规定。

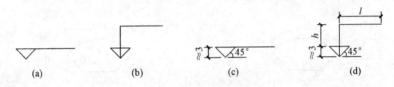

图1-47　标高符号（单位：mm）

l—取适当长度注写标高数字；*h*—根据需要取适当高度

2）总平面图室外地坪标高符号，宜用涂黑的三角形表示，具体画法应符合图1-48所示的规定。

图1-48　总平面图室外地坪标高符号（单位：mm）

3）标高符号的尖端应指至被注高度的位置。尖端可向下，也可向上。标高数字应注写在标高符号的上侧或下侧（图1-49）。

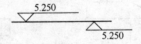

图1-49　标高的指向（单位：m）

4）标高数字应以"m"为单位，注写到小数点后第三位。在总平面图中，可注写到小数字点后第二位。

5）零点标高应注写成±0.000，正数标高不注"＋"，负数标高应注"－"，如3.000、－0.600。

6) 在图样的同一位置需表示几个不同标高时，标高数字可按图 1 - 50 所示的形式注写。

图 1 - 50　同一位置注写多个标高数字（单位：m）

1.2　图样画法

◆◆ 1.2.1　图样画法

（1）图纸幅面规格、字体、符号等均应符合现行国家标准《房屋建筑制图统一标准》（GB/T 50001—2010）的有关规定。图样图线、比例、管径、标高和图例等应符合《建筑给水排水制图标准》（GB/T 50106—2010）第 2 章和第 3 章的有关规定。

（2）设计应以图样表示，当图样无法表示时可加注文字说明。设计图样表示的内容应满足相应设计阶段的设计深度要求。

（3）对于设计依据、管道系统划分、施工要求、验收标准等在图样中无法表示的内容，应按下列规定，用文字说明。

1) 有关项目的问题，施工图阶段应在首页或次页编写设计施工说明集中说明。

2) 图样中的局部问题，应在本张图样内以附注形式予以说明。

3) 文字说明应条理清晰、简明扼要、通俗易懂。

（4）设备和管道的平面布置、剖面图均应符合现行国家标准《房屋建筑制图统一标准》（GB/T 50001—2010）的规定，并应按直接正投影法绘制。

（5）工程设计中，本专业的图样应单独绘制。在同一个工程项目的设计图样中，所用的图例、术语、图线、字体、符号、制图表示方式等应一致。

（6）在同一个工程子项目的设计图纸中，所用的图纸幅面规格应一致。如有困难时，其图纸幅面规格不宜超过两种。

（7）尺寸的数字和计量单位应符合下列规定：

1) 图样中尺寸的数字、排列、布置及标注，应符合现行国家标准《房屋建筑制图统一标准》（GB/T 50001—2010）的规定。

2) 单体项目平面图、剖面图、详图、放大图、管径等的尺寸应以"mm"计。

3）标高、距离、管长、坐标等应以"m"计，精确度可取至"cm"。

（8）标高和管径的标注应符合下列规定：

1）单体建筑应标注相对标高，并注明相对标高与绝对标高的换算关系。

2）总平面图应标注绝对标高，并注明标高体系。

3）压力流管道应标注管道中心。

4）重力流管道应标注管道内底。

5）横管的管径宜标注在管道的上方，竖向管道的管径宜标注在管道的左侧，斜向管道应按现行国家标准《房屋建筑制图统一标准》（GB/T 50001—2010）的规定进行标注。

（9）工程设计图纸中的主要设备器材表的格式，可按图1-51绘制。

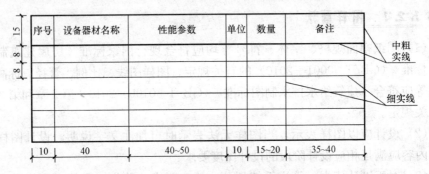

图1-51　主要设备器材表图例（单位：mm）

◆◆◆ **1.2.2** 　**图号、图纸编排**

（1）设计图纸编号应符合下列规定：

1）规划设计阶段宜以水规-1、水规-2等以此类推表示。

2）初步设计阶段宜以水初-1、水初-2等以此类推表示。

3）施工图设计阶段宜以水施-1、水施-2等以此类推表示。

4）单体项目只有一张图纸时，宜采用水初—全、水施—全表示，并宜在图纸图框线内的右上角标"全部水施图纸均在此页"字样，如图1-52所示。

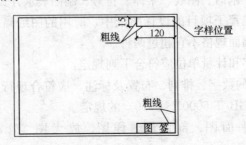

图1-52　只有一张图纸时的右上角字样位置（单位：mm）

5）施工图设计阶段，本工程各单体项目通用的统一详图宜以水通-1、水通-2等以此类推表示。

（2）设计图纸编写目录应符合下列规定：

1）初步设计阶段工程设计的图纸目录宜以工程项目为单位进行编写。

2）施工图设计阶段工程设计的图纸目录宜以工程项目的单体项目为单位进行编写。

3）施工图设计阶段，本工程各单体项目共同使用的统一详图宜单独进行编写。

（3）设计图纸排列应符合下列规定：

1）图纸目录、使用标准图目录、使用统一详图目录、主要设备器材表、图例和设计施工说明宜在前，设计图纸宜在后。

2）图纸目录、使用标准图目录、使用统一详图目录、主要设备器材表、图例和设计施工说明在一张图纸内排列不完时，应按所述内容的顺序单独成图和编号。

3）设计图样宜按下列规定进行排列：

①管道系统图在前，平面图、放大图、剖面图、轴测图、详图依次在后编排。

②管道展开系统图应按生活给水、生活热水、直饮水、中水、污水、废水、雨水、消防给水等依次编排。

③平面图中应按地面下各层依次在前，地面上各层由低向高依次编排。

④水净化（处理）工艺流程断面图在前，水净化（处理）机房（构筑物）平面图、剖面图、放大图、详图依次在后编排。

⑤总平面图应按管道布置图在前，管道节点图、阀门井剖面示意图、管道纵断面图或管道高程表、详图依次在后编排。

◆◆■ 1.2.3　图样布置

（1）同一张图纸内绘制多个图纸时，布置要求宜符合下列规定：

1）有多个平面图时应按建筑层次由低层至高层、由下而上的顺序布置。

2）既有平面图又有剖面图时，应按平面图在下、剖面图在上或在右的顺序布置。

3）卫生间放大平面图，应按平面放大图在上，从左向右排列，相应的管道轴测图在下，从左向右布置。

4）安装图和详图宜按索引编号，并按从上至下、由左向右的顺序布置。

5）图纸目录、使用标准图目录、设计施工说明、图例和主要设备器材表，宜按自上而下、从左向右的顺序布置。

（2）每个图样均应在图样下方标注出图名，图名下应绘制一条中粗横线，长度应与图名长度相等，图样比例应标注在图名右下侧横线上侧处。

（3）图样中某些问题需要用文字说明时，应在图面的右下部用"附注"的形式书写，并应对说明内容分条进行编号。

◆◆ *1.2.4* 总图、平面图、系统图绘制

1. 总图

（1）总平面图管道布置应符合下列规定：

1）建筑物和构筑物的名称、外形、编号、坐标、道路形状、比例和图样方向等，应与总图专业图纸一致，但所用图线应符合制图标准的规定。

2）给水、排水、热水、消防、雨水和中水等管道宜绘制在一张图纸内。

3）当管道种类较多、地形复杂、在同一张图纸内将全部管道表示不清楚时，宜按压力流管道、重力流管道等分类适当分开绘制。

4）各类管道、阀门井、消火栓（井）、水泵接合器、洒水栓井、检查井、跌水井、雨水口、化粪池、隔油池、降温池、水表井等，应按《建筑给水排水制图标准》（GB/T 50106—2010）规定的图例、图线等进行绘制，并进行编号。

5）坐标标注方法应符合下列规定：

①以绝对坐标定位时，应对管道起点处、转弯处和终点处的阀门井、检查井等的中心标注定位坐标。

②以相对坐标定位时，应以建筑物外墙或轴线作为定位起始基准线，标注管道与该基准线的距离。

③圆形构筑物应以圆心为基点标注坐标或距建筑物外墙（或道路中心）的距离。

④矩形构筑物应以两对角线为基点，标注坐标或距建筑物外墙的距离。

⑤坐标线、距离标注线均采用细实线绘制。

6）标高标注方法应符合下列规定：

①总图中标注的标高应为绝对标高。

②建筑物标注室内±0.000处的绝对标高时，应按图1-53的方法标注。

图1-53 室内±0.000处的绝对标高标注（单位：mm）

7）指北针或风玫瑰图应绘制在总图管道布图图样的右上角。

（2）给水管道节点图宜按下列规定绘制：

1）管道节点图可不按比例绘制，但节点位置、编号、接出管方向应与给水排水管道总图一致。

2）管道应注明管径、管长及泄水方向。

3）节点阀门井的绘制应包括下列内容：

①节点平面形状和大小。

②阀门和管件的布置、管径及连接方式。

③节点阀门井中心与井内管道的定位尺寸。

4）必要时，节点阀门井应绘制剖面示意图。

5）给水管道节点图图样，如图 1-54 所示。

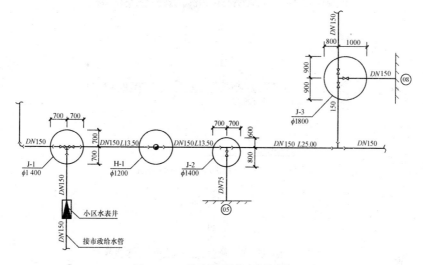

图 1-54　给水管道节点图图样

（3）总图管道布置图上标注管道标高宜符合下列规定：

1）检查井内上、下游管道管径无变径，且无跌水时，宜按图 1-55（a）所示的方式标注。

2）检查井内上、下游管道的管径有变化或有跌水时，宜按图 1-55（b）所示的方式标注。

3）检查井内一侧有支管接入时，宜按图 1-55（c）所示的方式标注。

4）检查井内两侧均有支管接入时，宜按图 1-55（d）所示的方式标注。

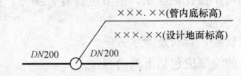

(a)检查井内上、下游管道管径无变径且无跌水时管道标高标注

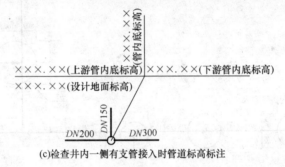

(b)检查井内上、下游管道管径有变化或有跌水时管道标高标注

(c)检查井内一侧有支管接入时管道标高标注

(d)检查井内两侧有支管接入时管道标高标注

图 1-55　总图管道布置图上标注管道标高

（4）设计采用管道纵断面图的方式表示管道标高时，管道纵断面图宜按下列规定绘制：

1）采用管道纵断面图表示管道标高时，应包括下列图样及内容：

①压力流管道纵断面图，如图 1-56 所示。

②重力管道纵断面图，如图 1-57 所示。

2）管道纵断面图所用图线宜按下列规定选用：

①压力流管道管径不大于 400mm 时，管道宜用中粗实线单线表示。

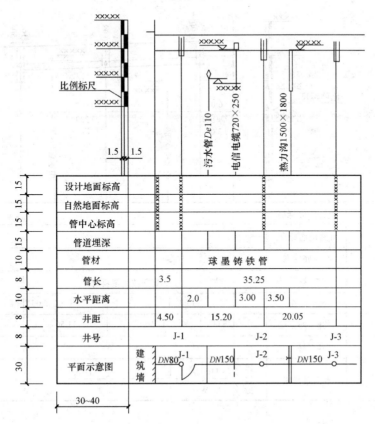

图 1-56 压力流管道纵断面图

注：纵向 1：500，竖向 1：5。

②重力流管道除建筑物排出管外，不分管径大小均宜以中粗实线双线表示。

③图样中平面示意图栏中的管道宜用中粗单线表示。

④平面示意图中宜将与该管道相交的其他管道、管沟、铁路及排水沟等按交叉位置给出。

⑤设计地面线、竖向定位线、栏目分隔线、检查井、标尺线等宜用细实线，自然地面线宜用细虚线。

3）图样比例宜按下列规定选用：

①在同一图样中可采用两种不同的比例。

②纵向比例应与管道平面图一致。

③竖向比例宜为纵向比例的 1/10，并应在图样左端绘制比例标尺。

4）绘制与管道相交叉管道的标高宜按下列规定标注：

①交叉管道位于该管道上面时，宜标注交叉管的管底标高。

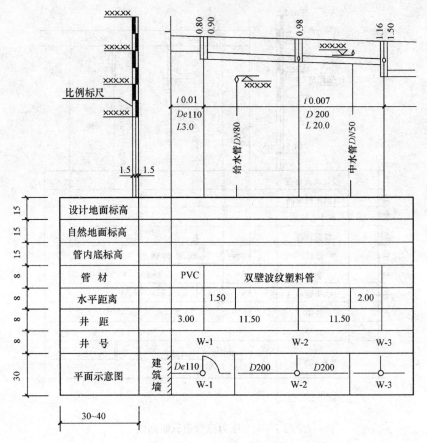

图 1-57　重力管道纵断面图

注：纵向 1∶500，竖向 1∶50。

②交叉管道位于该管道下面时，宜标注交叉管的管顶或管底标高。

5）图样中的"水平距离"栏中应标出交叉管距检查井或阀门井的距离，或相互间的距离。

6）压力流管道从小区引入管经水表后应按供水水流方向先干管后支管的顺序绘制。

7）排水管道应以小区内最起端排水检查井为起点，并按排水水流方向先干管后支管的顺序绘制。

（5）设计采用管道高程表的方法表示管道标高时，宜符合下列规定：

1）重力流管道可采用管道高程表的方式表示管道敷设标高。

2）管道高程表的格式，见表 1-10。

表 1-10   ××管道高程表

序号	管段编号		管长/m	管径/mm	坡度(‰)	管底坡降/m	管底跌落/m	设计地面标高/m		管内径标高/m		埋深/m		备注
	起点	终点						起点	终点	起点	终点	起点	终点	

注：表格线型要符合图样画法一般规定画法的要求。

2. 平面图

（1）建筑给水排水平面图应按下列规定绘制：

1）建筑物轮廓线、轴线号、房间名称、楼层标高、门、窗、梁柱、平台和制图比例等均应与建筑专业一致，但图线应用细实线绘制。

2）各类管道、用水器具和设备、消火栓、喷洒水头、雨水斗、立管、管道、上弯或下弯，以及主要阀门、附件等均应按规范图例作图。管道种类较多，在一张平面图内表达不清楚时，可将给水排水、消防或直饮水管分开绘制相应的平面图。

3）各类管道应标注管径和管道中心距建筑墙、柱或轴线的定位尺寸，必要时还应标注管道标高。

4）管道立管应按不同管道代号在图面上自左向右按规定分别进行编号，且不同楼层同一立管编号应一致。消火栓也可分楼层从左向右按顺序进行编号。

5）敷设在该层的各种管道和为该层服务的压力流管道均应绘制在该层的平面图上；敷设在下一层而为本层器具和设备排水服务的污水管、废水管和雨水管应绘制在本层平面图上。如有地下层时，各种排出管、引入管可绘制在地下层平面图上。

6）设备机房、卫生间等另绘制放大图时，应在这些房间内按现行国家标准《房屋建筑制图统一标准》（GB/T 50001—2010）的规定绘制引出线，并在引出线上面注明"详见水施-××"字样。

7）平面图、剖面图中局部部位需另绘制详图时，应在平面图、剖面图和详图上按现行国家标准《房屋建筑制图统一标准》（GB/T 50001—2010）的规定绘制被索引详图的图样和编号。

8）引入管、排出管应注明与建筑轴线的定位尺寸、穿建筑外墙的标高和防水套管形式，并应按规定以管道类别从左至右按顺序进行编号。

9）管道布置不相同的楼层应分别绘制其平面图；管道布置相同的楼层可绘制一个楼层的平面图，并按现行国家标准《房屋建筑制图统一标准》（GB/T 50001—2010）的规定标注楼层地面标高。平面图应按规定标注管径、标高和定位尺寸。

10）地面层（±0.000）平面图应在图幅的右上方按现行国家标准《房屋建筑制图统一标准》（GB/T 50001—2010）的规定绘制指北针。

11）建筑专业的建筑平面图采用分区绘制时，本专业的平面图也应分区绘制，分区部位和编号应与建筑专业一致，并应绘制分区组合示意图，各区管道相连但在该区中断时，第一区应用"至水施-××"，第二区左侧应用"自水施-××"，右侧应用"至水施-××"的方式表示，并应以此类推。

12）建筑各楼层地面标高应以相对标高标注，并应与建筑专业一致。

（2）屋面给水排水平面图应按下列规定绘制：

1）屋面形状、伸缩缝或沉降位置、图面比例、轴线号等应与建筑专业一致，但图线应采用细实线绘制。

2）同一建筑的楼层面如有不同标高时，应分别注明不同高度屋面的标高和分界线。

3）屋面应绘制出雨水汇水天沟、雨水斗、分水线位置、屋面坡向、每个雨水斗的汇水范围，以及雨水横管和主管等。

4）雨水斗应进行编号，每只雨水斗宜注明汇水面积。

5）雨水管应标注管径、坡度。雨水管仅绘制系统原理图时，应在平面图上标注雨水管起始点及终止点的管道标高。

6）屋面平面图中还应绘制污水管、废水管、污水潜水泵坑等通气立管的位置，并应注明立管编号。当某标高层屋面设有冷却塔时，应按实际设计数量表示。

3. 系统图

（1）管道系统图应表示出管道内的介质流经的设备、管道、附件、管件等的连接和配置情况。

（2）管道展开系统图应按下列规定绘制：

1）管道展开系统图可不受比例和投影法则限制，可按展开图绘制方法按不同管道种类分别用中粗实线进行绘制，并应按系统编号。一般高层建筑和大型公共建筑宜绘制管道展开系统图。

2）管道展开系统图应与平面图中的引入管、排出管、立管、横干管、给水设备、附件、仪器仪表及用水和排水器具等要素相对应。

3）应绘出楼层（含夹层、跃层、同层升高或下降等）地面线。层高相同时楼层地面线应等距离绘制，并应在楼层地面线左端标注楼层层次和相对应楼层地面标高。

4）立管排列应以建筑平面图左端立管为起点，顺时针方向自左向右按立管位置及编号依次顺序排列。

5）横管应与楼层线平行绘制，并应与相应立管连接，为环状管道时两端应封闭，封闭线处宜绘制轴线号。

6）立管上的引出管和接入管应按所在楼层用水平线绘出，可不标注标高（标高应在平面图中标注），其方向、数量应与平面一致，为污水管、废水管和雨水管时，应按平面图接管顺序对应排列。

7）管道上的阀门、附件、给水设备、给水排水设施和给水构筑物等，均应按图例示意绘出。

8）立管偏置（不含乙字管和两个 45°弯头偏置）时，应在所在楼层用短横管表示。

9）立管、横管及末端装置等应标注管径。

10）不同类别管道的引入管或排出管，应绘出所穿建筑外墙的轴线号，并应标注出引入管或排出管的编号。

（3）管道轴测系统图应按下列规定绘制：

1）轴测系统图应以 45°正面斜轴测的投影规则绘制。

2）轴测系统图应采用与相对应的平面图相同的比例绘制。当局部管道密集或重叠处不容易表达清楚时，应采用断开绘制画法，也可采用细虚线连接画法绘制。

3）轴测系统图应绘出楼层地面线，并应标注出楼层地面标高。

4）轴测系统图应绘出横管水平转弯方向、标高变化、接入管或接出管及末端装置等。

5）轴测系统图应将平面图中对应的管道上的各类阀门、附件、仪表等给水排水要素，按数量、位置及比例一一绘出。

6）轴测系统图应标注管径、控制点标高或距楼层面垂直尺寸、立管和系统编号，并应与平面图一致。

7）引入管和排出管均应标出所穿建筑外墙的轴线号、引入管和排出管编号、建筑室内地面线与室外地面线，并应标出相应标高。

8）卫生间放大图应绘制管道轴测图。多层建筑宜绘制管道轴测系统图。

（4）卫生间采用管道展开系统图时应按下列规定绘制：

1）给水管、热水管应以立管或入户管为基点，按平面图的分支、用水器具的顺序依次绘制。

2）排水管道应按用水器具和排水支管接入排水横管的先后顺序依次绘制。

3）卫生器具、用水器具给水和排水接管，应以其外形或文字形式予以标注，其顺序、数量应与平面图相同。

4）展开系统图可不按比例制图。

◆◆ *1.2.5* 局部图、剖面图、安装图及详图绘制

1. 局部平面放大图

（1）本专业设备机房、局部给水排水设施和卫生间等按要求绘制，平面图难以表达清楚时，应绘制局部平面放大图。

（2）局部平面放大图应将设计选用的设备和配套设施，按比例全部用细实线绘制出其外形或基础外框、配电、检修通道、机房排水沟等平面布置图和平面定位尺寸，对设备、设施及构筑物等应自左向右、自上而下进行编号。

（3）应按图例绘出各种管道与设备、设施及器具等相互接管关系及在平面图中的平面定位尺寸；管道用双线绘制时，应采用中粗实线按比例绘出，管道中心线应用单点长画细线表示。

（4）各类管道上的阀门、附件应按图例、按比例、按实际位置绘出，并应标注出管径。

（5）局部平面放大图应以建筑轴线编号和地面标高定位，并应与建筑平面图一致。

（6）绘制设备机房平面放大图时，应在图签的上部绘制"设备编号与名称对照表"，如图 1-58 所示。

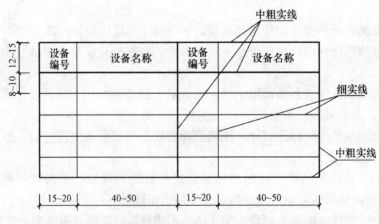

图 1-58 设备编号与名称对照表（单位：mm）

（7）卫生间绘制管道展开系统图时，应标出管道的标高。

2. 剖面图

（1）设备、设施数量多，各类管道重叠、交叉多，且用轴测图难以表示清楚时，应绘制剖面图。

（2）剖面图的建筑结构外形应与建筑结构专业一致，应用细实线绘制。

（3）剖面图的剖切位置应选在能反映设备、设施及管道全貌的部位。剖切线、投射方向、剖切符号编号、剖切线转折等，应符合现行国家标准《房屋建筑制图统一标准》（GB/T 50001—2010）的规定。

（4）剖面图应在剖切面处按直接正投影法绘制出沿投影方向看到的设备和设施的形状、基础形式、构筑物内部的设备设施和不同水位线标高、设备设施和构筑物各种管道连接关系、仪器仪表的位置等。

（5）剖面图还应表示出设备、设施和管道上的阀门、附件和仪器仪表等位置及支架（或吊架）形式。剖面图局部部位需要另绘详图时，应标注索引符号，索引符号应按现行国家标准《房屋建筑制图统一标准》（GB/T 50001—2010）的规定绘制。

（6）剖面图应标注出设备、设施、构筑物、各类管道的定位尺寸、标高、管径，以及建筑结构的空间尺寸。

（7）仅表示某楼层管道密集处的剖面图，宜绘制在该层平面图内。

（8）剖切线应用中粗线，剖切面编号应用阿拉伯数字从左至右顺序编号，剖切编号应标注在剖切线一侧，剖切编号所在侧应为该剖切面的剖视方向。

3. 安装图和详图

（1）无定型产品可供设计选用的设备、附件、管件等应绘制制造详图。无标准图可选用的用水器具安装图、构筑物节点图等，也应绘制施工安装图。

（2）设备、附件、管件等制造详图，应以实际形状绘制总装图，并应对各零部件进行编号，再对零部件绘制制造图。该零部件下面或左侧应绘制包括编号、名称、规格、材质、数量、重量等内容的材料明细表；其图线、符号、绘制方法等应按现行国家标准《机械制图 图样画法 图线》（GB/T 4457.4—2002）、《机械制图 剖面符号》（GB 4457.5—1984）、《机械制图 装配图中零、部件序号及其编排方法》（GB/T 4458.2—2003）的有关规定绘制。

（3）设备及用水器具安装图应按实际外形绘制，应对安装图各部件进行编号，应标注安装尺寸代号，并应在该安装图右侧或下面绘制包括相应尺寸代号的安装尺寸表和安装所需的主要材料表。

（4）构筑物节点详图应与平面图或剖面图中的索引号一致，对使用材质、构造做法、实际尺寸等应按现行国家标准《房屋建筑制图统一标准》（GB/T 50001—2010）的规定绘制多层共用引出线，并应在各层引出线上方用文字进行说明。

◆■ *1.2.6* 水净化处理流程图绘制

（1）初步设计宜采用框图绘制水净化处理工艺流程图，如图1-59所示。

图1-59　水净化处理工艺流程

（2）施工图设计应按下列规定绘制水净化处理工艺流程断面图：

1）水净化处理工艺流程断面图应按水流方向，将水净化处理各单元的设备、设施、管道连接方式按设计数量全部对应绘出，可不按比例绘制。

2）水净化处理工艺流程断面图应将全部设备及相关设施按设备形状、实际数量用细实线绘出。

3）水净化处理设备和相关设施之间的连接管道应以中粗实线绘制，设备和管道上的阀门、附件、仪器仪表应以细实线绘制，并应对设备、附件、仪器仪表进行编号。

4）水净化处理工艺流程断面图，如图1-60所示，应标注管道标高。

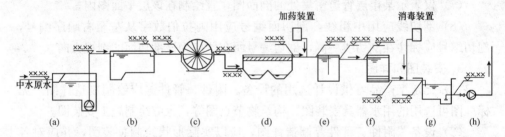

图1-60　水净化处理工艺流程断面图画法示例

（a）带格栅调节池；（b）初次沉淀池；（c）生物转盘；（d）二次沉淀池；（e）反应池；（f）过滤池；

（g）中水水池；（h）中水加压泵

5）水净化处理工艺流程断面图应绘制设备、附件等编号与名称对照表。

◉项目 2 建筑给水排水工程识图
——设计的表达

2.1 识图程序

◆◆2.1.1 施工图的组成

1. 图样目录

图样目录的内容主要有序号、编号、图样名称、张数等。一般先列出新绘制的图样，后列出本工程选用的标准图，最后列出重复使用图。通过阅读图样目录，可以了解工程名称、项目内容、设计日期及图样组成、数量和内容等。

2. 设计说明与图例表

设计说明主要说明那些在图样上不易表达的，或可以用文字统一说明的问题，如工程概况、设计依据、设计范围，设计水量、水池容量、水箱容量，管道材料、设备选型、安装方法，以及套用的标准图集、施工安装要求和其他注意事项等。图例表罗列本工程常用图例（包括国家标准和自编图例）。

3. 建筑给水排水工程总平面图

建筑给水排水总平面图主要反映各建筑物的平面位置、名称、外形、层数、标高；全部给水排水管网位置（或坐标）、管径、埋设深度（敷设的标高）、管道长度；构筑物、检查井、化粪池的位置；管道接口处市政管网的位置、标高、管径、水流坡向等。建筑给水排水总平面图可以全部绘制在一张图纸上，也可以根据需要和工程的复杂程度分别绘制，但必须处理好它们之间的相互关系。

4. 建筑给水排水工程平面图

建筑给水排水工程平面图结合建筑平面图，反映各种管道、设备的布置情况，如平面位置、规格尺寸等，内容包括：

(1) 主要轴线编号，房间名称，用水点位置，各种管道系统编号（或图例）。

(2) 底层平面图包含引入管、排出管、水泵接合器等与建筑物的定位尺寸、穿建筑外墙管道的标高、防水套管形式等，还应绘出指北针。

（3）各楼层建筑平面标高。

（4）对于给水排水设备及管道较多处，如泵房、水池、水箱间、热交换器站、饮水间、卫生间、水处理间、报警阀门、气体消防贮瓶间等，因比例问题，一般应另绘局部放大平面图（即大样图）。

5. 建筑给水排水工程系统图

建筑给水排水工程系统图主要反映立管和横管的管径、立管编号、楼层标高、层数、仪表及阀门、各系统编号、各楼层卫生设备和工艺用水设备的连接、室内外建筑平面高差、排水立管检查口、通风帽等距地（板）高度等。建筑给水排水工程系统图有系统轴测图和展开系统原理图两种表达方式。展开系统原理图具有简捷、清晰等优点，工程中用得比较多。展开系统原理图一般不按比例绘制，系统轴测图一般按比例绘制。无论是系统轴测图还是展开系统原理图，复杂的连接点都可以通过局部放大体现，如常见的卫生间管道放大轴测图。

6. 安装详图

安装详图是用来详细表示设备安装方法的图样，是进行安装施工和编制工程材料计划时的重要参考图样。安装详图有两种：一种是标准图集，包括国家标准图集、各设计单位自编的图集等；另一种是具体工程设计的详图（安装大样图）。详图的比例一般较大，且一定要结合现场情况，结合设备、构件尺寸详细绘制，有时配合建筑给水排水剖面图表示。

7. 计算书

计算书包括设计计算依据、计算过程及计算结果，计算书由设计单位作为技术文件归档，不外发。

8. 主要设备材料表及预算

建筑给水排水工程施工图设备材料表中的内容包括所需的主要设备、材料的名称、型号、规格、数量等。它可以单独成图，也可以置于图中某一位置。根据建筑给水排水工程施工图编制的预算，也是施工图设计文件的内容之一。

◆◆ 2.1.2　施工图的识读

1. 阅读图样目录及标题栏

了解工程名称、项目内容、设计日期及图样组成、数量和内容等。

2. 阅读设计说明和图例表

在阅读工程图样前，要先阅读设计说明和图例表。通过阅读设计说明和图例表，可以了解工程概况、设计范围、设计依据、各种系统用（排）水标准与用（排）水量、各种系统设计概况、管材的选型及接口的做法、卫生器具选型与套用图集、阀门与阀件的选型、管道的敷设要求、防腐与防锈等处理方法、管道及其设备保温与防结露技术措施、消防设备选型与套用安装图集、污水处理情况、施工时应注意的事项等。阅读时要注意补充使用的非国家标准图形符号。

3. 阅读建筑给水排水工程总平面图

通过阅读建筑给水排水工程总平面图，可以了解工程内所有建筑物的名称、位置、外形、标高、指北针（或风玫瑰图）；了解工程所有给水排水管道的位置、管径、埋深和长度等；了解工程给水、污水、雨水等接口的位置、管径和标高等情况；了解水泵房、水池、化粪池等构筑物的位置。阅读建筑给水排水工程总平面图时必须紧密结合各建筑物建筑给水排水工程平面图。

4. 阅读建筑给水排水工程平面图

通过阅读建筑给水排水工程平面图，可以了解各层给水排水管道、平面卫生器具和设备等的布置情况，以及它们之间的相互关系。阅读时要重点注意地下室给水排水平面图、一层给水排水平面图、中间层给水排水平面图、屋面层给水排水平面图等。同时要注意各层楼平面变化、地面标高等。

5. 阅读建筑给水排水工程系统图

通过阅读建筑给水排水工程系统图，可以掌握立管和横管的管径、立管编号、楼层标高、层数、仪表及阀门、各系统编号、各楼层卫生设备和工艺用水设备的连接，以及排水管的立管检查口、通风帽等距地（板）高度等。阅读建筑给水排水工程系统图时必须结合各层管道布置平面图，注意它们之间的相互关系。

6. 阅读安装详图

通过阅读安装详图，可以了解设备安装方法，因此在安装施工前应认真阅读安装详图。阅读安装详图时应与建筑给水排水剖面图对照阅读。

7. 阅读主要设备材料表

通过阅读主要设备材料表，可以了解该工程所使用的设备、材料的型号、规格和数量，因此在编制购置设备、材料计划前要认真阅读主要设备材料表。

2.2 辅助绘图

◆◆ *2. 2. 1* AutoCAD 绘图环境构建

1. 绘制图框

绘制并建立自己的各种图框样板，以方便以后绘图随时调用。在绘制一张新图前先要确定图框的大小尺寸，即选定图框。标准图框按照 1∶1 的比例绘制，新建立图样幅面尺寸参考《房屋建筑制图统一标准》（GB/T 50001—2001）中的图样幅面规格与图样编排顺序章节。在绘制完后并另存图形文件，也可以选用软件已有的图框图形样板。

存档文件名称：A0（A1、A2、A3、A4 等）。

存档文件目录：C：\ Program Files \ AutoCAD 200x \ Template。

存档文件类型：AutoCAD 图形样板（＊.dwt）。

在此处 C 盘符是 AutoCAD 安装盘符，存档文件目录是根据软件安装盘符变化而变化的。

在绘制图框时，应在 AutoCAD 图形样板里设置以下几个基本参数。

（1）设置绘图单位（调用 UNITS 命令）。开始绘图前，必须基于要绘制的图形确定一个图形单位代表的实际大小。然后据此惯例创建实际大小的图形。可调用 UNITS 命令，设置绘图时所用单位显示的格式、精度、拖放比例和方向控制。

（2）设置并加载所用的线型（调用 LINETYPE 命令）。该命令是在工程绘图开始时加载所需线型，以便需要时使用。绘图中线型的使用选择参考《建筑给水排水制图标准》（GB/T 50106—2010）。

（3）设置中英文字型（调用 STYLE 命令）。该命令是设置绘图标注需要用的中英文字型。绘图中使用文字的大小参考《房屋建筑制图统一标准》（GB/T 50001—2001）中的字体章节。

（4）设置图层（调用 LAYER 命令）。图层相当于绘图中使用的重叠图纸。通过创建图层，可以将类型相似的对象指定给同一个图层使其相关联。例如，可以将构造线、文字、标注和标题栏置于不同的图层上，以方便控制对图面的管理，如图层上的对象是否在任何视口中都可见；是否打印对象，以及如何打印对象；为图层上的所有对象指定何种颜色；为图层上的所有对象指定何种默认线型和线宽；图层上的对象是否可以修改等。

2. 设置图框

在绘图前还需要构建绘图环境，以便顺利完成图面绘制和输出高质量的图面。先确定此次绘图的比例，选定图框的大小尺寸，按照绘图比例放大图框。步骤如下：

（1）绘制并保存好图框文件。

（2）运行 AutoCAD，单击"文件"（File）→"新建"（New）命令，弹出"选择样板"对话框。我们依照自己绘制图面的大小选定图框，单击"确定"按钮，进入 AutoCAD 工作界面。

（3）根据出图的比例来放大（用 SCALE 命令）图框。图框尺寸是按照1∶1的实际尺寸绘制的，为了在接下来的绘图中按照 1∶1 的比例绘制，绘图前应确定出图的比例，并将图框按照该比例来放大。例如，确定用 A2 图框，出1∶100工程图样。那么，将选用的 A2 图框样本放大 100 倍的比例，再在该图框中按照

1∶1 的比例绘图。在绘图完成后，打印（PLOT 命令）时，打印设置选项内有打印比例的设置，该比例必须按照绘图之前的图样比例设置，打印出来的图样就是开始设定的比例了。

3. 设置线型和尺寸比例

在图面绘制之前要对图面上各种不同类型、不同功能、不同用途的线设置各自的图层并选用不同名称、不同颜色等加以区分。各张图样的比例不同，为了使同样的线型在不同比例的图样上打印出来后有一样大小尺寸，我们要在每张图绘制前设置好图样线型的比例。

设置图层：调用 LAYER 命令，设置不同图层的线型。

线型的比例：调用 LTSCALE 命令，设置所用线型的比例。

同理，为了使比例不同的各张图样上的尺寸标注打印出来一致，我们要在每张图绘制前设置适合标注尺寸的比例。用 DIMSCALE 命令，设置所用的标注尺寸的各选项。

◆◆■ 2.2.2 AutoCAD 绘制图样及打印

1. 绘制图样

按照设定的绘图环境进行绘图，具体图面的绘制这里不做叙述。

2. 图形打印

（1）打印预览：在打印图样之前，先进行打印预览，通过打印预览能直观地看到打印的结果。如不满意，可以进行调整。

（2）打印机设置：用 PAGESETUP 命令对打印图样进行页面设置。弹出页面设置管理器对话框有两个选项卡，分别为打印设备（Plot Device）和打印设置（Layout Settings）。

1）打印设备。选项卡内有"打印机配置选项"、"打印样式表选项"。打印机配置选项的名称栏列表框中列出了目前系统所有的打印机型号和 AutoCAD 提供的打印机型号，从该处选取使用的打印机型号，并可以在打印机配置编辑器对话框里选择自定义特性。在打印样式表选项中有打印样式表编辑器选项，在该选项可以调节不同颜色线的打印选用颜色、打印笔号、灰度和打印线宽度等选项。

2）打印设置。选项卡内有图样尺寸和图样单位的选项、打印比例选项和图样方向选项、打印区域选项等，在此不一一叙述，这里主要介绍图样尺寸和图样单位的选项、打印比例选项和图样方向、打印区域选项等。图样尺寸和图样单位选项用来选择图样尺寸和图样单位；打印比例选项用来确定绘制的图面按多大比例打印在图样上；图样方向用来选择绘制图面在图样的放置方向是横向或竖向；打印区域选项提供用什么方式来选择打印区域。在调整打印结果预览满足要求后，即可打印该图形；在图形打印之前，还需要确认打印机是开机状态并装好打印纸张。

　　(3) 打印图形。用 PLOT 命令。在已经调整好打印预览的情况下，可以直接打印，否则要调整，直到满意再打印出图。

⬤项目 3 建筑给水排水工程实施
——设计的开展

3.1 建筑设计阶段

◈◈3.1.1 设计阶段的划分

一般来说，我国建筑设计文件编制阶段可以划分为三个阶段：方案设计阶段、初步设计阶段和施工图设计阶段。

对大中型规模建筑、重点建筑、技术难度高的建筑而言，需要完整经历三个设计阶段。对于中小型规模的一般建筑多数只有方案设计、施工图设计两个阶段。

◈◈3.1.2 设计阶段的体现

不同设计阶段在建设基本程序中的体现，见表 3-1。

表 3-1 　　　　　　　　　　　建设基本程序

建设阶段	建设程序	各阶段办理手续	审批部门	项目形式	承担者
建设前期阶段	项目建议书	报项目建议书资料	发改委；规划、土地、环保；经济、计划、建设行政主管部门审核初设；建设行政主管部门参与开工管理	委托或招标	勘察设计单位
	选址	办核准备案资料			建设单位
	设计任务书（可行性研究）	办规划许可证资料			建设单位 编制直接承担者；设计单位或受委托的咨询公司
	初步设计、开工报告	报批年度计划		委托或招标审批合格后列入国家年度计划	初步设计：设计单位 开工报告：建设单位

建设阶段	建设程序	各阶段办理手续	审批部门	项目形式	承担者
建设准备阶段	施工图设计、审查	办施工许可证资料	建设行政主管部门		设计单位
	用地、报建、招标		土地、环保、消防、人防、规划、建设部门		建设单位
施工阶段	组织施工	验收备案资料	建设行政主管部门		施工单位
	验收、结算		建设、规划、消防、环保部门		施工单位
竣工验收阶段	资料归档		建设档案馆		施工单位
	产权登记、物业管理	办产权证资料	房地产行政主管部门		建设单位

注：以上程序在国家简化基本建设项目审批手续或加强调控的情况下，局部会有所演变和完善。

三个设计阶段位于设计程序的环节在表中不难看出，各设计阶段完成时间如下：

（1）方案设计阶段在设计任务书（可行性研究）前完成。

（2）初步设计阶段在报批年度计划前完成。

（3）施工图设计阶段在申领施工许可证前完成。

◆◆◆ 3.1.3 设计阶段的作用

1. 方案设计阶段

（1）正式确定建设项目的重要依据。按照批准的项目建议书，根据建设单位的要求，各设计部门对项目在技术、工程、经济和外部条件等，进行合理的、全面的分析、论证，经多方案比较后，推荐最佳方案，编制设计文件。再汇总其他资料，形成设计任务书，报批。国家依据五年计划的安排，通过最终决策，作为正式确定建设项目的依据。

（2）优选设计单位的重要依据之一。方案设计阶段应有配套投资估算，其误差在10%～20%。方案设计阶段是项目主管部门审批项目的依据，对后续的投资概算起控制作用。工程设计招标时，投资估算是选择设计方案和设计单位的重要依据之一。

（3）作为初步设计、施工图设计的编制依据。

2. 初步设计阶段

（1）控制投资规模，核准基本建设年度投资计划。初步设计一般依据设计规模同时做出配套的投资概算书，根据初步设计及其概算书，计划部门核定年度投资计划。凡列入年度建设计划的项目，应有批准的初步设计。对于大型、复杂建设项目，一定要经过初步设计阶段，然后才可进入后续程序。

（2）作为施工图设计的依据。

（3）作为施工招标文件的编制依据。通常，为争取建设时机，施工招标文件的编制是不能等到施工图完成才进行，往往以初步设计为依据，初步设计的配套概算是施工招标的标底。

3. 施工图设计阶段

（1）核发施工许可证的重要依据之一。经过审查批准，满足施工需要的施工图设计文件是办理申领施工许可证的必备条件之一。

（2）编制施工图预算的重要依据。施工图设计完成后，以施工图为依据编制施工图预算。施工图预算必须控制在初步设计概算之内，是落实调整年度计划的依据，也是建设和施工单位签订承包合同、办理拨款或贷款及工程结算的依据。

（3）作为施工的依据。施工图设计是工程的最终设计，应将设计的每个细节都真实地体现出来，满足施工需要。

◆◆◆ 3.1.4 设计阶段的程序

1. 方案设计阶段

（1）建设单位组织设计人员现场实地查看，了解业主的要求，构思设计方案。建筑给水排水专业现场踏勘内容包括以下几点：

1）室外给水水压、水量、水质及管径，给水管所在位置，周围建筑给水情况，附近室外消火栓布置等；

2）室外污水、雨水排放情况，市政或小区现有排水道的井位、井号、井底标高、管径、管底标高等；

3）无市政给水排水系统的地区，应了解当地实际给水排水现状；

4）建设单位（或业主）对给水排水的使用、管理，以及污水排放和处理的要求。

（2）绘制工程设计草图（或草案，建筑给水排水工程方案设计阶段不出图样），设计单位内部主管审核，并征求建设单位意见，确定方案。

（3）出正式方案设计文件。

（4）方案审批。先由设计单位内部和建设单位审查，再由建设单位报其主管部门审查，由专家进行评议；并报送规划、消防、人防、环保等政府职能部门审查。

2. 初步设计阶段

(1) 建设单位将正式方案设计的批文和调整、修改意见提交设计单位。

(2) 设计单位按方案审批意见修改，并向各设计专业人员提供方案的平、立、剖面图样资料，进行各专业的设计。

(3) 各专业设计人员相互配合，提出要求、提供设计草图等资料，并就需要调整之处进行协调。

(4) 各专业设计人员向概算人员提交概算资料，包括文字资料和草图。

(5) 汇总整理总说明书，编制各专业说明书。

(6) 各专业设计图、材料设备清单、概算书、说明书的校对、审核、审定及图样签字、盖章。

(7) 出图、装订。

(8) 初步设计审批。由建设单位组织报投资控制方审批（如国家投资项目，报国家计划行政管理部门审批）。技术上，由建设、环境保护行政管理部门审批。

3. 施工图设计阶段

(1) 建设单位向设计单位提交初步设计批准文件及在此前未提供的必需资料，有关调整、修改意见已在批文中提及，作为施工图设计、计算的依据。施工图设计开始阶段，设计单位要求建设单位提供的相关资料内容如下：

1) 当工程有初步设计阶段时：

①经主管部门审查批准的初步设计文件和审查意见；

②当地人防、消防、供电、电信、有线电视等行政主管部门对该工程初步设计的审查意见；

③工程地质勘察资料；

④经市政、交通、园林、人防、环保等部门审查并盖章同意的总平面布置图；

⑤特殊用房的使用荷载要求及相关工艺设备的技术要求；

⑥特殊的建筑结构使用耐久年限要求；

⑦特殊用房的工艺设计图；

⑧冷热源、燃气的外部条件；

⑨建设单位（或业主）补充的设计内容及要求；

⑩建设单位（或业主）对初步设计时设计院提出需在施工图前落实或确认问题的回复意见。

2) 当工程有方案设计阶段，无初步设计阶段时：

①建设单位的设计任务书，包括设计要求、设计范围、对方案的审核意见等；

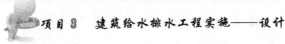

②当地规划、市政、交通、园林、环保、供电、人防、消防、电信、有线电视等主管部门对该工程的审批意见；

③工程地质勘察资料；

④当地给水、排水、冷热源、燃气等条件的有关资料。

（2）建设、设计双方最后协商施工图出图时间。

（3）各专业进行深入细致的计算和绘图，并加强专业间的协调交流。

（4）建设单位按合同约定的支付阶段如期支付设计费用。

（5）图样、文件经设计人员自检、校对及审核无误后出图。

（6）施工图审查。

1）设计单位内部设计质量管理和设计审查。一般经过四级审查顺序签字：设计人员自检无误后签字，校对者核对无误签字、审核人审查无误签字、审定负责人审查无误签字，同时由有关工种会签，然后再出图。

2）专门机构进行施工图审查。

审查机构：由建设单位将施工图设计文件报建设行政主管部门或其他有关部门审查。建设单位可自主选择审查机构，但审查机构不得与所审查的建设、设计单位有隶属或其他利害关系。

审查内容：是否符合工程建设强制性标准，地基基础和主体结构的安全性，设计单位和注册执业及相关人员是否按规定在施工图上加盖相应图章和签字。

审查后处理：审查合格后出审查合格书；否则，书面说明不合格的原因，将施工图设计文件退回建设单位。建设单位应要求原设计单位修改，之后再报原审查机构审查。另外，施工图阶段完成后，设计人员还应协调完成技术交底、配合施工和竣工验收程序。

注：工程图样应按装订顺序编排。一般应为图样目录、总图、建筑图、结构图、给水排水图、暖通空调图、电气图等。各专业图样应按图样内容的主次关系、逻辑关系有序排列。

◆◆3.1.5 设计人员的工作

1. 技术交底

根据《建筑工程质量管理条例》第二十三条，设计单位在施工开始之前，应向施工单位就审查合格的施工图设计文件作出详细交底说明。给水排水专业施工图技术交底提纲如下：

（1）本次交底的设计范围、设计内容及需设计单位另行委托有关公司承包的项目；

（2）给水排水各系统的形式，主要设备及材料的选用原则；

（3）水源、热源、污水及雨水系统总进、出口的情况；

（4）施工中需要特别注意的问题；

（5）设备安装及调试时需要注意的环节；

（6）尚待解决的有关问题，并对此确定配合的时间；

（7）解答施工单位读图后提出的问题，对施工的难点共同协商解决办法。

2. 配合施工

施工中，由于具体情况的改变或遇到一些意想不到的问题需要对设计进行修改，是常有的事。《中华人民共和国建筑法》第五十八条明确指出，施工单位不得擅自修改设计，设计修改由设计单位负责。因此，当遇到施工技术问题时，设计人员应到达现场，及时解决施工中的设计问题。给水排水专业施工现场配合内容如下：

（1）及时处理因设计图样考虑不周或图样表达不清出现的施工问题；

（2）参与解决本专业施工与其他专业施工中发生的矛盾；

（3）配合处理施工中因各方面的原因需要更改设计的要求；

（4）核对施工安装与图样是否一致，检查施工质量；

（5）在工地发现和处理的问题，及时向有关负责人汇报，并按规定做好质量记录。

3. 竣工验收

参加工程验收也是设计人员的责任和义务。给水排水专业竣工验收配合内容如下：

（1）听取施工单位对项目完成情况介绍，了解已完工和尚未完成项目的工程进度；

（2）根据工程需要参加隐蔽工程验收、总验收时检查隐蔽工程及试压等记录文件；

（3）对完工的项目检查系统、附件和安装外观质量；

（4）检验系统功能和试用效果，核对设备参数；

（5）了解试用后出现的问题，并针对问题分析原因，共同商讨解决方案；

（6）约定工程遗留问题的解决途径和期限，明确设计单位服务工作内容。

◆◆3.1.6　设计深度的规定

1. 方案设计

（1）总则。

1）给水排水方案设计阶段只出方案设计说明，不出图样。

2）给水排水方案设计文件编制深度需满足有关行业标准的规定。

3）方案设计文件，应满足编制初步设计文件的需要。对于投标方案，设计文件深度应满足标书要求；若标书无明确要求，设计文件深度可参照本规定的有关条款编写。

4）设计宜因地制宜地正确地选用国家、行业和地方建筑标准设计。

5）当设计合同对设计文件编制深度另有要求时，设计文件编制深度应同时满足本规定和设计合同的要求。

（2）内容。

1）给水设计包括：

①水源情况简述（包括自备水源及市政给水管网）。

②用水量及耗热量估算，包括总用水量（最高日用水量、最大时用水量），热水设计小时耗热量，消防水量。

③给水系统：简述给水系统供水方式。

④消防系统：简述消防系统种类，供水方式。

⑤热水系统：简述热源情况，供应范围及供应方式。

⑥中水系统：简述设计依据，处理方法。

⑦冷却循环水、重复用水及采取的其他节水节能措施。

⑧饮用净水系统：简述设计依据、处理方法等。

2）排水设计包括：

①排水体制，污水、废水及雨水的排放出路；

②估算污水、废水排水量、雨水量及重现期参数等；

③排水系统说明及综合利用；

④污水、废水的处理方法。

3）需要说明的其他问题。

2. 初步设计

（1）总则。

1）给水排水初步设计阶段的成果包括初步设计说明和设计图样。

注：对于简单工程项目初步设计阶段一般可不出图。

2）给水排水初步设计文件编制深度应符合有关行业标准的规定。

注：工业项目设计文件的编制应根据工程性质执行有关行业标准的规定。

3）初步设计文件，应满足编制施工图设计文件的需要。

4）设计宜因地制宜地正确选用国家、行业和地方建筑标准设计。

5）当设计合同对设计文件编制深度另有要求时，设计文件编制深度应满足设计合同的要求。

（2）内容。

1）设计说明书包括：

①设计依据。摘录设计总说明所列批准文件和依据性资料中与本专业设计有关的内容；本工程采用的主要法规和标准；其他专业提供的本工程设计资料，工程可利用的市政条件。

②设计范围。根据设计任务书和有关设计资料，说明本专业设计的内容和分工（当有其他单位共同设计时）。

③室外给水设计。

水源：由市政或小区管网供水时，应说明供水干管的方位、接管管径、能提供的水量与水压。当建自备水源时，应说明水源的水质、水温、水文及供水能力，取水方式及净化处理工艺和设备选型等。

用水量：说明或用表格列出生活用水定额及用水量，生产用水水量，其他项目用水定额及用水量（含循环冷却水系统补水量、游泳池和中水系统补水量、洗衣房、锅炉房、水景用水、道路、绿化洒水和不可预计水量等）；消防用水标准及用水量；总用水量（最高日用水量、最大时用水量）。

给水系统：说明生活、生产、消防系统的划分及组合情况，分质分压分区供水的情况。当水量、水压不足时采取的措施，并说明调节设施的容量、材质、位置及加压设备选型。如系扩建工程，还应对现有给水系统加以简介。

消防系统：说明各类形式消防设施的设计依据、设计参数、供水方式、设备选型及控制方法等。

中水系统：说明中水系统设计依据、水质要求、工艺流程、设计参数及设备选型，并绘制水量平衡图。

循环冷却水系统：说明根据用水设备对水量、水质、水温、水压的要求及当地的有关气象参数（如室外空气干、湿球温度和大气压力等）来选择采取循环冷却水系统的组成，冷却构筑物、循环水泵的型号及稳定水质措施。

当采用重复用水的系统较大时，应概述系统流程、净化工艺并绘制水量平衡图。

需要说明管材、接口及敷设方式。

④室外排水设计。

现有排水条件简介：当排入城市管道或其他外部明沟时应说明管道、明沟的大小、坡度、排入点的标高、位置或检查井编号。当排入水体（江、河、湖、海等）时，还应说明对排放的要求。

说明设计采用的排水制度、排水出路。如需要提升，则说明提升位置、规模，提升设备选型及设计数据、构筑物形式、占地面积、紧急排放的措施等。

说明或用表格列出生产、生活排水系统的排水量。当污水需要处理时，应分别说明排放量、水质、处理方式、工艺流程、设备选型、构筑物概况及处理效果等。

说明雨水排水采用的暴雨强度公式（或采用的暴雨强度）、重现期、雨水排水量等。

需要说明管材、接口及敷设方式。

⑤建筑给水排水设计。

说明或用表格列出各种用水量标准、用水单位数、工作时间、小时变化系数、最高日用水量和最大时用水量。

给水系统：说明给水系统的划分和给水方式，分区供水要求和采取的措施，计量方式，水箱和水池的容量、设置位置、材质，设备选型，保温、防结露和防腐蚀等措施。

消防系统：遵照各类防火设计规范的有关规定要求，分别对各类消防系统（如消火栓、自动喷水、水幕、雨淋喷水、水喷雾、泡沫、气体灭火系统）的设计原则和依据，计算标准，系统组成，控制方式，消防水池和水箱的容量、设置位置及主要设备选择等予以叙述。

热水系统：说明采取的热水供应方式，系统选择，水温、水质、热源、加热方式及最大时用水量和耗热量等。说明设备选型、保温、防腐的技术措施等。当利用余热或太阳能时，还应说明采用的依据、供应能力、系统形式、运行条件及技术措施等。

对水质、水温、水压有特殊要求或设置饮用净水、开水系统者，应说明采用的特殊技术措施，并列出设计数据及工艺流程、设备选型等。

中水系统：说明中水系统设计依据、水质要求、工艺流程、设计参数及设备选型，并绘制水量平衡图。

排水系统：说明排水系统选择，生活和生产污（废）水排水量，室外排放条件；有毒有害污水的局部处理工艺流程及设计数据；屋面雨水的排水系统选择及室外排放条件，采用的降雨强度和重现期。

需要说明管材、接口及敷设方式。

⑥节水、节能措施：说明高效节水、节能设备及系统设计中采用的技术措施等。

⑦对有隔振及防噪要求的建（构）筑物，说明给水排水设施所采取的技术措施。

⑧对特殊地区（地震、湿陷性或胀缩性土、冻土地区、软弱地基）的给水排水设施，说明所采取的相应技术措施。

⑨需提请在设计审批时解决或确定的主要问题。

2）设计图纸包括：

①给水排水总平面图。

全部建筑物和构筑物的平面位置、道路等，并标出主要定位尺寸或坐标、标高，指北针（或风玫瑰图）等。

给水、排水管道平面位置，标注出干管的管径、流水方向、闸门井、消火栓井、水表井、检查井、化粪池等和其他给水排水构筑物位置。

场地内给水、排水管道与城市管道系统连接点的控制标高和位置。

消防系统、中水系统、冷却循环水系统、重复用水系统的管道的平面位置，标注出干管的管径。

②给水排水局部总平面图。

取水构筑物平面布置图。如自建水源的取水构筑物距离较远时，应单独绘出取水构筑物平面，包括取水头部（取水口）、取水泵房、转换闸门井、道路平面位置、坐标、标高、方位等，必要时还应绘出流程示意图，各构筑物之间的高程关系。

水处理厂（站）总平面布置及工艺流程图。如工程设计项目有净化处理厂（站）时（包括给水、污水、中水），应单独绘出水处理构筑物总平面布置图及流程标高示意图。各构筑物是否要绘制单线条的平、剖面图，可视工程的复杂程度而定。在上述图中，还应列出建（构）筑物一览表，表中内容包括建（构）筑物的平面尺寸、结构形式等。

③建筑给排水平面图。

绘制给排水底层、标准层、管道和设备复杂层的平面布置图，标出室内外接管位置、管径等。

绘制机房（水池、水泵房、热交换间、水箱间、水处理间、游泳池、水景、冷却塔等）平面布置图（在上款中已表示清楚者，可不另出图）。

绘制给水系统、排水系统、各类消防系统、循环水系统、热水系统、中水系统等系统原理图，标注干管管径，设备设置标高，建筑楼层编号及层面标高。

绘制水处理流程图（或框图）。

3）主要设备表：按子项分别列出主要设备的名称、型号、规格（参数）和数量。

4）计算书（内部使用）包括：

①各类用水量和排水量计算；

②有关的水力计算及热力计算；

③设备选型和构筑物尺寸计算。

3. 施工图设计

（1）总则。

1）给排水施工图设计文件编制深度需满足有关行业标准的规定。

注：工业项目设计文件的编制应根据工程性质执行有关行业标准的规定。

2）施工图设计文件应满足设备材料采购、非标准设备制作和施工的需要。对于将项目分别发包给几个设计单位或实施设计分包的情况，设计文件相互关联处的深度应当满足各承包或分包单位设计的需要。

3）设计宜因地制宜正确选用国家、行业和地方建筑标准设计，并在设计文件的图样目录或施工图设计说明中注明应用图集的名称。重复利用其他工程的图样时，应详细了解原图利用的条件和内容，并作必要的核算和修改，以满足新设计项目的需要。

4）当设计合同对设计文件编制深度另有要求时，设计文件编制深度应同时满足本规定和设计合同的要求。

（2）内容。

1）图样目录。先列新绘制图样，后列选用的标准图或重复利用图。

2）设计总说明包括：

①设计依据简述。

②给排水系统概况，主要的技术指标（如最高日用水量，最大时用水量，最高日排水量，最大时热水用水量、耗热量，循环冷却水量，各消防系统的设计参数及消防总用水量等），控制方法；有大型的净化处理厂（站）或复杂的工艺流程时，还应有运转和操作说明。

③凡不能用图示表达的施工要求，均应以设计说明表述。

④有特殊需要说明的可分别列在有关图样上。

⑤图例。

3）给水排水总平面图包括：

①绘出各建筑物的外形、名称、位置、标高、指北针（或风玫瑰图）；

②绘出全部给排水管网及构筑物的位置（或坐标）、距离、检查井、化粪池型号及详图索引号；

③对较复杂工程，应将给水、排水（雨水、污废水）总平面图分开绘制，以便于施工（简单工程可以绘在一张图上）；

④给水管注明管径、埋设深度或敷设的标高，宜标注管道长度，并绘制阀门组合节点图，注明节点结构、闸门井尺寸、编号及引用标准图号（一般工程给水管线可不绘节点图）；

⑤排水管标注检查井编号和水流坡向，标注管道接口处市政管网的位置、标高、管径、水流坡向。

4）排水管道高程表和纵断面图。

①排水管道绘制高程表，将排水管道的检查井编号、井距、管径、坡度、地面设计标高、管内底标高等写在表内。简单的工程，可将上述内容直接标注在平面图上，不列表。

②对地形复杂的排水管道及管道交叉较多的给排水管道，应绘制管道纵断面图，图中应表示出设计地面标高，管道标高（给水管道注管中心，排水管道注管内底）、管径、坡度、井距、井号、井深，并标出交叉管的管径、位置、标高；纵断面图比例宜为竖向 1∶100（或 1∶50、1∶200）、横向 1∶500（或与总

平面图的比例一致）。

5）室内给水排水设计图。

①平面图。

绘出与给水排水、消防给水管道布置有关各层的平面，内容包括主要轴线编号、房间名称、用水点位置，注明各种管道系统编号（或图例）。

绘出给水排水、消防给水管道平面布置、立管位置及编号。

当采用展开系统原理图时，应标注管道管径、标高（给水管安装高度）变化处，应在变化处用符号表示清楚，并分别标出标高（排水横管应标注管道终点标高），管道密集处应在该平面图中画横断面图将管道布置定位表示清楚。

标出各楼层建筑平面标高（如卫生设备间平面标高有不同时，应另加注），灭火器放置地点。

若管道种类较多，在一张图纸上表示不清楚时，可分别绘制给排水平面图和消防给水平面图。

对于给排水设备及管道较多处，如泵房、水池、水箱间、热交换器站、饮水间、卫生间、水处理间、报警阀门、气体消防贮瓶间等，当上述平面不能交待清楚时，应绘出局部放大平面图。

②系统图。

系统轴测图。对于给水排水系统和消防给水系统，一般宜按比例分别绘出各种管道系统轴测图。图中标明管道走向、管径、仪表及阀门、控制点标高和管道坡度（设计说明中已交代者，图中可不标注管道坡度），各系统编号，各楼层卫生设备和工艺用水设备的连接点位置。如各层（或某几层）卫生设备及用水点接管（分支管段）情况完全相同时，在系统轴测图上可只绘一个有代表性楼层的接管图，其他各层注明同该层即可。复杂的连接点应局部放大绘制。在系统轴测图上，应注明建筑楼层标高、层数、室内外建筑平面标高差。卫生间管道应绘制轴测图。

展开系统原理图。对于用展开系统原理图将设计内容表达清楚的，可绘制展开系统原理图。图中标明立管和横管的管径、立管编号、楼层标高、层数、仪表及阀门、各系统编号、各楼层卫生设备和工艺用水设备的连接，排水管标立管检查口、通风帽等距地（板）高度等。如各层（或某几层）卫生设备及用水点接管（分支管段）情况完全相同时，在展开系统原理图上可只绘一个有代表性楼层的接管图，其他各层注明同该层即可。

当自动喷水灭火系统在平面图中已将管道管径、标高、喷头间距和位置标注清楚时，可简化表示从水流指示器至末端试水装置（试水阀）等阀件之间的管道和喷头。

简单管段在平面上注明管径、坡度、走向、进出水管位置及标高，可不绘制系统图。

③局部设施。当建筑物内有提升、调节或小型局部给排水处理设施时，可绘出其平面图、剖面图（或轴测图），或注明引用的详图、标准图号。

④详图。特殊管件无定型产品又无标准图可利用时，应绘制详图。

⑤主要设备材料表。主要设备、器具、仪表及管道附、配件可在首页或相关图上列表表示。表格的主要栏目包括序号、材料设备名称、型号规格、单位、数量和备注。

⑥计算书（内部使用）。根据初步设计审批意见进行施工图阶段设计计算。

⑦当为合作设计时，应依据主设计方审批的初步设计文件，按所分工内容进行施工图设计。

3.2　给水排水设计文件

◈◈3.2.1　方案设计阶段的设计文件

给水排水专业只出方案设计说明书，不出图样。方案设计说明书的内容如下：

（1）给水设计。

1）水源情况。

2）用水量及耗热量估算。

3）给水系统。

4）消防系统。

5）热水系统。

6）中水系统。

7）冷却循环水、重复用水及采取的其他节水节能措施。

8）饮用净水系统。

（2）排水设计。

1）确定排水体制，污水、废水及雨水的排放出路。

2）估算污水、废水排水量，雨水量及重现期等参数。

3）排水系统设计说明。

4）确定污（废）水处理工艺。

（3）需要说明的其他问题。

◈◈3.2.2　初步设计阶段的设计文件

初步设计阶段的设计文件包括初步设计说明书、初步设计图样、主要设备材料清单、工程概算书和计算书。

1. 初步设计说明书

（1）设计依据。

1）摘录设计总说明所列批准文件和依据性资料中与本专业设计有关的内容。

2）本工程采用的主要的法规和标准。

3）其他专业提供的本工程设计资料，工程可利用的市政条件。

（2）工程概况。

（3）设计范围。根据设计任务书和有关的设计资料，说明本专业设计的内容，当有其他单位共同参与设计时，应说明设计分工内容。

（4）室外给水设计。

1）水源。

2）用水量。

3）给水系统。

4）消防系统。

5）中水系统。

6）循环冷却水系统。

7）当采用重复用水的系统较大时，应概述系统流程、净化工艺并绘制水量平衡图。

8）管材、接口及敷设方式。

（5）室外排水设计。

1）现有排水条件简介。

2）设计采用的排水体制、排水出路。

3）说明或用表格列出生产、生活排水系统的排水量。

4）说明雨水排水采用的暴雨强度公式、重现期、雨水排放量等。

5）管材、接口及敷设方式。

（6）建筑给水排水设计。

1）说明或用表格列出各种用水标准、用水单位数、用水时间、小时变化系数、最高日用水量、最大时用水量。

2）给水系统。

3）消防系统。

4）热水系统。

5）对水质、水温、水压有特殊要求或设置饮用净水、开水系统的，应说明采用的特殊技术措施，并列出设计数据及工艺流程、设备选型等。

6）中水系统。

7）排水系统。

8）管材、接口及敷设方式。

（7）节水、节能。节水、节能措施说明高效节水、节能设备及系统设计中采用的技术措施等。

（8）隔振、防噪。对有隔振及防噪要求的建（构）筑物说明给水排水设施所采取的技术措施。

（9）特殊地区。对特殊地区（地震、湿陷性或胀缩性土、冻土地区、软弱地基）的给水排水设施，说明所采取的相应技术措施。

（10）提请问题。需提请在设计审批时解决或确定的主要问题。

2. 初步设计图样

（1）图样目录。图样目录应以工程项目为单位进行编写。

图样编号：水初-01、水初-02、水初-03、……

图样排序应按以下顺序编排：

1）总平面图在前，以下依次是系统原理、平面图。

2）平面图以楼层为序，依次从下到上排列。

3）水处理流程图在前，其平面图、剖面图依次排在后面。

（2）图例。主要包括管道类别、管道、附件、阀门、给水排水设备、消防设施、卫生洁具、小型排水构筑物、设备、仪表等。

（3）设计图样。

1）给水排水总平面图。

2）给水排水系统原理图。

3）建筑给水排水平面图。

4）主要设备表。

5）计算书（内部使用）。

◆◆**3.2.3 施工图设计阶段的设计文件**

施工图设计阶段的设计文件包括图样目录、施工设计说明、施工设计图样、设备和主要器材表、工程预算书、计算书。

1. 图样目录

图样目录应以工程单体项目为单位进行编写。

图样编号：水施-01、水施-02、水施-03、……

图样排序为新图样目录、使用标准图目录、重复利用图样目录、图例、设计总说明、设备和主要器材表、局部总平面（该图为独立子项除外）、系统原理图、分层平面图、机房放大平面及剖面图（或轴测图）、卫生间放大及轴测图、详图。

2. 图例

图例包括管道类别、管道附件、管道连接、管件、阀门、给水配件、消防设施、卫生洁具、给水排水设备、仪表等。

图例可与图样目录或设备和主要器材表、设计总说明组合放在首页。

3. 设计总说明

1）设计依据。例如，已批准的初步设计文件，建设单位提供的工程资料，设计任务书，国家现行有关设计规范及规程，建筑和其他专业提供的作业图及有关资料等。

2）工程概况。

3）设计范围。

4）给水排水系统概况，主要的技术指标（如最高日用水量、最大时用水量、最高日排水量、最大时热水用水量、耗热量、循环用水量、各消防系统的设计参数及消防总用水量等），控制方法；有大型的净化处理厂（站）或复杂的工艺流程时，还应有运转和操作说明。

5）凡不能用图示表达的施工要求和注意事项，均应以设计说明表述，如管材、通用阀门、管道敷设、设备基础、防腐保温、管道容器的试压和冲洗等。

6）有特殊需要说明的可分别列在有关图样上。

7）具体内容可根据实际工程、相关规范规定和当地情况，适当增减或另行编写。

8）说明及图样中的单位均应采用法定计量单位符号。

4. 设备和主要器材表

设备应为单体建筑所用全部设备，如各类水泵、热水锅炉、热水机组、换热器、冷却塔等，要求注明详细规格、型号、技术参数和数量。这是订货的依据，不可遗漏。

主要器材是指定货时，对性能或技术参数有特殊要求的器材，如消火栓、灭火器、喷头、特殊阀门（报警阀、温控阀、减压阀、止回阀、安全阀、泄压阀等）、水箱、紫外线消毒器、雨水斗、水表及卫生洁具等。

对一般通用器材，如管材、普通阀门管件、附件（压力表、温度表、地漏、检查口、通气帽）等，可在设计总说明中提出工作压力及形式的要求，而不必列入器材表中。

5. 给水排水总平面图

（1）总平面位置图。图上包括建筑物、道路的外形、名称、位置、标高、风玫瑰等。

（2）给水排水总平面图。

1）在建筑总平面位置图上绘出全部室外给水排水管网及构筑物的位置、距离、检查井、化粪池型号及详细索引号。

2）给水管标注管径、埋深或标高，宜标注管道长度。对复杂工程，绘制节点图，注明节点结构、闸门井尺寸、编号及引用详图。

3）排水管标注检查井编号和水流坡向，标注管道接口处市政管网的位置、标高、管径、水流坡向。

6. 室外排水管道高程表和管道纵断面图

当居住小区或学校校园等的室外地形复杂、管线种类相对较多、在总平面图上难于表达清楚管道标注时，可采用室外排水管道高程表或绘制管道纵断面图的方式表示。

1）室外排水管道高程表参见《室外排水设计规范》（GB 50014—2006）中内容。

2）管道纵断面图详见《民用建筑工程给水排水施工图设计深度图样》（09S901）中图示。

7. 建筑给水排水图样

1）平面图。

2）系统图。有两种绘制方法：系统轴测图和展开系统原理图。

3）局部设施图。

4）详图。特殊管件无定型产品又无标准可利用时，应绘制详图。

5）设备和主要器材表。主要设备、器具、仪表及管道附、配件可在首页或相关图上列表表示。设备应为单体建筑所用全部设备，如各类水泵、热水锅炉、热水机组、换热器、冷却塔等，要求注明详细规格、型号、技术参数和数量。这是订货的依据，不可遗漏。主要器材是指订购时，对性能或技术参数有特殊要求的器材，如消火栓、灭火器、喷头、特殊阀门（报警阀、温控阀、减压阀、止回阀、安全阀、泄压阀等）、水箱、紫外线消毒器、雨水斗、水表及卫生洁具等。对一般通用器材，如管材、普通阀门管件、附件（压力表、温度表、地漏、检查口、通气帽）等，可在设计总说明中提出工作压力及形式的要求，而不必列入器材表中。

8. 计算书

供内部使用。

注：当为合作设计时，应依据主设计方审批的初步设计文件，按所分工内容进行施工图设计。不同设计深度图样的表达方法详见《民用建筑工程给水排水施工图设计深度图样》（09S901）、《民用建筑工程给水排水初步设计深度图样》（09S902）、《民用建筑工程互提资料深度及图样——给水排水专业》（09SS903）、《民用建筑工程设计常见问题分析及图式——给水排水专业》（09SS904）。

3.3 专业间的配合

◆◆ 3.3.1 方案设计阶段的配合

在方案设计阶段，给水排水工程专业设计人员应根据其专业的方案设计，在以下几方面对其他专业设计提出本专业在设计上的需求，重点是要提供给建筑专业设计。

（1）提出本专业需要的设备房间种类、数量和各类管道井的需求。例如，水泵房、热交换机房、水处理机房等各种设备房间的需求和各类设备房间数量上的需求，估算出排水、给水等各类管道井空间需求。

（2）提出本专业的设备房间在建筑内应设置的楼层和位置，并估算设备房间在面积和高度上的大概需求。例如，水泵房、热交换机房、水处理机房等设备房间需要设置在建筑的哪个楼层、房间在面积和高度方面的需求。

（3）初步提出各个设备房设备的安装和维修对建筑的需求。例如，设备房机器设备的安装和维修设备运输路线，在设备所经过运输路线上，对建筑空间高度和通道宽度，还有设备房开门的大小尺寸应该根据设备的尺寸提出本专业的需求；当设备房内设备采用吊装时，吊装孔的大小，以及以后如何撤出设备线路等需求。

（4）提出建筑物的各种用途的贮水水池设置的位置、空间和体积上的要求。例如，生活水池、消防水池、高位消防水箱和高位生活水箱等贮水水池应该设置在建筑的哪个楼层，该处的高度应该满足维修和使用上的要求；高位水箱应该设置在建筑内，而不要放置在露天场所等本专业的需求；各个贮水水池的有效容积等相关参数。

（5）初步提出低洼场所和地下空间等集水井设计要求。例如，低洼场所和地下室应设置集水井的位置、数量和各个集水井有效容积的大小。

（6）了解建筑消防设计对本专业设计需求。例如，防火门、窗口和通道处是否需要设置防护水幕和分隔水幕。根据建筑的各个防火分区的划分和各类房间的用途来设计消防，确定其采用灭火系统类型，然后选择各个消防设计参数。

（7）了解采暖与空调专业设计方案，配合其专业提供空调补水水源、凝结水的排水管、锅炉补水等，并了解其提供的热源的种类，来选择热水供应系统的设备。

注：本专业设计应基于满足国家规范和地方法规的前提下，在方案设计阶段必须充分了解建筑在使用和功能上的需求；了解业主对建筑管理上的需求；了解建筑设计及其他专业设计对本专业的要求，认真分析后提出本专业的方案设计，这个阶段应该让其他专业的设计人

员和业主对本专业的设计方案有个全面的了解和知情，以便以后的设计顺利完成。

◆◆■3.3.2　初步设计阶段的配合

在初步设计阶段，本专业设计人员根据已有初步设计成果和下一阶段将要进行的施工图设计的需要和其他专业做好设计上的配合。这个阶段主要有以下几个方面：

（1）就方案设计阶段提出需求，并结合初步设计来核实设备房设置的位置、面积和空间上是否满足本专业的需求。如果不能满足要求，须和建筑、结构专业协商解决。

（2）提出各个设备房间的放置设备基础的尺寸和设备房的排水沟的设计参数。例如，水泵房的水泵基础和水箱基础，设备房排水沟的宽度、深度、坡度等。

（3）提出低洼场所和地下室各个集水井的有效容积和集水井的设置需求。

（4）向结构设计人员提供需要降低楼板范围。例如，有排水的房间设在不能有水渍（或是卫生有要求）的房间上，那么就需要做降板处理或是做双层板，这些就需要和结构设计提出需求。

（5）在建筑内各个高度有变化的位置，设备专业应在管道综合图上，把需要的空间提给建筑专业作为设计参考。

（6）向建筑设计人员提出或提供设备房内设备具体的安装和维修搬运线路上的空间要求，或是设备吊装的尺寸要求。例如，安装搬运线路上各层层高的要求，进入设备房门要求的宽度，还有各个吊装孔的尺寸大小，吊装孔是否要做活动盖板，用做维修设备吊装的通道，等等。

（7）提出本专业设计中有关电气的要求。例如，各个设备的用电量（设备负荷）、集水井的水位控制等参数、生活（消防）供水系统的自动控制参数等。

注：初步设计阶段是本专业对其他专业提出准确的参数需求，在该阶段必须解决设计上的所有问题，为绘制施工图做准备。

◆◆■3.3.3　施工图设计阶段的配合

施工图设计阶段要注意前两个阶段所提配合需求，是否在其他相应的专业的施工图样上得到变更，对于没有解决的问题在该阶段出施工图前必须全部解决。

应用部分

◉项目 4　建筑给水工程设计

4.1　给水系统的设计

◆◆4.1.1　给水系统的类型

（1）生活给水系统。生活给水系统是为人们生活提供饮用、烹调、洗涤、盥洗、沐浴等用水的给水系统。根据供水用途的差异可进一步分为直饮水给水系统、饮用水给水系统和杂用水给水系统。生活给水系统除需要满足用水设施对水量和水压的要求外，还应符合国家规定的相应的水质标准。

（2）生产给水系统。生产给水系统是为产品制造、设备冷却、原料和成品洗涤等生产加工过程供水的给水系统。由于采用的工艺流程不同，生产同类产品的企业对水量、水压、水质的要求可能存在较大差异。

（3）水消防系统。水消防系统是向建筑内部以水作为灭火剂的消防设施供水的给水系统，包括消火栓给水系统、自动喷水灭火系统等。

注：同时具备两种以上给水用途的建筑，应该根据用水对象对水质、水量、水压的具体要求，通过在技术经济方面的比较，确定采用独立设置的给水系统或共用给水系统。共用给水系统有生产、生活共用给水系统，生活、消防共用给水系统，生产、消防共用给水系统，生活、生产、消防共用给水系统。共用方式包括共用贮水池、共用水箱、共用水泵、共用管路系统等。

◆◆4.1.2　给水系统的组成

（1）引入管。引入管是指将室外给水管引入建筑物的管段，它与进户管（入户管）有区别，后者是指住宅内生活给水管道进入住户至水表的管段。对于居住小区而言，引入管则是由市政管道引入至小区给水管网的管段。

（2）水表节点。安装在引入管上的水表及其前后设置的阀门和泄水装置的总称，水表用于计量建筑物的用水量。

（3）管道系统。管道系统的作用是将由引入管引入建筑物内的水输送到各用水点，根据安装位置和所起作用不同，可分为干管、立管和支管。

（4）给水附件。给水附件包括在给水系统中控制流量大小、限制流动方向、调节压力变化、保障系统正常运行的各类配水龙头、闸阀、止回阀、减压阀、安全阀、排气阀、水锤消除器等。

（5）升压设备。升压设备用于为给水系统提供适当的水压，常用的升压设备有水泵、气压给水设备和变频调速给水设备。

（6）贮水和水量调节构筑物。贮水池、水箱是给水系统中的贮水和水量调节构筑物，它们在系统中起流量调节、贮存消防用水和事故备用水的作用，水箱还具有稳定水压的功能。

（7）消防和其他设备。建筑物内部应按照现行《建筑设计防火规范》（GB 50016—2006）、《高层民用建筑设计防火规范（2005版）》（GB 50045—1995）及《自动喷水灭火系统设计规范（2005版）》（GB 50084—2001）等的规定设置消火栓、自动喷水灭火设备等。水质有特殊要求时需设深度处理设备。

◆◆◆4.1.3 给水系统的方式

1. 直接给水

建筑物内部只设有给水管道系统，不设增压及贮水设备，室内给水管道系统

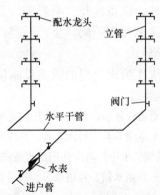

图 4-1 直接给水方式

与室外供水管网直接相连，利用室外管网压力直接向室内给水系统供水。这是最为简单、经济的给水方式，如图 4-1 所示。直接给水方式适用于室外管网水量和水压充足，能够全天保证室内用户用水要求的地区。

优点：给水系统简单，投资少，安装维修方便，充分利用室外管网水压，供水较为安全可靠。

缺点：系统内部无贮备水量，当室外管网停水时，室内系统立即断水。

2. 单设水箱给水

单设水箱给水方式是建筑物内部设有管道系统和屋顶水箱（亦称高位水箱），且室内给水系统与室外给水管网直接连接，如图 4-2（a）所示。当室外管网压力能够满足室内用水需要时，则由室外管网直接向室内管网供水，并向水箱充水，以贮备一定水量。当用水高峰时，室外管网压力不足，由水箱向室内系统补充供水。为了防止水箱中的水回流至室外管网，在引入管上要设置止回阀。这种给水方式适用于室外管网水压出现周期性不足及室内用水要求水压稳定，并且允许设置水箱的建筑物。

优点：系统比较简单，投资较省；充分利用室外管网的压力供水，节省电耗；系统具有一定的贮备水量，供水的安全可靠性较好。

缺点：系统设置了高位水箱，增加了建筑物的结构荷载，并给建筑物的立

面处理带来一定困难。当水压较长时间持续不足时，需增大水箱容积，并有可能出现断水情况。

　　注：在室外管网水压周期性不足的多层建筑中，也可以采用如图 4-2（b）所示的给水方式，即建筑物下面几层由室外管网直接供水，建筑物上面几层采用有水箱的给水方式。这样可以减小水箱的容积。

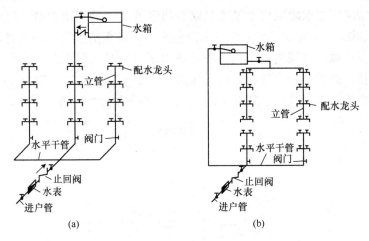

图 4-2　单设水箱给水方式

3. 联合给水

　　当室外给水管网水压经常性不足、室内用水不均匀、室外管网不允许水泵直接吸水而且建筑物允许设置水箱时，常采用水泵水箱联合给水方式，如图 4-3 所示。水泵从贮水池吸水，经加压后送入水箱。因水泵供水量大于系统用水量，水箱水位上升，至最高水位时停泵，此后由水箱向系统供水，水箱水位下降，至最低水位时水泵重新启动。

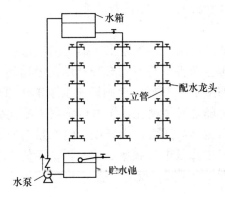

图 4-3　水泵水箱联合给水方式

这种给水方式由水泵和水箱联合工作，水泵及时向水箱充水，可以减小水箱容积。同时，在水箱的调节下，水泵能稳定在高效点工作，节省电耗。在高位水箱上采用水位继电器控制水泵启动，易于实现管理自动化。贮水池和水箱能够贮备一定水量，增强供水的安全可靠性。

4. 气压给水

利用密闭压力水罐取代水泵水箱联合给水方式中的高位水箱，形成气压给水方式，如图 4-4 所示。水泵从贮水池吸水，水送至给水管网的同时，多余的水进入气压水罐，将罐内的气体压缩，罐内压力上升，至最大工作压力时，水泵停止工作。此后，利用罐内气体的压力将水送至给水管网，罐内压力随之下降，至最小工作压力时，水泵重新启动，如此周而复始实现连续供水。

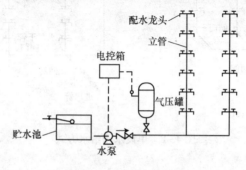

图 4-4　气压给水方式

这种给水方式适用于室外管网水压经常性不足，不宜设置高位水箱的建筑（如隐蔽的国防工程、地震区建筑、建筑艺术要求较高的建筑等）。

优点：设备可设在建筑物的任何高度上，便于隐蔽，安装方便，水质不易受污染，投资省，建设周期短，便于实现自动化等。

缺点：给水压力波动较大，能量浪费严重。

5. 变频调速给水

水泵扬程随流量减少而增大，管路水头损失随流量减少而减少，当用水量下降时，水泵扬程在恒速条件下得不到充分利用，为达到节能的目的，可采用变频调速给水方式，如图 4-5 所示。变频调速水泵工作原理：当给水系统中流量发生变化时，扬程也随之发生变化，压力传感器不断向微机控制器输入水泵出水管压力的信号，当测得的压力值大于设计给水量对应的压力值时，则微机控制器向变频调速器发出降低电流频率的信号，从而使水泵转速降低，水泵出水量减少，水泵出水管压力下降，反之亦然。

6. 分区给水方式

在多层建筑物中，当室外给水管网的压力只能满足建筑物下面几层供水要

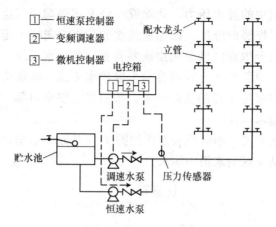

图 4 - 5　变频调速给水方式

求时，为了充分利用室外管网水压，可将建筑物供水系统划分为上、下两区。下区由外网直接供水，上区由升压、贮水设备供水。可将两区的一根或几根立管相互连通，在连接处装设阀门，以备下区进水管发生故障或外网水压不足时，打开阀门由高区水箱向低区供水，如图 4 - 6 所示。对于建筑高度较大的高层建筑，由升压、贮水设备供水的区域如果采用同一个给水系统，建筑低层管道系统的静水压力会很大，因而就会产生以下弊端：

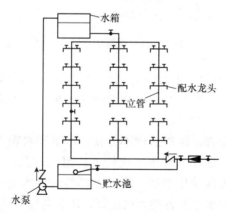

图 4 - 6　多层建筑分区给水方式

第一，必须采用高压管材、零件及配水器材，使设备材料费用增加；

第二，容易产生水锤及水锤噪声，配水龙头、阀门等附件易被磨损，使用寿命缩短；

第三，低层水龙头的流出水头过大，不仅使水流形成射流喷溅，影响使用，而且管道内流速增加，导致产生流水噪声、振动噪声。

为了降低管道中的静水压力，消除或减轻上述弊端，当建筑物达到一定高度时，给水系统需作竖向分区，即在建筑物的垂直方向按一定高度依次分为若干个供水区域，每个供水区域分别组成各自独立的给水系统。根据各分区之间的相互关系，高层建筑给水方式可分为串联给水方式、并联给水方式和减压给水方式。设计时应根据工程的实际情况，按照供水安全可靠、技术先进、经济合理的原则确定给水方式。

（1）串联给水方式。串联给水方式如图 4-7 所示，各分区均设有水泵和水箱，上区的水泵从下区的水箱中抽水。

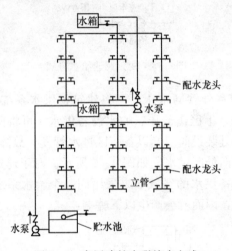

图 4-7 高层建筑串联给水方式

优点：各区水泵的扬程和流量按本区需要设计，使用效率高，能源消耗较小，且水泵压力均衡，扬程较小，水锤影响小；另外，不需设高压泵和高压管道，设备和管道较简单，投资较省。

缺点：水泵分散布置，维护管理不方便；水泵和水箱占用楼层的使用面积较大；水泵设在楼层，振动和噪声干扰较大，因此，需防振动、防噪声、防漏水；工作不可靠，若下区发生事故，则其上部数区供水受影响。这种方式适用于允许分区设置水箱和水泵的各类高层建筑，建筑高度超过 100m 的建筑宜采用这种给水方式。

（2）并联给水方式。

1）并联给水方式如图 4-8 所示，各分区独立设置水箱和水泵，水泵集中布置在建筑底层或地下室，各区水泵独立向各区的水箱供水。

优点：各区独立运行，互不干扰，供水安全可靠，水泵集中布置，便于维护管理，水泵效率高，能源消耗较小，水箱分散设置，各区水箱容积小，有利于结构设计。

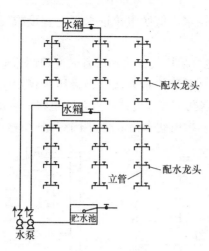

图 4-8 高层建筑并联给水方式

缺点：管材耗用较多，且需设高压水泵和管道，设备费用增加，水箱占用楼层的使用面积，影响经济效益。

由于这种方式优点较显著，因而在允许分区设置水箱的各类高度不超过100m 的高层建筑中被广泛采用。采用这种给水方式供水，水泵宜采用相同型号、不同级数的多级水泵，并应尽可能利用外网水压直接向下层供水。

2）对于分区不多的高层建筑，当电价较低时，也可以采用单管并联给水方式，如图 4-9 所示。

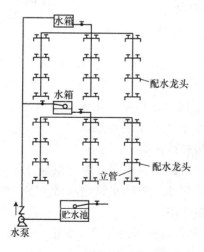

图 4-9 单管并联给水方式

优点：所用的设备、管道较少，投资较节省，维护管理也较方便。

缺点：低区压力损耗过大，能源消耗较大，供水可靠性也不如前者。

采用这种给水方式供水，低区水箱进水管上宜设减压阀，以防浮球阀损坏和减缓水锤作用。

3）并联给水方式也可采用气压给水设备或变频调速给水设备并联工作。

（3）减压给水方式。减压给水方式分为减压水箱给水方式和减压阀给水方式，如图 4-10 所示。这两种方式的共同点是建筑物的用水由设置在底层的水泵一次提升至屋顶总水箱，再由此水箱依次向下区减压供水。

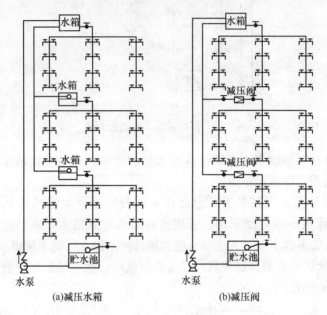

图 4-10 减压给水方式

1）减压水箱给水方式通过各区减压水箱实现减压供水。

优点：水泵台数少，管道简单，投资较省，设备布置集中，维护管理简单。

缺点：下区供水受上区供水限制，供水可靠性不如并联供水方式。另外，建筑内全部用水均要经水泵提升至屋顶总水箱，不仅能源消耗较大，而且水箱容积大，对于建筑的结构和抗震不利。

这种方式适用于允许分区设置水箱，电力供应充足，电价较低的各类高层建筑。采用这种给水方式供水，中间水箱进水管上最好安装减压阀，以防浮球阀损坏并起到减缓水锤的作用。

2）减压阀给水方式利用减压阀替代减压水箱。这种方式与减压水箱给水方式相比，最大优点是节省了建筑的使用面积。

注：建筑内部给水方式选择应按以下原则进行：

（1）在满足用户要求的前提下，应力求给水系统简单，管道长度短，以降低工程造价和运行管理费用。

（2）应充分利用室外管网水压直接供水，当室外管网水压不能满足建筑物用水要求时，应考虑下面几层利用外网水压直接供水，上面几层采用加压供水。

（3）供水应安全可靠、管理维修方便。

（4）当两种及两种以上用水的水质接近时，应尽量采用共用给水系统。

（5）生产给水系统应优先设置循环给水系统或重复利用给水系统。

（6）生产、生活、消防给水系统中的管道、配件和附件所承受的水压，均不得大于产品标准规定的允许工作压力。

（7）高层建筑生活给水系统的竖向分区，应根据使用要求、材料设备性能、维修管理、建筑层数等条件，结合室外给水管网的水压合理确定。

（8）建筑物内部的生活给水系统，当卫生器具给水系统配件处的静水压力超过规定时，宜采用减压措施。

◆◆■ 4.1.4 给水系统的用水量

用水量即用水定额，是针对不同的用水对象，在一定时期内制定的相对合理的单位用水量数值。它是国家根据各个地区的人民生活水平、消防和生产用水情况，经调查统计制定的，主要有生活用水定额、生产用水定额、消防用水定额。用水定额是确定设计用水量的主要参数之一，合理选定用水定额直接关系到给水系统的规模及工程造价。

1. 生活用水定额

生活用水定额是指每个用水单位（如每人每日、每床位每日、每顾客每次、每平方米营业面积等）用于生活目的所消耗的水量，一般以升为单位。根据建筑物的类型具体分为住宅最高日生活用水定额，集体宿舍、旅馆和公共建筑生活用水定额及工业企业建筑生活、淋浴用水定额等。

生活用水定额每日都在发生着变化，在一天之内用水定额也是不均匀的。最高日用水时间中最大一小时的用水定额称为最大时用水量，最高日最大时用水量与平均时用水量的比值称为小时变化系数。

根据住宅类别、建筑标准、卫生器具完善程度和区域等因素，住宅的最高日生活用水定额及小时变化系数可按表 4-1 确定。

表 4-1　　　　住宅最高日生活用水定额及小时变化系数

住宅类别		卫生器具设置标准	用水定额 /[L/(人·d)]	小时变化系数 K_h
普通 住宅	Ⅰ	有大便器、洗涤盆	85～150	3.0～2.5
	Ⅱ	有大便器、洗脸盆、洗涤盆、洗衣机、热水器和淋浴设备	130～300	2.8～2.3
	Ⅲ	有大便器、洗脸盆、洗涤盆、洗衣机、集中热水供应（或家用热水机组）和淋浴设备	180～320	2.5～2.0

续表

住宅类别	卫生器具设置标准	用水定额 /[L/(人·d)]	小时变化系数 K_h
别墅	有大便器、洗脸盆、洗涤盆、洗衣机、洒水栓、家用热水机组和淋浴设备	200~350	2.3~1.8

注：1. 当地主管部门对住宅生活用水定额有具体规定时，应按当地规定执行。
　　2. 别墅用水定额中含庭院绿化用水和汽车抹车用水。

　　集体宿舍、旅馆和公共建筑的生活用水定额及小时变化系数，根据卫生器具完善程度和区域条件，可按表 4-2 确定。

表 4-2　　集体宿舍、旅馆和公共建筑生活用水定额及小时变化系数

序号	建筑物名称及卫生器具设备标准	单位	最高日生活用水定额/L	小时变化系数 K_h	使用时数/h	备注
1	宿舍 　Ⅰ类、Ⅱ类 　Ⅲ类、Ⅳ类	 每人每日 每人每日	 100~150 150~200	 3.0~2.5 3.0~3.5	 24 24	
2	招待所、培训中心、普通旅馆 　设公用盥洗室 　设公用盥洗室、淋浴室 　设公用盥洗室、淋浴室、洗衣室 　设单独卫生间、会用洗衣室	 每人每日 每人每日 每人每日 每人每日	 50~100 80~130 100~150 120~200	 3.0~2.5 	 24 24 24 24	
3	酒店式公寓	每人每日	200~300	2.5~2.0	24	
4	宾馆客房 　旅馆 　员工	 每床位每日 每人每日	 250~400 80~100	 2.5~2.0 	 24 	
5	医院住院部 　设公用厕所、盥洗室 　设公用厕所、盥洗室及淋浴室 　病房设单独卫生间及淋浴室 医务人员 门诊部、诊疗所 疗养院、休养所住房部	 每床位每日 每床位每日 每床位每日 每人每班 每床位每次 每床位每日	 100~200 150~250 250~400 150~250 10~15 200~300	 2.5~2.0 2.5~2.0 2.5~2.0 1.5~1.2 2.0~1.5	 24 24 24 8 8~12 24	
6	养老院托老所 　全托 　日托	 每人每日 每人每日	 100~150 50~80	 2.5~2.0 2.0	 24 10	

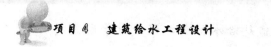

序号	建筑物名称及卫生器具设备标准	单位	最高日生活用水定额/L	小时变化系数 K_h	使用时数/h	备注
7	幼儿园、托儿所 　有住宿 　无住宿	 每儿童每日 每儿童每日	 50～100 30～50	 3.0～2.5 2.0	 24 10	
8	公共浴室 　淋浴 　淋浴、浴盆 　桑拿浴（淋浴、按摩池）	 每顾客每次 每顾客每次 每顾客每次	 100 120～150 150～200	 2.0～1.5 2.0～1.5 2.0～1.5	 12 12 12	
9	理发室、美容院	每顾客每次	40～100	2.0～1.5	12	
10	洗衣房	每公斤干衣	40～80	1.5～1.2	8	
11	餐饮业 　中餐酒楼 　快餐店、职工及学生食堂 　酒吧、咖啡厅、茶座、卡拉 OK 房	 每顾客每次 每顾客每次 每顾客每次	 40～60 20～25 5～15	 1.5～1.2 1.5～1.2 1.5～1.2	 10～12 12～16 8～18	
12	商场 　员工及顾客	每 m² 营业厅面积每日	5～8	1.5～1.2	12	
13	图书馆	每人每次	5～10	1.5～1.2	8～10	
14	书店	每 m² 营业厅面积每日	3～6	1.5～1.2	8～12	
15	办公楼	每人每班	30～50	1.5～1.2	8～10	
16	教学、实验楼 　中小学校 　高等学校	 每学生每日 每学生每日	 20～40 40～50	 1.5～1.2 1.5～1.2	 8～9 8～9	
17	电影院、剧院	每观众每场	3～5	1.5～1.2	3	
18	会展中心（博物馆、展览馆）	每 m² 展厅面积每日	3～6	1.5～1.2	8～16	
19	健身中心	每人每日	30～50	1.5～1.2	8～12	
20	体育场、体育馆 　运动员淋浴 　观众 　工作人员	 每人每次 每观众每场 每人每日	 30～40 3 	 3.0～2.0 1.2 	 4 4 	

续表

序号	建筑物名称及卫生器具设备标准	单位	最高日生活用水定额/L	小时变化系数 K_h	使用时数/h	备注
21	会议厅	每座位每次	6~8	1.5~1.2	4	
22	航站楼、客运站旅客	每人每次	3~6	1.5~1.2	8~16	
23	停车库地面冲洗用水	每平方米每次	2~3	1.0	6~8	
24	菜市场冲洗地面及保鲜用水	每平方米每日	10~20	2.5~2.0	8~10	

注：1. 除养老院、托儿所、幼儿园的用水定额中含食堂用水外，其他均不含食堂用水。

    2. 除注明外，均不含员工生活用水，员工用水定额为每人每班 40~60L。

    3. 医疗建筑用水中已含医疗用水。

    4. 空调用水应另计。

工业企业建筑，管理人员的生活用水定额可取 30~50L/(人·班)；车间工人的生活用水定额应根据车间性质确定，一般宜采用 30~50L/(人·班)；用水时间为 8h，小时变化系数为 1.5~2.5。

工业企业建筑淋浴用水定额，应根据《工业企业设计卫生标准》(GBZ 1—2010) 中的车间的卫生特征，并与建设单位充分协商后确定。对于一般轻污染的工业企业，可采用 40~60L/(人·次)，延续供水时间为 1h。

2. 生产用水定额

工业生产种类繁多，即使同类生产，也会由于工艺不同致使用水定额有很大差异，设计时可参阅有关设计规范和规定或由工艺方面提供用水资料。汽车冲洗用水定额，应根据车辆用途、道路路面等级和沾污程度，以及采用的冲洗方式确定，见表 4-3。

表 4-3   汽车冲洗用水定额   (单位：辆·次)

冲洗方式	软管冲洗	高压水枪冲洗	循环用水冲洗	抹车
轿车	200~300	40~60	20~30	10~15
公共汽车、载重汽车	400~500	80~120	40~60	15~30

3. 消防用水定额

消防用水定额指用以扑灭火灾的消防设施所需水量，应根据现行的《建筑设计防火规范》(GB 50016—2006)、《高层民用建筑设计防火规范（2005 版）》(GB 50045—1995) 与《自动喷水灭火系统设计规范（2005 版）》(GB 50084—2001) 确定。

4. 卫生器具流量

卫生器具流量是通过各种卫生器具和用水设备消耗的水量，卫生器具的供水能力与所连接的管道直径、配水阀前的工作压力有关。给水额定流量是卫生器具配水出口在单位时间内流出的规定水量,为保证卫生器具能够满足使用要求,对各种卫生器具连接管的直径和最低工作压力都有相应的规定,见表4-4。

表4-4 卫生器具的给水额定流量、当量、连接管公称管径和最低工作压力

序号	给水配件名称	额定流量/(L/s)	当量	连接管公称管径/mm	最低工作压力/MPa
1	洗涤盆、拖布盆、盥洗槽 单阀水嘴 单阀水嘴 混合水嘴	0.15~0.20 0.30~0.40 0.15~0.20 (0.14)	0.75~1.00 1.50~2.00 0.75~1.00 (0.70)	15 20 15	0.050
2	洗脸盆 单阀水嘴 混合水嘴	0.15 0.15 (0.10)	0.75 0.75 (0.50)	15	0.050
3	洗手盆 感应水嘴 混合水嘴	0.10 0.15 (0.10)	0.50 0.75 (0.50)	15	0.050
4	浴盆 单阀水嘴 混合水嘴（含带淋浴转换器）	0.20 0.24 (0.20)	1.00 1.20 (1.00)	15	0.050 0.050~0.070
5	淋浴器 混合阀	0.15 (0.10)	0.75 (0.50)	15	0.050~0.100
6	大便器 冲洗水箱浮球阀 延时自闭式冲洗阀	0.10 1.20	0.50 6.00	15 25	0.020 0.100~0.150
7	小便器 手动或自动自闭式冲洗阀 自动冲洗水箱进水阀	0.10 0.10	0.50 0.50	15	0.050 0.020
8	小便槽穿孔冲洗管（每m长）	0.05	0.25	15~20	0.015
9	净身盆冲洗水嘴	0.10 (0.07)	0.50 (0.35)	15	0.050
10	医院倒便器	0.20	1.00	15	0.050
11	实验室化验水嘴（鹅颈） 单联 双联 三联	0.07 0.15 0.20	0.35 0.75 1.00	15	0.020

续表

序号	给水配件名称	额定流量/(L/s)	当量	连接管公称管径/mm	最低工作压力/MPa
12	饮水器喷嘴	0.05	0.25	15	0.050
13	洒水栓	0.40	2.00	20	0.050~0.100
		0.70	3.50	25	0.050~0.100
14	室内地面冲洗水槽	0.20	1.00	15	0.050
15	家用洗衣机水嘴	0.20	1.00	15	0.050

注：1. 表中括弧内的数值是在有热水供应时，单独计算冷水或热水时使用的。

2. 当浴盆上附设淋浴器时，或混合水嘴有淋浴器转换开关时，其额定流量和当量只计水嘴，不计淋浴器。但水压应按淋浴器计。

3. 家用燃气热水器，所需水压按产品要求和热水供应系统最不利配水点所需工作压力确定。

4. 绿地的自动喷灌应按产品要求设计。

5. 当卫生器具给水配件所需额定流量和最低工作压力有特殊要求时，其值应按产品要求确定。

◆◆4.1.5 给水系统的水压

给水系统中相对于水源点（如直接给水方式的引入管、增压给水方式的水泵出水管、高位水箱）而言，静水压（配水点位置标高减去水源点位置标高）、总水头损失、卫生器具最低工作压力三者之和最大的配水点称为最不利点。建筑内部给水系统的水压必须保证最不利点的用水要求，水泵增压给水方式中水泵扬程应该由下式计算确定：

$$H_b = H_1 + H_2 + H_3 + H_4 - H_0 \qquad (4-1)$$

式中　H_b——水泵扬程，kPa；

　　　H_1——由最不利配水点与引入管起点的高程差所产生的静压差，kPa；

　　　H_2——设计流量下计算管路的总水头损失，kPa；

　　　H_3——最不利点配水附件的最低工作压力，kPa；

　　　H_4——设计流量通过水表时产生的水头损失，kPa；

　　　H_0——室外给水管网所能提供的最小压力，kPa。

此外，还应该以室外管网的最大水压校核系统是否超压，可按下式计算：

$$H_b = H_1 + H_2 + H_3 \qquad (4-2)$$

式中　H_1——最不利配水点与贮水池最低工作的静水压，kPa；其他符号意义同前。

对于直接给水方式，如图 4-11 所示，系统所需水压可按下式计算：

$$H = H_1 + H_2 + H_3 + H_4 \qquad (4-3)$$

式中　H——引入管接管处应该保证的最低水压，kPa；

H_1——由最不利配水点与引入管起点的高程差所产生的静压差，kPa；

H_2——设计流量通过水表时产生的水头损失，kPa；

H_3——设计流量下引入管起点至最不利配水点的总水头损失，kPa；

H_4——最不利点配水附件所需最低工作压力，kPa。

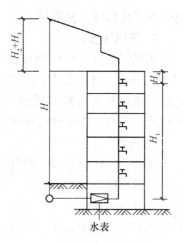

图 4 - 11　建筑内部给水系统所需的压力

对于居住建筑的生活给水系统，在进行方案的初步设计时，可根据建筑层数估算自室内地面算起系统所需的水压。一般 1 层建筑物为 100kPa，2 层建筑物为 120kPa，3 层及 3 层以上建筑物，每增加 1 层，水压增加 40kPa。对采用竖向分区供水方案的高层建筑，也可根据已知的室外给水管网能够保证的最低水压，按上述标准初步确定由市政管网直接供水的范围。

竖向分区的高层建筑生活给水系统，各分区最不利配水点的水压，都应满足用水水压要求，并且各分区最低卫生器具配水点处的静水压不宜大于 0.45MPa，特殊情况下不宜大于 0.55MPa；对于水压大于 0.35MPa 的入户管（或配水横管），宜设减压或调压设施。由高位水箱供水的系统，水箱设置高度可由下式确定：

$$Z=Z_1+H_1+H_2 \tag{4-4}$$

式中　Z——水箱最低动水位标高，m；

Z_1——最不利配水点标高，m；

H_1——设计流量下，水箱至最不利配水点的总水头损失，m；

H_2——最不利点配水附件所需最低工作压力，m。

◆◆◆4.1.6　给水系统的管材

1. 镀锌钢管

镀锌钢管曾一度是我国生活饮用水采用的主要管材，由于其内壁易生锈、结垢、滋生细菌和微生物等有害杂质，使自来水在输送途中造成"二次污染"，甚至在饮用水中出现大量"军团菌"存在的现象。根据国家有关规定，镀锌钢管已被定为淘汰产品，从 2000 年 6 月 1 日起，在城镇新建住宅生活给水系统中禁用镀锌钢管，并根据当地实际情况逐步限时禁用热镀锌管。目前镀锌钢管主要用于水消防系统。其优点是强度高、抗震性能好，管道可采用焊接、螺纹连接、法兰连接或卡箍连接。

2. 不锈钢管

不锈钢管具有机械强度高、坚固、韧性好、耐腐蚀性好、热膨胀系数低、卫生性能好、可回收利用、外表靓丽大方、安装维护方便、经久耐用等优点，适用于建筑给水特别是管道直饮水及热水系统。管道可采用焊接、螺纹连接、卡压式、卡套式等多种连接方式。

3. 铜管

铜管包括拉制铜管、挤制铜管、拉制黄铜管、挤制黄铜管，是传统的给水管材，具有耐温、延展性好、承压能力强、化学性质稳定、线膨胀系数小等优点。铜管公称压力为 2.0MPa，冷、热水均适用，因为一次性投入较高，一般在高档宾馆等建筑中采用。铜管可采用螺纹连接、焊接及法兰连接。

4. 硬聚氯乙烯管

硬聚氯乙烯给水管材材质为聚氯乙烯（UPVC），使用温度为 $5\sim45℃$，不适用于热水输送，常见规格为 $DN15\sim DN400$；公称压力为 $0.6\sim1.0MPa$。

优点：耐腐蚀性好、抗衰老性强、黏结方便、价格低、产品规格全、质地坚硬，符合输送纯净饮用水标准。

缺点：维修麻烦、无韧性，环境温度低于 $5℃$ 时脆化，高于 $45℃$ 时软化，长期使用有 UPVC 单体和添加剂渗出。该管材为早期替代镀锌钢管的管材，现已不推广使用。UPVC 管通常采用承插粘接，也可采用橡胶密封圈柔性连接、螺纹或法兰连接。

5. 聚乙烯管

聚乙烯（PE）管包括高密度聚乙烯（HDPE）管和低密度聚乙烯（LDPE）管。其优点是：质量小、韧性好、耐腐蚀、可盘绕、耐低温性能好、运输及施工方便、具有良好的柔性和抗蠕变性能，在建筑给水中得到广泛应用。目前国内产品的规格在 $DN16\sim DN160$ 之间，最大可达 $DN400$。聚乙烯管道的连接可采用电熔、热熔、橡胶圈柔性连接，工程上主要采用熔接。

6. 交联聚乙烯管

交联聚乙烯（PEX）是通过化学方法，使普通聚乙烯的线性分子结构改性成三维交联网状结构。其优点是强度高、韧性好、抗老化（使用寿命达 50 年以上）、温度适应范围广（$-70\sim110℃$）、无毒、不滋生细菌、安装维修方便、价格适中。目前国内产品常用规格在 $DN10\sim DN32$，少量达 $DN63$，缺少大管径管道，主要用于建筑室内热水给水系统。管径小于等于 25mm 的管道与管件采用卡套式，管径大于等于 32mm 的管道与管件采用卡箍式连接。

7. 聚丙烯管

普通聚丙烯（PP）材质有一显著缺点，即耐低温性差，在 $5℃$ 以下因脆性太大而难以正常使用。通过共聚合的方式可以使聚丙烯性能得到改善。改性聚丙烯管有三种：均聚聚丙烯（PP-H，一型）管、嵌段共聚聚丙烯（PP-B，二型）管和无规共聚聚丙烯（PP-R，三型）管。由于 PP-B、PP-R 的适用范围涵盖了 PP-H，故 PP-H 逐步退出了管材市场。PP-B、PP-R 的物理特性基本相似，应用范围基本相同。PP-R 管的优点是强度高、韧性好、无毒、温度适应范围广（5～95℃）、耐腐蚀、抗老化、保温效果好、不结垢、沿程阻力小、施工安装方便。目前国内产品规格在 $DN20～DN110$，不仅可用于冷、热水系统，且可用于纯净饮用水系统。管道之间采用热熔连接，管道与金属管件通过带金属嵌件的聚丙烯管件采用丝扣或法兰连接。

8. 聚丁烯管

聚丁烯（PB）管是用高分子树脂制成的高密度塑料管，管材质软、耐磨、耐热、抗冻、无毒无害、耐久性好、质量小、施工安装简单，公称压力可达 1.6MPa，能在 -20～95℃条件下安全使用，适用于冷、热水系统。聚丁烯管与管件的连接方式有三种方式，即铜接头夹紧式连接、热熔式插接和电熔合连接。

9. 丙烯腈－丁二烯－苯乙烯管

丙烯腈－丁二烯－苯乙烯（ABS）管材是丙烯腈、丁二烯、苯乙烯的三元共聚物，丙烯腈提供了良好的耐蚀性和表面硬度；丁二烯作为一种橡胶体提供了韧性；苯乙烯提供了优良的加工性能。三种组合的联合作用使 ABS 管强度大，韧性高，能承受冲击。ABS 管材的工作压力为 1.0MPa，冷水管常用规格为 $DN15～DN50$，使用温度为 -40～60℃；热水管规格不全，使用温度为 -40～95℃。管材连接方式为黏结。

10. 铝塑复合管

铝塑复合管（PE-AL-PE 或 PEXAL-PEX）是通过挤出成型工艺而制造出的新型复合管材，它由聚乙烯（或交联聚乙烯）层－胶黏剂层－铝层－胶黏剂层－聚乙烯层（或交联聚乙烯）五层结构构成。它既保持了聚乙烯管和铝管的优点，又避免了各自的缺点。可以弯曲，弯曲半径等于 5 倍直径；耐温差性能强，使用温度范围为 -100～110℃；耐高压，工作压力可以达到 1.0MPa 以上。管件连接主要是夹紧式铜接头，可用于室内冷、热水系统，目前市场上供货规格为 $DN14～DN32$。

11. 钢塑复合管

钢塑复合管是在钢管内壁衬（涂）一定厚度的塑料层复合而成，依据复合管基材的不同，可分为衬塑复合管和涂塑复合管两种。衬塑钢管在传统的输水钢管内插入一根薄壁的 PVC 管，使两者紧密结合，就成了 PVC 衬塑钢管；涂塑钢管是以普通碳素钢管为基材，将高分子 PE 粉末融熔后均匀地涂敷在钢管内壁，经塑化后，形成光滑、致密的塑料涂层。钢塑复合管兼备了金属管材强度高、耐高压、能承受较强的外来冲击力和塑料管材的耐腐蚀性、不结垢、热导率低、流体阻力小等优点。钢塑复合管可采用沟槽、法兰或螺纹连接的方式，同原有的镀锌管系统完全相容，应用方便，但需在工厂预制，不宜在施工现场切割。

◆◆4.1.7　给水管道的附件

1. 配水附件

配水附件是指为各类卫生洁具或受水器分配或调节水流的各式水龙头（或阀件），是使用最为频繁的管道附件，产品应符合节水、耐用、开关灵便、美观等要求。

（1）旋启式水龙头。旋启式水龙头如图 4 - 12 （a）所示，普遍用于洗涤盆、污水盆、盥洗槽等卫生器具的配水，由于密封橡胶垫磨损容易造成滴、漏现象，我国已明令限期禁用普通旋启式水龙头，以陶瓷芯片水龙头取代。

（2）旋塞式水龙头。旋塞式水龙头如图 4 - 12 （b）所示，手柄旋转 90° 即完全开启，可在短时间内获得较大流量；由于启闭迅速，容易产生水击，一般设在浴池、洗衣房、开水间等压力不大的给水设备上。因水流直线流动，阻力较小。

（3）陶瓷芯片水龙头。陶瓷芯片水龙头如图 4 - 12 （c）所示，采用精密的陶瓷片作为密封材料，由动片和定片组成，通过手柄的水平旋转或上下提压造成动片与定片的相对位移以启闭水源，使用方便，但水流阻力较大。陶瓷芯片硬度极高，优质陶瓷阀芯使用 10 年也不会漏水。新型陶瓷芯片水龙头大多有流畅的造型和不同的颜色，有的水龙头表面镀钛金、镀铬、烤漆、烤瓷等；造型除常见的流线型、鸭舌形外，还有球形、细长的圆锥形、倒三角形等，使水龙头有了装饰功能。

（4）延时自闭水龙头。延时自闭水龙头如图 4 - 12 （d）所示，主要用于酒店及商场等公共场所的洗手间，使用时将按钮下压，每次开启持续一定时间后，靠水压力及弹簧的增压而自动关闭水流，能够有效避免"长流水"现象，避免浪费。

（5）混合水龙头。混合水龙头如图 4 - 12 （e）所示，安装在洗面盆、浴盆等卫生器具上，通过控制冷、热水流量调节水温，作用相当于两个水龙头，使用时将手柄上下移动控制流量，左右偏转调节水温。

（6）自动控制水龙头。自动控制水龙头如图 4 - 12 （f）所示，根据光电效应、电容效应、电磁感应等原理，自动控制水龙头的启闭，常用于建筑装饰标准较高的盥洗、淋浴、饮水等的水流控制，具有防止交叉感染、提高卫生水平及舒适程度的功能。

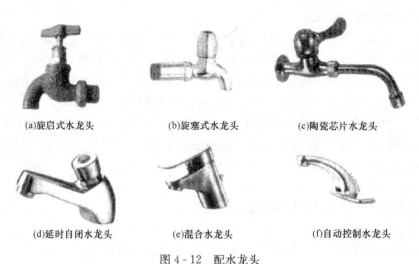

(a)旋启式水龙头　　　　(b)旋塞式水龙头　　　　(c)陶瓷芯片水龙头

(d)延时自闭水龙头　　　　(e)混合水龙头　　　　(f)自动控制水龙头

图 4 - 12　配水龙头

2. 控制附件

控制附件是用于调节水量、水压、关断水流、控制水流方向、水位的各式阀门。控制附件应符合性能稳定、操作方便、便于自动控制、精度高等要求。

（1）闸阀：如图 4 - 13（a）所示，指关闭件（闸板）由阀杆带动，沿阀座密封面做升降运动的阀门，一般用于 $DN \geqslant 70\text{mm}$ 的管路。

优点：流体阻力小、开闭所需外力较小、介质的流向不受限制等。

缺点：外形尺寸和开启高度都较大、安装所需空间较大、水中有杂质落入阀座后易造成阀门关闭不严密、关闭过程中密封面间的相对摩擦容易引起擦伤现象。

在要求水流阻力小的部位（如水泵吸水管上），宜采用闸阀。

（2）截止阀：如图 4 - 13（b）所示，指关闭件（阀瓣）由阀杆带动，沿阀座（密封面）轴线做升降运动的阀门。

优点：开启高度小、关闭严密、在开闭过程中密封面的摩擦力比闸阀小、耐磨等。

缺点：截止阀的水头损失较大，由于开闭力矩较大，结构长度较大，一般用于 $DN \leqslant 200\text{mm}$ 的管道。

需调节流量、水压时，宜采用截止阀；在水流需双向流动的管段上不得使用截止阀。

（3）球阀：如图 4 - 13（c）所示，指启闭件（球体）绕垂直于通路的轴线旋转的阀门，在管路中用来切断、分配和改变介质的流动方向，适用于安装空间小的场所。

优点：流体阻力小、结构简单、体积小、质量小、开闭迅速等。

缺点：容易产生水击。

(4) 蝶阀：如图 4 - 13（d）所示，指启闭件（蝶板）绕固定轴旋转的阀门。

优点：操作力矩小、开闭时间短、安装空间小、质量小等。

缺点：蝶板占据一定的过水断面，增大水头损失，且易挂积杂物和纤维。

(5) 止回阀：指启闭件（阀瓣或阀芯）借介质作用力，自动阻止介质逆流的阀门。根据启闭件动作方式的不同，可进一步分为旋启式止回阀、升降式止回阀、消声止回阀、缓闭止回阀等类型，分别如图 4 - 13（e）～（h）所示。

1) 给水管道的下列管段上应设置止回阀：

①引入管上；

②密闭的水加热器或用水设备的进水管上；

③水泵出水管上；

④进出水管合用一条管道的水箱、水塔、高地水池的出水管段上。

注：装有管道倒流防止器的管段，不需再装止回阀。

2) 当水箱、水塔进出水管为一条时，为防止底部进水，在底部出水的管段上应装止回阀，应注意此止回阀在水箱（塔）进水时，由于三通射流作用，止回阀处于压力不稳定的状态，会引起阀瓣（芯）振动，因此止回阀处应做隔振处理，且不宜选用振动大的旋启式或升降式止回阀。

3) 止回阀的阀型选择，应根据止回阀的安装部位、阀前水压、关闭后的密闭性能要求和关闭时引发的水锤大小等因素确定，应符合下列要求：

①阀前水压小的部位，宜选用旋启式、球式和梭式止回阀；

②关闭后密闭性能要求严密的部位，宜选用有关闭弹簧的止回阀；

③要求削弱关闭水锤的部位，宜选用速闭消声止回阀或有阻尼装置的缓闭止回阀；

④止回阀的阀瓣或阀芯，应能在重力或弹簧力作用下自行关闭。

4) 止回阀的开启压力与止回阀关闭状态时的密封性能有关，关闭状态密封性好的，开启压力就大，反之就小。开启压力一般大于开启后水流正常流动时的局部水头损失。

5) 速闭消声止回阀和阻尼缓闭止回阀都有削弱停泵水锤作用，但两者削弱停泵水锤的机理不同，一般速闭消声止回阀用于小口径水泵，阻尼缓闭止回阀用于大口径水泵。

6) 止回阀的阀瓣或阀芯，在水流停止流动时，应能在重力或弹簧力作用下自行关闭，即重力或弹簧力的作用方向与阀瓣或阀芯的关闭运动的方向应一致，才能使阀瓣或阀芯关闭。一般来说，卧式升降式止回阀和阻尼缓闭止回阀及多功能阀只能安装在水平管上，立式升降式止回阀不能安装在水平管上，其他的止回阀均可安装在水平管上或水流方向自下而上的立管上。水流方向自上而下的立管，不应安装止回阀，其阀瓣不能自行关闭，起不到止回作用。

（6）浮球阀：如图 4-13（i）所示，广泛用于工矿企业、民用建筑中各种水箱、水池、水塔的进水管路中，通过浮球的调节作用来维持水箱（池、塔）的水位。当水箱（池、塔）充水到既定水位时，浮球随水位浮起，关闭进水口，防止流溢；当水位下降时，浮球下落，进水口开启。为保障进水的可靠性，一般采用两个浮球阀并联安装，在浮球阀前应安装检修用的阀门。

（7）减压阀：当给水管网的压力高于配水点允许的最高使用压力时，应设置减压阀，给水系统中常用的减压阀有比例式减压阀和可调式减压阀两种，分别如图 4-13 中（j）、（k）所示。给水管网的压力高于配水点允许的最高使用压力时，应设置减压阀。

1）减压阀的配置应符合下列要求：

①比例式减压阀的减压比不宜大于 3∶1；可调式减压阀的阀前与阀后的最大压差不应大于 0.4MPa，要求环境安静的场所不应大于 0.3MPa。

②阀后配水件处的最大压力应按减压阀失效情况下进行校核，其压力不应大于配水件的产品标准规定的水压试验压力。

注：当减压阀串联使用时，按其中一个失效情况下，计算阀后最高压力。配水件的试验压力一般按其工作压力的 1.5 倍计。

③减压阀前的水压宜保持稳定，阀前的管道不宜兼作配水管。

④阀后压力允许波动时，宜采用比例式减压阀；阀后压力要求稳定时，宜采用可调式减压阀。

⑤供水保证率要求高，停水会引起重大经济损失的给水管道上设置减压阀时，宜采用两个减压阀，并联设置，一用一备工作，但不得设置旁通管。

2）减压阀的设置应符合下列要求：

①减压阀的公称直径应与管道管径相一致。

②减压阀前应设阀门和过滤器；需拆卸阀体才能检修的减压阀后，应设管道伸缩器；检修时阀后水会倒流时，阀后应设阀门。

③减压阀节点处的前后应装设压力表。

④比例式减压阀宜垂直安装，可调式减压阀宜水平安装。

⑤设置减压阀的部位，应便于管道过滤器的排污和减压阀的检修，地面宜有排水设施。

（8）泄压阀：如图 4-13（l）所示，与水泵配套使用，主要安装在供水系统中的泄水旁路上，可保证供水系统的水压不超过主阀上导阀的设定值，确保供水管路、阀门及其他设备的安全。当给水管网存在短时超压工况，且短时超压会引起使用不安全时，应设置泄压阀。泄压阀的设置应符合下列要求：

1）泄压阀用于管网泄压，阀前应设置阀门。

2）泄压阀的泄水口，应连接管道，泄压水宜排入非生活用水水池，当直接排放时，应有消能措施。

（9）安全阀：如图4-13（m）所示，可以防止系统内压力超过预定的安全值，它利用介质本身的力量排出额定数量的流体，不需借助任何外力，当压力恢复正常后，阀门再行关闭并阻止介质继续流出。安全阀阀前不得设置阀门，泄压口应连接管道将泄压水（汽）引至安全地点排放。安全阀的泄流量很小，它适用于压力容器因超温引起的超压泄压，容器的进水压力小于安全阀泄压动作压力，故在泄压时没有补充水进入容器，所以安全阀只要泄走少量的水，容器内的压力即可下降恢复正常。

（10）多功能阀：如图4-13（n）所示，兼有电动阀、止回阀和水锤消除器的功能，一般装在口径较大的水泵出水管路的水平管段上。

（11）紧急关闭阀：如图4-13（o）所示，用于生活小区中消防用水与生活用水并联的供水系统中，当消防用水时，阀门自动紧急关闭，切断生活用水，保证消防用水；当消防结束时，阀门自动打开，恢复生活供水。

(a)闸阀　　(b)截止阀　　(c)球阀　　(d)蝶阀　　(e)旋启式止回阀

(f)升降式止回阀　　(g)消声止回阀　　(h)缓闭止回阀　　(i)浮球阀　　(j)比例式减压阀

(k)可调式减压阀　　(l)泄压阀　　(m)安全阀　　(n)多功能阀　　(o)紧急关闭阀

图4-13　控制附件

3. 其他附件

在给水系统的适当位置，经常需要安装一些保障系统正常运行、延长设备使用寿命、改善系统工作性能的附件，如排气阀、橡胶接头、伸缩器、管道过滤器、倒流防止器、水锤消除器等。

（1）排气阀：如图 4-14（a）所示，用来排除积聚在管中的空气，以提高管线的使用效率。给水管道的下列部位应设置排气装置：

1）间歇性使用的给水管网，其管网末端和最高点应设置自动排气阀。

2）给水管网有明显起伏积聚空气的管段，已在该段的峰点设自动排气阀或手动阀门排气。

3）气压给水装置，当采用自动补气式气压水罐时，其配水管网的最高点应设自动排气阀。

（2）橡胶接头：如图 4-14（b）所示，由织物增强的橡胶件与活接头或金属法兰组成，用于管道吸收振动、降低噪声，补偿因各种因素引起的水平位移、轴向位移、角度偏移。

（3）伸缩器：如图 4-14（c）所示，可在一定的范围内轴向伸缩，也能在一定的角度范围内克服因管道对接不同轴而产生的偏移。它既能极大地方便各种管道、水泵、水表、阀门的安装与拆卸，又能补偿管道因温差引起的伸缩变形，代替 U 形管。

（4）管道过滤器：如图 4-14（d）所示，用于除去液体中少量固体颗粒，安装在水泵吸水管、水加热器进水管、换热装置的循环冷却水进水管上，以及进水总表、住宅进户水表、减压阀、自动水位控制阀，温度调节阀等阀件前，保护设备免受杂质的冲刷、磨损、淤积和堵塞，保证设备正常运行，延长设备的使用寿命。

（5）倒流防止器：如图 4-14（e）所示，也称防污隔断阀，由两个止回阀中间加一个排水器组成，用于防止生活饮用水管道发生回流污染。倒流防止器与止回阀的区别在于：止回阀只是引导水流单向流动的阀门，不是防止倒流污染的有效装置；管道倒流防止器具有止回阀的功能，而止回阀不具备管道倒流防止器的功能，设管道倒流防止器后，不需再设止回阀。

（6）水锤消除器：如图 4-14（f）所示，在高层建筑物内用于消除因阀门或水泵快速开、闭所引起管路中压力骤然升高的水锤危害，减少水锤压力对管路及设备的破坏，可安装在水平、垂直甚至倾斜的管路中。

4. 水表

水表用于计量建筑物的用水量，通常设置在建筑物的引入管、住宅的入户管及公用建筑物内需计量水量的水管上，具有累计功能的流量计可以替代水表。

（1）类型。根据工作原理可将水表分为流速式和容积式两类。容积式水表

(a)排气阀

(b)橡胶接头

(c)伸缩器

(d)管道过滤器

(e)倒流防止器

(f)水锤消除器

图 4-14　其他附件

要求通过的水质良好，精密度高，但构造复杂，我国很少使用。在建筑给水系统中普遍使用的是流速式水表。流速式水表是根据当管径一定时，水流速度与流量成正比的原理制成的。流速式水表按叶轮构造不同可进一步分为旋翼式、螺翼式和复式三种；按水流方向不同可分为立式和水平式两种；按计数机件所处状态不同可分为干式和湿式两种；按适用介质温度不同分为冷水表和热水表两种。远传式水表、IC 卡智能水表是现代计算机技术、电子信息技术、通信技术与水表计量技术结合的产物。常用水表如图 4-15 所示。

（2）性能参数。

过载流量：也称最大流量，只允许短时间流经水表的流量，为水表使用的上限值。旋翼式水表通过最大流量时的水头损失为 100kPa，螺翼式水表通过最大流量时的水头损失为 10kPa。

常用流量：也称公称流量或额定流量，是水表允许长期使用的流量。

分界流量：水表误差限度改变时的流量。

最小流量：水表开始准确指示的流量值，为水表使用的下限值。

始动流量：也称启动流量，是水表开始连续指示的流量值。

注：用水量均匀的生活给水系统的水表，应以给水设计流量选定水表的常用流量。用水量不均匀的生活给水系统的水表，应以设计流量选定水表的过载流量。生活给水设计流量还应按消防规范的要求叠加区内一次火灾的最大消防流量校核，不应大于水表的过载流量。在

(a)水平旋翼式水表

(b)立式旋翼式水表

(c)立式螺翼式水表

(d)远传式水表

(e)IC卡智能水表

图 4-15　常用水表

消防时，除生活用水外尚需通过消防流量的水表，应以生活用水的设计流量叠加消防流量进行校核，校核流量不应大于水表的过载流量。

（3）选用。在选用水表时，应根据用水量及其变化幅度、水质、水温、水压、水流方向、管道口径、安装场所等因素经过比较后确定。

1）旋翼式水表一般为小口径（≤DN50）水表，叶轮转轴与水流方向垂直，水流阻力较大，始动流量和计量范围较小，适用于用水量及逐时变化幅度都比较小的用户。螺翼式水表一般为大口径（＞DN50）水表，叶轮转轴与水流方向平行，水流阻力较小，始动流量和计量范围较大，适用于用水量大的用户。对流量变化幅度非常大的用户，应选用复式水表。

2）干式水表的计数机件与水隔离，计量精度较差，适用于水质浊度较大的场合。湿式水表的计数机件浸泡在水中，构造简单，精度较高，但要求水质纯净。

3）水温小于等于 40℃时选用冷水表，水温大于 40℃时选用热水表。

（4）设置方式。住宅的分户水表宜相对集中读数，且宜设置于户外；对设在户内的水表宜采用远传水表或 IC 卡水表等智能化水表。水表应装设在观察方便、不冻结、不被任何液体及杂质所淹没和不易受损坏的地方，具体设置见表 4-5。

表 4-5   水表的设置方式

项目	内　容
传统设置方式	这是最简单的设置方式，即在厨房或卫生间用水比较集中处设置给水立管，每户设置水平支管，安装阀门、分户水表，再将水送到各用水点。这种方式管道系统简单，管道短，耗材少，沿程阻力小，但必须入户抄表，给用户和抄表工作带来很大的麻烦，目前已被远传计量方式和 IC 卡计量方式取代
首层集中设置方式	将分户水表集中设置在首层管道井或室外水表井，每户有独立的进户管、立管。这种设置方式适合于多层建筑，便于抄表，减轻抄表人员的劳动强度，维修方便，但增加了施工难度，管材耗量大，需特定空间布置，上部几层水头损失较大，北方寒冷地区要注意管道保温
分层设置方式	将给水立管设于楼梯平台处，墙体预留 500mm×300mm×220mm 的分户水表箱安装孔洞。分层设置方式虽不能彻底解决抄表麻烦，但节省管材，水头损失小，适合于多层及高层住宅，但厨、卫分散的建筑设置不宜采用。暗敷在墙槽、楼板面层上的管道要杜绝出现接头，以防止出现渗、漏水现象
远传计量设置方式	这一方式是在传统水表设置方式的基础上，将普通水表改成远传水表。远传水表又称一次水表，可发出传感信号，通过电缆线被采集到数据采集箱（又称二次表），采集箱上的数码管可以显示一系列相关信息，并如实记录水表运行状态，当远传信号线遭到破坏时，系统自动启动报警记录，保证系统运行安全。这种方式使给水管道布置灵活，设计简化，也节省了大量管材，工作人员在办公室就可以通过计算机得到所需数据及用户用表状态，管理方便，但需预埋信号管线，投资较大，特别适用于多层及高层住宅，是今后的发展方向
IC 卡计量设置方式	这种方法使水作为商品实现了先付费再使用的消费原则，在传统水表位置上换成 IC 卡智能水表，无须敷设线管及线路维护，安装使用方便。用户将已充值的 IC 卡插入水表存储器，通过电磁阀来控制水的通断，用水时 IC 卡上的金额会自动被扣除

◆◆◆ 4.1.8　给水管道的布置

1. 布置原则

（1）保证供水安全，力求经济合理。

管道布置时应力求长度最短，尽可能呈直线走向，并与墙、梁、柱平行敷设。给水干管应尽量靠近用水量最大设备处或不允许间断供水的用水处，以保证供水可靠，并减少管道转输流量，使大口径管道长度最短。给水引入管，应从建筑物用水量最大处引入。当建筑物内卫生用具布置比较均匀时，应在建筑物中央部分引入，以缩短管网向不利点的输水长度，减少管网的水头损失。当建筑物不允许间断供水时，要设置两条或两条以上引入管，并应由城市管网的不同侧引入，在室内将管道连成环状或贯通状双向供水。如不可能时可由同侧引入，但两根引入管间距不得小于 15m，并应在接点间设置阀门。若条件不可能满足，可采取设贮水池（箱）或增设第二水源等安全供水措施。

（2）保证管道安全，便于安装维修。

埋地敷设的给水管应避免布置在可能受重物压坏处。管道不得穿越生产设备基础，在特殊情况下必须穿越时，应采取有效的保护措施。给水管道不得敷设在烟道、风道、电梯井内、排水沟内。给水管道不宜穿越橱窗、壁柜、给水管道不得穿过大便槽和小便槽，且立管离大、小便槽端部不得小于 0.5m。给水管道不宜穿越伸缩缝、沉降缝、变形缝。如必须穿越时，应设置补偿管道伸缩和剪切变形的装置。常用的措施：软性接头法，即用橡胶软管或金属波纹管连接沉降缝、伸缩缝两边的管道；丝扣弯头法，在建筑沉降过程中，两边的沉降差由丝扣弯头的旋转来补偿，适用于小管径的管道；活动支架法，在沉降缝两侧设支架，使管道只能垂直位移，以适应沉降、伸缩的应力。布置管道时，其周围要留有一定的空间，以满足安装、维修的要求，给水管道与其他管道和建筑结构的最小净距见表 4 - 6。需进入检修的管道井，其通道直径不宜小于 0.6m。

表 4 - 6　　　　　给水管道与其他管道和建筑结构之间的最小净距　　　（单位：mm）

给水管道		室内墙面	地沟壁和其他管道	梁、柱、设备	排水管		备注
					水平净距	垂直净距	
引入管		—	—	—	1000	150	在排水管上方
横干管		100	100	50（无焊缝）	500	150	在排水管上方
立管管径	<32	25			—	—	—
	32～50	35			—	—	—
	75～100	50			—	—	—
	125～150	60			—	—	—

（3）不影响生产安全和建筑物的使用。

室内给水管道不应穿越变配电房、电梯机房、通信机房、大中型计算机房、计算机网络中心、音像库房等遇水会损坏设备和引发事故的房间，并应避免在生产设备上方通过。室内给水管道的布置，不得妨碍生产操作、交通运输和建筑物的使用。室内给水管道不得布置在遇水会引起燃烧、爆炸的原料、产品和设备的上面。

2. 敷设形式

（1）明装：管道在室内沿墙、梁、柱、天花板下、地板旁暴露敷设。

优点：造价低，施工安装、维护修理均较方便。

缺点：由于管道表面积灰、产生凝结水等影响环境卫生，而且明装有碍房屋内部的美观。一般装修标准不高的民用建筑和大部分生产车间均采用明装方式。

（2）暗装：管道敷设在地下室天花板下或吊顶中，或在管井、管槽、管沟中隐蔽敷设。

优点：卫生条件好，美观。

缺点：造价高，施工维修均不方便。

3. 敷设要求

室外给水管道的覆土深度，应根据土壤冰冻深度、车辆荷载、管道材质及管道交叉等因素确定。管顶最小覆土深度不得小于土壤冰冻线以下 0.15m，行车道下的管线覆土深度不宜小于 0.7m。建筑内埋地管在无活荷载和冰冻影响的条件下，其管顶高出地面不宜小于 0.3m。引入管进入建筑内有两种情况，如图4-16 所示，一种由浅基础下面通过，另一种穿过建筑物基础或地下室墙壁。在地下水位高的地区，引入管穿地下室外墙或基础时，应采取防水措施，如设防水套管。

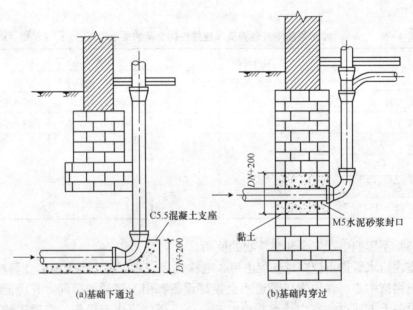

(a)基础下通过　　　　　　　(b)基础内穿过

图 4-16　引入管进入建筑物

入户管上的水表节点一般装设在建筑物的外墙内或室外专门的水表井中。装置水表的地方气温应在 2℃ 以上，并应便于检修，不受污染，不被损坏，查表方便。管道在穿过建筑物内墙、基础及楼板时均应预留孔洞。暗装管道在墙中

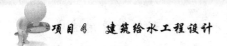

敷设时，也应预留墙槽，以免临时打洞、刨槽影响建筑结构的强度。管道预留孔洞和墙槽的尺寸见表 4-7。横管穿过预留洞时，管顶上部净空不得小于建筑物的沉降量，以保护管道不致因建筑沉降而损坏，一般不小于 0.1m。

表 4-7   管道预留孔洞、墙槽尺寸   （单位：mm）

管道名称	管径	明管留孔尺寸［长（高）×宽］	暗管墙槽尺寸（宽×深）
立管	≤25	100×100	130×130
	32～50	150×150	150×150
	70～100	200×200	200×200
两根立管	≤32	150×100	200×130
横支管	≤25	100×100	60×60
	32～40	150×130	150×100
入户管	≤100	300×200	—

对于给水管，采用软质的交联聚乙烯管或聚丁烯管埋地敷设时，宜采用分水器配水，并将给水管道敷设在套管内。管道在空间敷设时，必须采取固定措施，以保证施工方便和供水安全。固定管道可用管卡、托架、吊环等，如图 4-17 所示。给水钢立管一般每层须安装一个管卡，当层高大于 5m 时，则每层须安装两个水平钢管支架，最大间距见表 4-8。

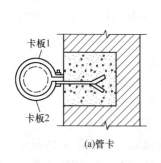 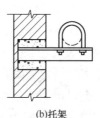 

(a)管卡   (b)托架   (c)吊环

图 4-17   支、托架

表 4-8   水平钢管支架最大间距

公称直径/mm	15	20	25	32	40	50	70	80	100	125	150
保温管/m	1.5	2	2	2.5	3	3	4	4	4.5	5	6
非保温管/m	2.5	3	3.5	4	4.5	5	6	6	6.5	7	8

4. 防护措施

（1）防腐。明装和暗装的金属管道都要采取防腐措施，以延长管道的使用寿命。通常的防腐做法是管道除锈后，在管外壁刷涂防腐涂料。明装的焊接钢管和铸铁管外刷防锈漆一道，银粉面漆两道；镀锌钢管外刷银粉面漆两道；暗装和埋地管道均刷沥青漆两道。对防腐要求高的管道，应采用有足够的耐压强度，与金属有良好的黏结性，以及防水性、绝缘性和化学稳定性能好的材料做管道防腐层，如沥青防腐层。即在管道外壁刷底漆后，再刷沥青面漆，然后外包玻璃布。对管外壁所做的防腐层数，可根据防腐要求确定。铸铁管埋于地下时，外表一律要刷沥青防腐，明露部分可刷防锈漆及银粉。工业上用于输送酸、碱液体的管道，除采用耐酸碱、耐腐蚀的管道外，也可将钢管或铸铁管内壁涂衬防腐材料。

（2）防冻、防露。对设在温度为零摄氏度以下地方的设备和管道，应当进行保温防冻。例如，对寒冷地区的屋顶水箱、冬季不采暖的室内和阁楼中的管道，以及敷设在受室外冷空气影响的门厅、过道等处的管道，在涂刷底漆后，应采取保温措施。非结冻地区的室外明设给水管道也宜做保温层，以防止管道受阳光照射后管内水温变化。在气候温暖潮湿的季节里，在采暖的卫生间、工作温度较高且空气湿度较大的房间（如厨房、洗衣房、某些生产车间）或管道内水温较低的时候，管道及设备的外壁可能产生凝结水，会引起管道腐蚀，损坏墙面，影响使用及环境卫生，必须采取防结露措施，如做防潮绝缘层。其做法一般与保温层相同。

（3）防高温。塑料给水管道不得布置在灶台上边缘；明设的塑料给水立管距灶台边缘不得小于 0.4m，距燃气热水器边缘不宜小于 0.2m。塑料给水管道不得与水加热器或热水炉直接连接，应有不小于 0.4m 的金属管段过渡。给水管道因水温变化而引起伸缩，必须予以补偿。塑料管的线膨胀系数是钢管的 7~10 倍，必须予以重视。伸缩补偿装置应按直线长度、管材的线膨胀系数、环境温度和水温变化、管道节点允许位移量等因素计算确定。

（4）防漏。管道漏水，不仅浪费水，影响正常供水，还会损坏建筑，特别是在湿陷性黄土地区，埋地管漏水将会造成土壤湿陷，严重影响建筑基础的安全稳固性。防漏的主要措施：避免将管道布置在易受外力损坏的位置，或采取必要的保护措施，避免其直接承受外力，并要健全管理制度，加强管材质量和施工质量的检查监督。在湿陷性黄土地区，可将埋地管道敷设在防水性能良好的检漏管沟内，一旦漏水，水可沿沟排至检漏井内，便于及时发现和检修。管径较小的管道，也可敷设在检漏套管内。

（5）防振。当管道中水流速度过大时，启闭水龙头、阀门，易出现水锤现象，引起管道、附件的振动，不但会损坏管道附件造成漏水，还会产生噪声，所以在设计时应控制管道的水流速度，在系统中尽量减少使用电磁阀或速闭型水栓。住宅建筑进户管的阀门后，可以装设可曲挠橡胶接头进行隔振，并可在管道支架、管卡内衬垫减振材料，减少噪声的扩散，如图 4 - 18 所示。

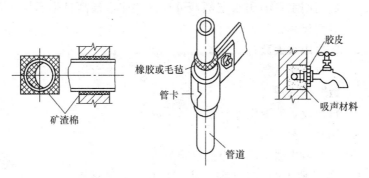

橡胶或毛毡
管卡
矿渣棉
管道
胶皮
吸声材料

图 4 - 18　各种管道器材的防噪声措施

4.2　给水系统的计算

◼◼4.2.1　给水系统的设计秒流量

给水管道的设计流量不仅是确定各管段管径的主要依据，也是计算管道水头损失，进而确定给水系统所需压力的主要依据。因此，设计流量的确定应符合建筑内部的用水规律。建筑内的生活用水量在 1 昼夜、1h 中都是不均匀的，为保证用水，生活给水管道的设计流量应为建筑内卫生器具按配水最不利情况组合出流时的最大瞬时流量，又称设计秒流量。

对于建筑内给水管道设计秒流量的确定方法，世界各国都进行了大量的研究，归纳起来主要包括以下三种。

经验法：虽然简捷方便，但不够精确。

平方根法：其计算结果偏小。

概率法：该法理论方法正确，但需在合理地确定卫生器具设置定额、进行大量卫生器具使用频率实测工作的基础上，才能建立正确的计算公式。

当前我国生活给水管网设计秒流量的计算方法，根据用水特点和计算方法分为以下三类。

（1）第一类建筑：主要包括住宅建筑。该类建筑生活给水管道的设计秒流量按下式计算。

1）先根据住宅配置的卫生器具给水当量、使用人数、用水定额、使用时数及小时变化系数，计算最大用水时卫生器具给水当量平均出流概率：

$$U_0 = \frac{100 q_{\mathrm{L}} m K_{\mathrm{h}}}{0.2 \cdot N_{\mathrm{g}} \cdot T \cdot 3600} \quad (\%) \qquad (4-5)$$

式中 U_0——生活给水管道的最大用水时卫生器具给水当量平均出流概率,%;

$\quad\quad q_{\mathrm{L}}$——最高用水日的用水定额,可根据"住宅最高日生活用水定额及小时变化系数"表取用;

$\quad\quad m$——每户用水人数;

$\quad\quad K_{\mathrm{h}}$——小时变化系数,可根据"住宅最高日生活用水定额及小时变化系数"表取用;

$\quad\quad N_{\mathrm{g}}$——每户设置的卫生器具给水当量数;

$\quad\quad T$——用水时数,h;

$\quad\quad 0.2$——一个卫生器具给水当量的额定流量,L/s。

2)根据计算管段上的卫生器具给水当量总数,计算该管段的卫生器具给水当量的同时出流概率:

$$U = 100 \frac{1 + \alpha_{\mathrm{c}} (N_{\mathrm{g}} - 1)^{0.49}}{\sqrt{N_{\mathrm{g}}}} \quad (\%) \qquad (4-6)$$

式中 U——计算管段的卫生器具给水当量的同时出流概率,%;

$\quad\quad \alpha_{\mathrm{c}}$——对应于不同 U_0 的系数,查表 4-9 取得;

$\quad\quad N_{\mathrm{g}}$——计算管段的卫生器具给水当量总数。

表4-9   给水管段卫生器具给水当量同时出流概率计算式中 α_{c} 系数取值表

U_0 (%)	α_{c}	U_0 (%)	α_{c}	U_0 (%)	α_{c}
1.0	0.003 23	3.0	0.019 39	5.0	0.037 15
1.5	0.006 97	3.5	0.023 74	6.0	0.046 29
2.0	0.010 97	4.0	0.028 16	7.0	0.055 55
2.5	0.015 12	4.5	0.032 63	8.0	0.064 89

3)根据计算管段上的卫生器具给水当量总数同时出流概率,计算管段的设计秒流量:

$$q_{\mathrm{g}} = 0.2 U N_{\mathrm{g}} \qquad (4-7)$$

式中 q_{g}——计算管段的设计秒流量,L/s。

4)给水干管有两条或两条以上具有不同最大用水时卫生器具给水当量平均出流概率的给水支管,该管段的最大用水时卫生器具给水当量平均出流概率按下式计算:

$$\overline{U}_0 = \frac{\sum (U_{0i} N_{gi})}{\sum N_{gi}} \qquad (4-8)$$

式中 $\overline{U}_0$——给水干管的最大用水时卫生器具给水当量平均出流概率;

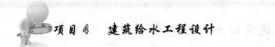

U_{0i}——支管的最大用水时卫生器具给水当量平均出流概率；

N_{gi}——相应支管的卫生器具给水当量总数。

（2）第二类建筑：主要包括集体宿舍、旅馆、宾馆、医院、疗养院、幼儿园、养老院、办公楼、商场、客运站、会展中心、中小学教学楼、公共厕所等。该类建筑生活给水管道的设计秒流量按下式计算：

$$q_g = 0.2\alpha \sqrt{N_g} \tag{4-9}$$

式中　α——根据建筑物用途而定的系数，按表 4-10 采用。

注：当计算所得的流量值，大于该管段上卫生器具额定流量累加所得的流量值时，应采用累加值作为设计流量；结果小于该管段上一个最大卫生器具的给水额定流量时，应采用一个最大卫生器具的给水额定流量作为设计秒流量；有大便器延时自闭冲洗阀的给水管段，大便器延时自闭冲洗阀的给水当量均以 0.5 计，计算得到的 q_g 附加 1.10L/s 的流量作为该管段的给水设计秒流量。综合楼建筑的 α 值应按加权平均法计算。

表 4-10　　　　　　　　根据建筑物用途而定的系数 α 值

建筑物名称	α 值
幼儿园、托儿所、养老院	1.2
门诊部、诊疗所	1.4
办公楼、商场	1.5
图书馆	1.6
书店	1.7
学校	1.8
医院、疗养院、休养所	2.0
酒店式公寓	2.2
宿舍（Ⅰ、Ⅱ类）、旅馆、招待所、宾馆	2.5
客运站、航站楼、会展中心、公共厕所	3.0

（3）第三类建筑：主要包括工业企业生活间、公共浴室、职工食堂或营业餐厅的厨房、体育场馆运动员休息室、剧院的化妆间、普通理化实验室等。该类建筑生活给水管道的设计秒流量按下式计算：

$$q_g = \sum (N_0 b q_0) \tag{4-10}$$

式中　N_0——同类型卫生器具数；

　　　b——卫生器具的同时给水百分数，应按表 4-11～表 4-13 采用；

　　　q_0——同类型的一个卫生器具给水额定流量，L/s。

注：采用该公式计算，如计算值小于该管段上一个最大卫生器具的给水额定流量时，应采用一个最大卫生器具的给水额定流量作为设计秒流量；当建筑内大便器采用自闭式冲洗阀时，在计算值小于 1.2L/s 时，以 1.2L/s 计。

表 4 - 11　工业企业生活间、公共浴室、剧院化妆间、体育场馆运动员
休息室等卫生器具同时给水百分数

卫生器具名称	宿舍 Ⅲ、Ⅳ类	工业企业 生活间	公共浴室	影剧院	体育场馆
洗涤盆（池）	—	33	15	15	15
洗手盆	—	50	50	50	70（50）
洗脸盆、盥洗槽水嘴	5～100	60～100	60～100	50	80
浴盆	—	—	50	—	—
无间隔淋浴器	20～100	100	100	—	100
有间隔淋浴器	5～80	80	60～80	（60～80）	（60～100）
大便器溃洗水箱	5～70	30	20	50（20）	70（20）
大便槽自动冲洗水箱	100	100	—	100	100
大便器自闭式冲洗阀	1～2	2	2	10（2）	5（2）
小便器自闭式冲洗阀	2～10	10	10	50（10）	70（10）
小便器（槽）自动冲洗水箱	—	100	100	100	100
净身盆	—	33	—	—	—
饮水器	—	30～60	30	30	30
小卖部洗涤盆	—	—	50	50	50

注：健身中心的卫生间，可采用本表体育场馆运动员休息室的同时给水百分数。

表 4 - 12　　　　职工食堂、营业餐馆厨房设备同时给水百分数

厨房设备名称	同时给水百分数（%）
洗涤盆（池）	70
煮锅	60
生产性洗涤机	40
器皿洗涤机	90
开水器	50
蒸汽发生器	100
灶台水嘴	30

注：职工或学生饭堂的洗碗台水嘴，按100%同时给水，但不与厨房用水叠加。

表 4 - 13　　　　实验室化验水嘴同时给水百分数

卫生器具名称	同时给水百分数（%）	
	科学研究实验室	生产实验室
单联化验龙头	20	30
双联或三联化验龙头	30	50

◆■4.2.2　给水管网的水力计算

1. 确定管径

在求得各管段的设计秒流量后，根据流量公式，即可确定管径：

$$q_g=\frac{\pi d_j^2}{4}v$$

$$d_j=\sqrt{\frac{4q_g}{\pi v}} \tag{4-11}$$

式中　q_g——计算管段的设计秒流量，m^3/s；

d_j——计算管段的管径，m；

v——管段中的流速，m/s。

注：当管段的流量确定后，流速的大小将直接影响管道系统技术、经济的合理性。流速过大易产生水锤，引起噪声，损坏管道或附件，并将增加管道的水头损失，提高建筑内给水管道所需的压力；流速过小，又将造成管材的浪费。考虑以上因素，设计时给水管道流速应控制在正常范围内：生活或生产给水管道的流速宜按表 4-14 采用；消火栓系统的消防给水管道的流速不宜大于 2.5m/s；自动喷水灭火系统的给水管道的流速，必要时可超过 5.0m/s，但不应大于 10m/s。

表 4-14　　　　　　　　　　生活给水管道的流速

公称直径/mm	15~20	25~40	50~70	≥80
流速/(m/s)	≤1.0	≤1.2	≤1.5	≤1.8

2. 水头损失

（1）给水管网。

1）管段的沿程水头损失为

$$h_y=iL \tag{4-12}$$

式中　h_y——管段的沿程水头损失，kPa；

L——管段长度，m；

i——单位长度的沿程水头损失，kPa/m，可按下式计算：

$$i=105C_h^{-1.85}d_j^{-4.87}q_g^{1.85} \tag{4-13}$$

其中　C_h——海澄-威廉系数，对于各种塑料管、内衬（涂）塑管，$C_h=140$；对于铜管、不锈钢管，$C_h=130$；对于衬水泥、树脂的铸铁管 $C_h=130$；对于普通钢管、铸铁管，$C_h=100$。

d_j——管道计算内径，m。

q_g——给水设计流量，m^3/s。

注：设计计算时，也可直接利用根据该公式编制的水力计算表，由管段的设计秒流量 q_g、控制流速 v 在正常范围内，查得管径和单位长度的沿程水头损失 i。

2）管段的局部水头损失

$$h_j = \left(\sum \xi\right) \frac{v^2}{2g} \qquad (4-14)$$

式中　h_j——管段局部水头损失之和，kPa；

　　　$\sum \xi$——管段局部阻力系数之和；

　　　v——沿水流方向局部零件下游的流速，m/s；

　　　g——重力加速度，m/s^2。

由于给水管网中局部零件（如弯头、三通等）甚多，随着构造不同，其ξ值也不尽相同，详细计算较为烦琐。在实际工程中也可按管道的连接方式，采用管（配）件当量长度法进行计算，螺纹接口的阀门及管件的局部水头损失当量长度见表4-15。当管（配）件当量长度资料不足时，可按管件的连接状况，按管网沿程水头损失的百分数取值，见表4-16。

表4-15　　　　　阀门和螺纹管件的摩阻损失的折算补偿长度

管件内径/mm	各种管件的折算管道长度/m						
	90°标准弯头	45°标准弯头	标准三通90°转角流	三通直向流	闸板阀	球阀	角阀
9.5	0.3	0.2	0.5	0.1	0.1	2.4	1.2
12.7	0.6	0.4	0.9	0.2	0.1	4.6	2.4
19.1	0.8	0.5	1.2	0.2	0.2	6.1	3.6
25.4	0.9	0.5	1.5	0.3	0.2	7.6	4.6
31.8	1.2	0.7	1.8	0.4	0.2	10.6	5.5
38.1	1.5	0.9	2.1	0.5	0.3	13.7	6.7
50.8	2.1	1.2	3.0	0.4	0.4	16.7	8.5
63.5	2.4	1.5	3.6	0.8	0.5	19.8	10.3
76.2	3.0	1.8	4.6	0.9	0.6	24.3	12.2
101.6	4.3	2.4	6.4	1.2		38.0	16.7
127.0	5.2	3	7.6	1.2		42.6	21.3
152.4	6.1	3.6	9.1	1.8	1.2	50.3	24.3

注：本表的螺纹接口式指管件无凹口的螺纹，即管件与管道在连接点内径有突变，管件内径大于管道内径，当管件为凹口螺纹，或管件与管道为等径焊接，其折算补偿长度取本表值的1/2。

表4-16　按百分数取值的管道局部水头损失占沿程水头损失的百分数　（单位：%）

管（配）件内径与管道内径的比值	=1	>1	<1
采用三通分水时	25～30	50～60	70～80
采用分水器分水时	15～20	30～35	35～40

（2）水表。水表的水头损失，应按选用产品所给定的压力损失计算。未确定具体产品时，可按下列情况选用：住宅入户管上的水表，宜取 0.01MPa；建筑物或小区引入管上的水表，在生活用水工况时，宜取 0.03MPa，在校核消防工况时宜取 0.05MPa。

4.3　给水系统的设备

◆◆◆ 4.3.1　增压设备

1. 水泵

水泵是一种转换能量的机械，它通过工作体的运动，把外加的能量传给被抽送的液体，使其能量增加。在给水系统中，水泵是主要的升压设备，主要类型如下：

（1）叶片式水泵，包括离心泵、轴流泵、混流泵等，它对液体的压送是靠装有叶片的叶轮高速旋转完成的；

（2）容积式水泵，包括活塞式往复泵、转子泵等，它对液体的压送是靠泵体工作室容积的改变来完成的，一般使工作室改变的方式有往复运动和旋转运动两种；

（3）其他类型水泵，指除叶片式水泵和容积式水泵以外的特殊泵，主要有螺旋泵、射流泵（又称水射器）、水锤泵、水轮泵及气升泵等。

目前，水泵发展的总趋势可归纳为大型化、大容量化。特别是取水水泵和排水水泵，高扬程化、高速化；单级扬程已经达到 1000m，系列化、通用化、标准化。

在建筑内部的给水系统中，一般采用离心式水泵，它具有结构简单、体积小、效率高且流量和扬程在一定范围内可以调整等优点。选择水泵应以节能为原则，使水泵在给水系统中大部分时间保持高效运行。当采用设置水泵、水箱的给水方式时，通常水泵直接向水箱输水，水泵的出水量、扬程几乎不变，选用离心式恒速水泵即可保持高效运行。对于无水量调节设备的给水系统，在电源可靠的条件下，可选用装有自动调速装置的离心式水泵。

离心泵的工作原理：靠叶轮在泵壳内旋转，使水靠离心力甩出，从而得到压力，将水送到需要的地方。离心泵主要由泵壳、泵轴、叶轮、吸水管、压力管等部分组成，如图 4-19 所示。

在图 4-19 中，在轴穿过泵壳处设有填料函，以防漏水或透气。在轴上装有叶轮，它是离心泵的最主要部件，叶轮上装有不同数目的叶片，当电动机通过轴带动叶轮回转时，叶片就搅动水做高速回转，拦污栅起拦阻污物的作用。

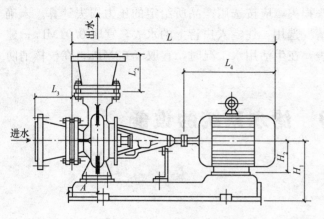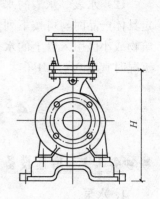

图 4 - 19　卧式离心泵外形图

　　开动水泵前，要使泵壳及吸水管中充满水，以排除泵内空气，当叶轮高速转动时，在离心力的作用下，叶片槽道（两叶片间的过水通道）中的水从叶轮中心被甩向泵壳，使水获得动能与压能。由于泵壳的断面是逐渐扩大的，所以水进入泵壳后流速逐渐变小，部分动能转化为压力，因而泵出口处的水便具有较高的压力，流入压力管。在水被甩走的同时，水泵进口处形成真空，由于大气压力的作用，将吸水池中的水通过吸水管压向水泵进口（一般称为吸水），进而流入泵体。由于电动机带动叶轮连续回转，因此，离心泵是均匀连续地供水，即不断地将水压送到用水点或高位水箱。离心泵的工作方式有"吸入式"和"灌入式"两种：泵轴高于吸水面的称为"吸入式"，吸水池水面高于泵轴的称为"灌入式"，这时不仅可以省掉真空泵等抽气设备，而且也有利于水泵的运行和管理。

　　一般设水泵的室内给水系统多与高位水箱联合工作，为了减小水箱的容积，水泵的开停应采用自动控制，而"灌入式"易满足此种要求。

　　目前调速装置主要采用变频调速器，根据相似定律，水泵的流量、扬程和功率分别与其转速的一次方、二次方和三次方成正比，所以调节水泵的转速可改变水泵的流量、扬程和功率，使水泵变量供水，保持高效运行。其工作原理：在水泵出水口或管网末端安装压力传感器，将测定的压力值 H 转换成电信号输入压力控制器，与控制器内根据用户需要设定的压力值 H_1 比较，当 $H > H_1$ 时，控制器向调速器输入降低转速的控制信号，使水泵降低转速，出水量减少；当 $H < H_1$ 时，则向调速器输入提高转速的控制信号，使水泵转速提高，出水量增加。由于保持了水泵出水口或管网末端压力恒定，在一定的流量变化范围内，均能使水泵高效运行，节省电能。用水泵出口压力或管网末端压力控制水泵调速，节能效果不完全相同。前者不能反映水流通过给水管网时，管网阻力特性

的变化，所以当用水低峰时，虽然由于转速的改变水泵扬程能保持恒定不再升高，但最不利点配水处的水压将高于其所需的流出水头。而后者不仅能调节流量的变化，同时也能反映管网阻力特性的变化，使最不利点配水始终保持所需的流出水头，节能效果优于前者。但其控制系统较前者复杂，且最不利点配水一般远离泵房，信号传递系统安装、检查、维修不便，因此在实际工程中前者使用更为广泛。因水泵只有在一定的转速变化范围内才能保持高效运行，故选用调速泵与恒速泵组合供水方式可取得更好的效果。为避免在给水系统微量用水时，水泵工作效率降低，轴功率产生的机械热能使水温上升，导致水泵故障，可选用并联小型气压水罐的变频调速供水装置。在微量用水时，变频调速泵停止运行，利用气压罐中压缩空气的压力向系统供水。在水泵房面积较小的条件下，可采用结构紧凑、安装管理方便的立式离心式水泵或管道泵。

水泵的流量、扬程应根据给水系统所需的流量、压力确定。由流量、扬程查泵性能表（或曲线）即可确定其型号。

2. 气压给水

气压给水设备的理论依据是波义耳－马略特定律，即在定温条件下，一定质量气体的绝对压力和它所占的体积成反比。它利用密闭罐中压缩空气的压力变化，调节和压送水量，在给水系统中主要起增压和水量调节作用。

（1）按气压给水设备输水压力稳定性，可分为变压式和定压式两类。

变压式气压给水设备在向给水系统输水过程中，水压处于变化状态，如图 4-20 所示。罐内的水在压缩空气的起始压力 p_2 的作用下，被压送至给水管网，随着罐内水量的减少，压缩空气体积膨胀、压力减小，当压力降至最小工

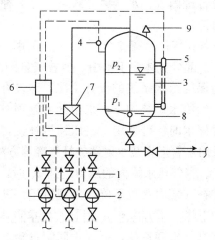

图 4-20 单罐变压式气压给水设备

1—止回阀；2—水泵；3—气压水罐；4—压力信号器；5—液位信号器；

6—控制器；7—补气装置；8—排气阀；9—安全阀

作压力 p_1 时，压力信号器动作，使水泵启动。水泵出水除供用户外，多余部分进入气压水罐，罐内水位上升，空气又被压缩，当压力达到 p_2 时，压力信号器动作，使水泵停止工作，气压水罐再次向管网输水。

定压式气压给水设备在向给水系统输水过程中，水压相对稳定，如图 4 - 21 所示。目前常见的做法是在气、水同罐的单罐变压式气压给水设备的供水管上，安装压力调节阀，将阀出口水压控制在要求范围内，使供水压力相对稳定。也可在气、水分罐的双罐变压式气压给水设备的压缩空气连通管上安装压力调节阀，将阀出口气压控制在要求范围内，以使供水压力稳定。

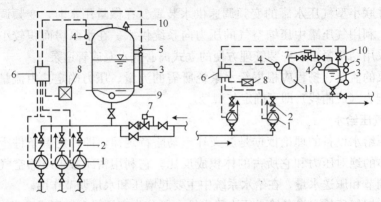

图 4 - 21　定压式气压给水设备

1—水泵；2—止回阀；3—气压水罐；4—压力信号阀；5—液位信号阀；6—控制阀；

7—压力调节阀；8—补气装置；9—排气阀；10—安全阀；11—贮气罐

（2）按气压给水设备罐内气、水接触方式，可分为补气式气压给水设备和隔膜式气压给水设备两类。

补气式气压给水设备在气压水罐中气、水直接接触，如图 4 - 22、图 4 - 23 所示。设备运行过程中，部分气体溶于水中，随着气量的减少，罐内压力下降，不能满足设计需要，为保证给水系统的设计工况，需设补气调压装置。补气的方法很多，在允许停水的给水系统中，可采用开启罐顶进气阀，泄空罐内存水的简单补气法。不允许停水时，可采用空气压缩机补气，也可通过在水泵吸水管上安装补气阀，水泵出水管上安装水射器或补气罐等方法补气。图 4 - 22 所示为设补气罐的补气方式。当气压水罐内的压力达到 p_2 时，在电接点压力表的作用下，水泵停止工作，补气罐内水位下降，出现负压，进气止回阀自动开启进气。当气压水罐内水位下降，压力达到 p_1 时，在电接点压力表的作用下，水泵开启，补气罐中水位升高，出现正压，进气止回阀自动关闭，补气罐内的空气随进水补入气压水罐。当补入空气过量时，可通过自动排气阀排气。自动排气阀设在气压罐最低工作水位以下 1~2cm 处，当气压罐内空气过量，至最低水位时，罐内压力大于 p_1，电接点压力表不动作，水位继续下降，自动排气阀立即打开排出过量空气，直到压力降至 p_1，水泵启动水位恢复正常，排气阀自动关闭。罐内过量空气也可通过电磁阀排出，如图 4-23 所示，在设计最低水位下 1~2cm 处安装 1 个电触点，当罐内空气过量，水位下降低于设计最低水位，电触点断开，通过电控器打开电磁阀排气，直至压力降至 p_1，水泵启动水位恢复正常，电触点接通，电磁阀关闭，停止排气。以上方法属余量补气，多余的补气量需通过排气装置排出。有条件时，宜采用限量补气法，即补气量等于需气量，如当气压水罐内气量达到需气量时，补气装置停止从外界吸气，而从罐内吸气再补入罐内，自行平衡，达到限量补气的目的，可省去排气装置。

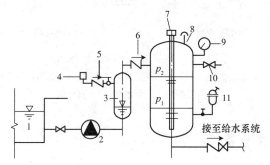

图 4-22　设补气罐的补气方式

1—水池；2—水泵；3—补气罐；4—过滤器；5—进气止回阀；6—止回阀；7—液位信号器；
8—安全阀；9—电接点压力表；10—手动放气阀；11—自动排气阀

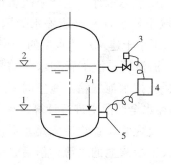

图 4-23　电磁阀排气

1—最低水位；2—最高水位；3—电磁阀；4—电控制器；5—电触点

隔膜式气压给水设备在气压水罐中设置弹性橡胶隔膜将气、水分离，不但水质不易污染，气体也不会溶入水中，故不需设补气调压装置。橡胶隔膜主要有帽形、囊形两类，囊形隔膜又有球、梨、斗、筒、折、胆囊之分，两类隔膜均固定在罐体法兰盘上，分别如图 4-24 所示。囊形隔膜可缩小气压水罐固定隔膜的法兰，气密性好，调节容积大，且隔膜受力合理，不易损坏，优于帽形隔膜。

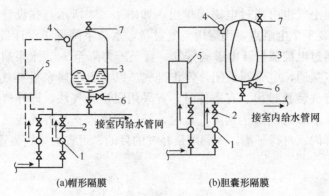

(a)帽形隔膜　　　　(b)胆囊形隔膜

图 4-24　隔膜式气压给水设备示意
1—水泵；2—止回阀；3—隔膜式气压水罐；4—压力信号器；
5—控制器；6—泄水阀；7—安全阀

◈▦4.3.2　贮水设备

1. 贮水池

贮水池是贮存和调节水量的构筑物，其有效容积应根据生活（生产）调节水量、消防贮备水量和生产事故备用水量确定。消防贮备水量应根据消防要求，以火灾延续时间内所需消防用水总量计。生产事故备用水量应根据用户安全供水要求，中断供水后果和城市给水管网可能停水等因素确定。当资料不足时，生活（生产）调节水量可以不小于建筑日用水量的 8%～12% 计算。

贮水池应设进出水管、溢流管、泄水管和水位信号装置。溢流管宜比进水管管径大1级，泄空管管径应按水池（箱）泄空时间和泄水受体的排泄能力确定，一般可按2h内将池内存水全部泄空进行计算。顶部应设有人孔，一般宜为800～1000mm。其布置位置及配管设置均应满足水质防护要求。仅贮备消防水量的水池，可兼作水景或人工游泳池的水源，但后者应采取净水措施。非饮用水与消防水共用一个贮水池应有消防水量平时不被动用的措施。贮水池的设置高度应利于水泵自吸抽水，且宜设深度大于等于1m的集水坑，以保证其有效容积和水泵的正常运行。

贮水池一般宜分成容积基本相等的两格，以便清洗、检修时不中断供水。

2. 吸水井

当室外给水管网能满足建筑内所需水量，无调节要求的给水系统，可设置仅满足水泵吸水要求的吸水井。吸水井的有效容积应大于最大1台水泵3min的出水量，且满足吸水管的布置、安装、检修和防止水深过浅水泵进气等正常工作要求，其最小尺寸要求如图 4 - 25 所示。

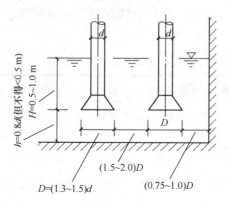

图 4 - 25　吸水管在吸水井中布置的最小尺寸

3. 水箱

根据水箱的用途不同，有高位水箱、减压水箱、冲洗水箱、断流水箱等多种类别。其形状通常为圆形或矩形，特殊情况下也可设计成任意形状。

制作材料包括普通、搪瓷、镀锌、复合和不锈钢板，钢筋混凝土，塑料和玻璃钢等。

水箱的配管、附件如图 4 - 26 所示。

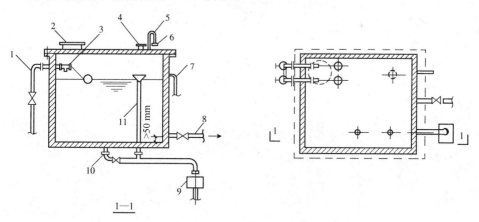

1—1

图 4 - 26　水箱的配管、附件示意图

1—进水管；2—人孔；3—浮球阀；4—仪表孔；5—通气管；6—防虫网；7—信号管；
8—出水管，0 受水器，10 池水管，11 溢流管

水箱一般设置在净高不低于 2.2m，采光通风良好的水箱间内，其安装间距见表 4 - 17。大型公共建筑或高层建筑为避免水箱清洗、检修时停水，水箱宜分

成两格或分设两个。水箱底距地面宜不小于 800mm 的净距，以便于安装管道和进行检修，水箱底可置于工字钢或混凝土支墩上，金属箱底与支墩接触面之间应衬橡胶板或塑料垫片等绝缘材料以防腐蚀。水箱有结冻、结露可能时，要采取保温措施。

表 4 - 17　　　　水箱之间及水箱与建筑结构之间的最小距离　　　　（单位：m）

给水水箱形式	箱外壁至墙面的净距		水箱之间的距离	箱顶至建筑结构最低点的距离	人孔盖顶至房间顶板的距离	最低水位至水管上止回阀的距离
	有阀门一侧	无阀门一侧				
圆形	0.8	0.5	0.7	0.6	1.5	0.8
矩形	1.0	0.7	0.7	0.6	1.5	0.8

水箱的有效容积主要根据它在给水系统中的作用来确定。若仅作为水量调节之用，其有效容积即为调节容积；若兼有贮备消防和生产事故用水量作用，其容积应以调节水量、消防和生产事故备用水量之和来确定。水箱的调节容积理论上应根据室外给水管网或水泵向水箱供水和水箱向建筑内给水系统输水的曲线，经分析后确定，但因为以上曲线不易获得，实际过程中按水箱进水的不同情况由经验确定。

项目 5　建筑排水工程设计

5.1　排水系统设计

5.1.1　建筑内排水系统的类型

1. 生活排水系统

生活排水系统排除民用建筑、公共建筑，以及工业企业生活间的生活污、废水。生活污水一般指冲洗便器及类似卫生设备所排出的，含有大量粪便、纸屑、病原菌等污染比较严重的水。生活废水一般指厨房、食堂、洗衣房、浴室、盥洗室等处卫生器具所排出的洗涤废水。生活废水一般可作为中水的原水，经过适当的处理可以作为杂用水，用于冲洗厕所、浇洒绿地、冲洗道路、冲洗汽车等。因此，根据污水、废水水质的不同，以及污水处理、杂用水的需要等情况的不同，生活排水系统又可以分为生活污水排水系统和生活废水排水系统。

2. 工业废水排水系统

（1）生产废水：指在生产过程中形成，但未直接参与生产工艺，未被生产原料、半成品或成品污染，仅受到轻度污染的水或温度稍有上升的水，如循环冷却水等，经简单处理后可回用或排入水体。

（2）生产污水：指在生产过程中形成，并被生产原料、半成品或成品等废料所污染，污染比较严重的水。生产污水比较复杂，如纺织漂洗印染污水、焦化厂的炼焦污水、电镀厂的电镀污水、医院的污水等。按照我国环保法规，类似这些生产污水必须在厂内经过处理，达到国家的排放标准以后，才能排入室外排水管道。

3. 雨水排水系统

雨水排水系统用于排除建筑物屋面雨水或积雪。一般雨水排放系统需要单独设置，新建居住小区应采用生活排水与雨水分流排水系统，以利于雨水的回收利用。

◆◆■ 5.1.2　建筑内排水系统的组成

1. 卫生器具和生产设备受水器

卫生器具和生产设备受水器是建筑内部排水系统的起点，是用来满足日常生活和生产过程中各种卫生要求、收集和排除污废水的设备。

卫生器具指洗脸盆、浴盆、大便器、小便器、冲洗设备、淋浴设备、污水盆、洗涤盆、地漏等。除大便器以外，其他卫生器具都应该在排水口处设置栏栅，以防止粗大的污物进入管道系统，堵塞管道。各种卫生器具的结构、形式等各不相同，选用时应注意各种卫生器具的结构特点、与管道系统的配套、安装尺寸等。

2. 排水管道系统

排水管道系统包括器具排水管、存水弯、横支管、立管、埋地横干管、排出管等组成部分。

排水系统中，在每一个卫生器具的排水口的下方或在与卫生器具连接的器具排水管上，必须设置存水弯，以防止管道内的有害气体、虫类等通过管道进入室内，危害人们健康。管道系统中各个部分的设置应能保证室内污水、废水迅速、顺利地排入室外检查井。室内排水系统的管道材料主要有钢管、铸铁管、工程塑料管、陶土管等。

3. 清通设备

污水管道容易堵塞，为疏通室内排水管道，保障排水畅通，需要设置清通设备。室内排水系统中的清通设备一般有三种：检查口 [图 5-1 (a)]、检查口井 [图 5-1 (b)] 和清扫口 [图 5-1 (c)]。

检查口是带有螺栓盖板的短管，清通时将盖板打开。一般在立管上设置检查口；在管道最容易堵塞处，如在横支管的起端、乙字弯上部等处设清扫口。检查口并不同于一般的检查井，为防止管内有毒有害气体外逸，在井内上下游管道之间通过带检查口的短管连接。

检查井一般不设在室内，对于工业废水管道，如厂房很大，排水管难以直接排出室外，而且无有毒、有害气体或大量蒸汽时，可以在室内设置检查井。生活污水管道一般不在室内设置检查井，但有时因建筑物间距过小或情况特殊而不可避免，只能设在室内时，要考虑密封措施，如采用双层井盖或密封井盖等。

4. 污水提升设备

地下室、人防工程、地下铁道等处，污水无法自流到室外，必须设有集水池，设水泵将污水抽送到室外排出，以保持室内良好的卫生环境。建筑内部污水、废水提升需要设置污水集水池和污水泵房，配置相应的污水提升泵。

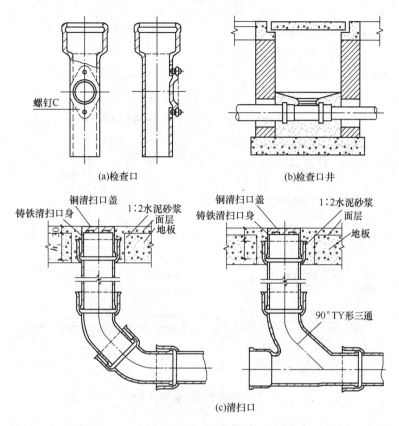

(a)检查口   (b)检查口井

(c)清扫口

图 5 - 1   清通设备

5. 通气管系统

由于室内排水管道中是汽水两相流,当排水系统中突然大量排水时,可能导致系统中的气压波动,造成水封破坏,使有毒、有害气体进入室内。为防止以上现象发生,需要在室内排水系统中设置通气管系统,室内通气管道与排水管道可以有不同的组合方式。

6. 污水局部处理构筑物

当建筑内部的污水未经处理不允许直接排入市政排水管网或排入水体时,必须设置污水局部处理构筑物。一般有隔油池、降温池、沉沙池、化粪池等。

◆◆**5. 1. 3   建筑内排水系统的布置**

1. 卫生器具

卫生器具的布置与敷设应根据卫生间和公共厕所的平面尺寸、所选用的卫生器具类型和尺寸等情况确定。既要考虑使用方便,又要考虑管线短,排水通畅,便于维护管理。卫生间和公共厕所卫生器具的平面布置如图 5 - 2 所示。

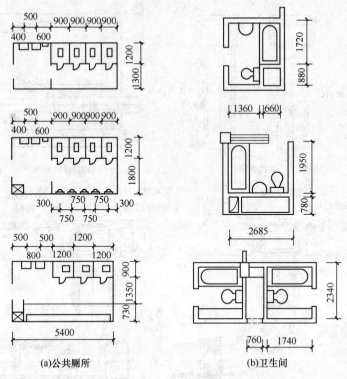

(a)公共厕所   (b)卫生间

图5-2　卫生器具平面布置图（单位：mm）

　　为了卫生器具使用方便，使其功能正常发挥，卫生器具的安装高度应满足表5-1的要求。

表5-1　　　　　　　　　　　卫生器具的安装高度

卫生器具名称	卫生器具边缘离地高度/mm	
	居住和公共建筑	幼儿园
架空式污水盆（池）（至上边缘）	800	800
落地式污水盆（池）（至上边缘）	500	500
洗涤盆（池）（至上边缘）	800	800
洗手盆（至上边缘）	800	500
洗脸盆（至上边缘）	800	500
盥洗槽（至上边缘）	800	500
浴盆（至上边缘）	480	—
残障人用浴盆（至上边缘）	450	—
按摩浴盆（至上边缘）	450	—

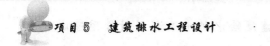

续表

卫生器具名称	卫生器具边缘离地高度/mm	
	居住和公共建筑	幼儿园
淋浴盆（至上边缘）	100	—
蹲、坐式大便器（从台阶面至高水箱底）	1800	1800
蹲式大便器（从台阶面至低水箱底）	900	900
坐式大便器（至低水箱底）		
外露排出管式	510	—
虹吸喷射式	470	370
冲落式	510	—
旋涡加体式	250	—
坐式大便器（至上边缘）		
外露排出管式	400	—
旋涡连体式	360	—
残障人用	450	—
蹲便器（至上边缘）		
2踏步	320	—
1踏步	200～270	—
大便槽（从台阶面至冲洗水箱底）	不低于2000	—
立式小便器（至受水部分上边缘）	100	—
挂式小便器（至受水部分上边缘）	600	450
小便槽（至台阶面）	200	150
化验盆（至上边缘）	800	—
净身器（至上边缘）	360	—
饮水器（至上边缘）	1000	—

地漏应设在地面最低处、易于溅水的卫生器具附近。地漏不宜设在排水支管顶端，以防止卫生器具排放的固体杂物在卫生器具和地漏之间的横支管内沉淀。

2. 排水管道

（1）排水横支管。

1）排水横支管不宜太长，尽量少转弯，1根支管连接的卫生器具不宜太多。

2）横支管不得穿过沉降缝、伸缩缝、变形缝、烟道、风道。

3）横支管不得穿过有特殊卫生要求的生产厂房、食品及贵重商品仓库、通风室和变电室。

4）横支管不得布置在遇水易引起燃烧、爆炸或损坏的原料、产品和设备上面，也不得布置在食堂、饮食业的主副食操作烹调的上方；当条件限制不能避免时，应采取防护措施。

5）横支管距楼板和墙应有一定的距离，便于安装和维修。

6）当横支管悬吊在楼板下，接有 2 个及 2 个以上大便器或 3 个及 3 个以上卫生器具的铸铁排水横管上，或接有 4 个及 4 个以上的大便器的塑料排水横管上，宜设置清扫口。

7）高层建筑中，管径大于等于 110mm 的明敷塑料排水横支管接入管道井时，在穿越管道井处应设置阻火装置，阻火装置一般采用防火套管或阻火圈。

（2）排水立管。

1）立管应靠近排水量大、水中杂质多、最脏的排水点处。

2）立管不得穿过卧室、病房，也不宜靠近与卧室相邻的内墙。

3）立管宜靠近外墙，以减少埋地管长度，便于清通和维修。

4）立管应设检查口，铸铁排水立管上检查口之间的距离不宜大于 10m，塑料排水立管宜每六层设置一个检查口。但在建筑物最底层和设有卫生器具的两层以上建筑物的最高层，应设置检查口，当立管水平拐弯或有乙字管时，在该层立管拐弯处和乙字管的上部应设检查口。

5）塑料排水立管与家用灶具边净距不得小于 0.4m。

6）高层建筑中，塑料排水立管明设且其管径大于或等于 110mm 时，在立管穿越楼层处应设置阻火装置。

（3）横干管及排出管。

1）排出管以最短的距离排出室外，尽量避免在室内转弯。

2）建筑层数较多时，应确定底部横管是否单独排出。

3）埋地管不得布置在可能受重物压坏处或穿越生产设备基础。

4）埋地管穿越承重墙或基础处，应预留洞口，且管顶上部净空不得小于建筑物的沉降量，一般不宜小于 0.15m。

5）湿陷性黄土地区的排出管应设在地沟内，并应设检漏井。

6）距离较长的直线管段上应设检查口或清扫口，其最大间距见表 5-2。

表 5-2　　　　排水横管直线管段上检查口或清扫口之间的最大距离

管道管径/mm	清扫设备种类	距离/m	
		生活废水	生活污水
50~75	检查口	15	12
	清扫口	10	8

续表

管道管径/mm	清扫设备种类	距离/m	
		生活废水	生活污水
100～150	检查口	20	15
	清扫口	15	10
200	检查口	25	20

7) 排出管与室外排水管连接处应设检查井，检查井中心到建筑物外墙的距离不宜小于3m。检查井至排水立管或排出管上清扫口的距离不大于表5-3中的数值。

表5-3　排水立管或排出管上的清扫口至塞外检查井中心的最大长度

管径/mm	50	75	100	>100
最大长度/m	10	12	15	20

8) 当排出管穿过地下室或地下构筑物的外墙时，应采取防水措施，如在管道穿越处预埋刚性或柔性防水套管。

9) 塑料排水横干管不宜穿越防火分区隔墙和防火墙；当不可避免时，应在管道穿越墙体处的两侧设置阻火装置。

(4) 布置原则。建筑内部排水系统直接影响着人们的日常生活和生产，为创造一个良好的生活和生产环境，在设计过程中应首先保证排水畅通和室内良好的生活环境，然后根据建筑类型、标准、投资等因素进行管道的布置和敷设。建筑内部排水管道布置和敷设时应遵循以下原则：

1) 排水畅通，水力条件好；

2) 使用安全可靠，不影响室内环境卫生；

3) 总管线短、工程造价低；

4) 占地面积小；

5) 施工安装、维护管理方便；

6) 美观且方便使用。

3. 通气系统

(1) 生活排水管道和散发有毒、有害气体的生产污水管道应设伸顶通气管。伸顶通气管高出屋面不小于0.3m，且应大于该地区最大积雪厚度。屋顶有人停留时，应大于2m。

(2) 当排水立管的排水流量超过所设普通伸顶通气的立管最大排水能力时，应设置专用通气立管。建筑标准要求较高的多层住宅、公共建筑和高层建筑的生活污水立管宜设置专用通气立管。

（3）连接4个及4个以上卫生器具，且长度大于12m的排水横支管；连接6个及6个以上大便器的污水横支管；设有器具通气管的排水管段上应设置环形通气管。环形通气管应在横支管始端的两个卫生器具之间接出，并应在排水横支管中心线以上与排水横支管呈垂直或45°连接。建筑物内各层的排水管道上设有环形通气管时，应设置连接各层环形通气管的主通气立管或副通气立管。

（4）对卫生、安静要求较高的建筑物内，生活排水管道宜设器具通气管，器具通气管应设在存水弯出口端。

（5）器具通气管和环形通气管应在卫生器具上边缘以上不小于0.15m处按不小于0.01的上升坡度与通气立管连接。

（6）专用通气立管应每隔2层，主通气立管每隔8～10层设结合通气管与排水立管连接。结合通气管下端宜在排水横支管以下与排水立管以斜三通连接，上端可在卫生器具上边缘以上不小于0.15m处与通气立管以斜三通连接。

（7）专用通气立管和主通气立管的上端可在最高层卫生器具上边缘或检查口以上与排水立管通气部分以斜三通连接。下端应在最低排水横支管以下与排水立管以斜三通连接。

（8）通气立管不得接纳污水、废水和雨水，不得与风道和烟道连接。

（9）伸顶通气管不允许或不可能单独伸出屋面时，可设置汇合通气管。

（10）在建筑物内不得设置吸气阀替代通气管。

◆◆5.1.4 雨水排水系统的设置

1. 雨水斗

布置雨水斗时，应以伸缩缝或沉降缝作为排水分水线，否则应在该缝两侧各设置一个雨水斗。雨水斗的间距应按计算确定，还应考虑建筑物的结构特点，如柱子的布置等，一般可采用12～24m，天沟的坡度可采用0.003～0.006。雨水斗的安装要求，主要是连接处密封不漏水，与屋面的连接处必须做好防水处理。虹吸式雨水斗应设置在天沟或檐沟内，天沟的宽度和深度应按雨水斗的安装要求确定，一般沟的宽度不小于550mm，沟的深度不小于300mm。一个计算汇水面积内，不论其面积大小，均应设置不少于两个雨水斗，而且雨水斗之间的距离不应大于20m。屋面汇水最低处应至少设置一个雨水斗。一个排水系统上设置的所有雨水斗，其进水口应在同一水平面上。如屋面为弧形或抛物线屋面时，其天沟不在同一水平面上，宜在等高线和汇水分区的最低处集中设置多个雨水斗，按不同水平面上的雨水斗分别设置单独的立管。

2. 连接管

连接管应牢固地固定在建筑物的承重结构上，其管径一般与雨水斗短管的管径相同，但不宜小于100mm。

3. 悬吊管

悬吊管一般沿梁或屋架下弦布置，并应固定在其上。其管径不得小于雨水斗连接管管径，如沿屋架悬吊时，其管径不得大于 300mm。悬吊管长度超过 15m 时，靠近墙、柱的地方应设检查口，且检查口间距不得大于 20m。重力流雨水系统的悬吊管管道充满度不大于 0.8，管道坡度一般不小于 0.005，以利于流动而且便于清通。虹吸式雨水系统中的悬吊管，原则上为压力流，不需要设坡度，但由于大部分时间悬吊管内可能处于非满流排水状态，宜设置不小于 0.003 的坡度，以便管道排空。悬吊管与雨水立管连接，应采用两个 45°弯头或 90°斜三通。悬吊管不得设置在精密机械设备和遇水会产生危害的产品及原料的上空，否则应采取预防措施。

4. 立管

立管一般沿墙、柱明装，在民用建筑内，一般设在楼梯间、管井、走廊等处，不得设置在居住房间内。立管的管径不得小于与其连接的悬吊管管径。重力流雨水系统立管的上部为负压，下部为正压，所以立管是处于压力流状态，排水能力较大，而排出管埋设在地下，是整个雨水管道系统中容易出问题的薄弱环节，立管的下端宜采用两个 45°弯头或大曲率半径的 90°弯头接入排出管。

5. 排出管

考虑到降雨过程中常常有超过设计重现期的雨量或水流掺气占去一部分容积，所以雨水排出管设计时，要留有一定的余地。

6. 埋地横管

埋地管的最小管径为 200mm，最大不超过 600mm，以保证水流通畅，便于清通。埋地管不得穿越设备基础及其他地下构筑物；埋地管的埋设深度，一般可参照排水管道的规定，在民用建筑中不得小于 0.15m。雨水排水系统的管道材料可采用铸铁管、钢管或高密度聚乙烯管等。埋地管也可采用混凝土管、陶土管。

注：屋面计算面积超过 5000m² 时，必须设置至少两个独立的屋面雨水排水系统。

◆◆*5.1.5　雨水排水系统的屋面排水*

1. 屋檐外排水

外排水是指屋面不设雨水斗，建筑物内部设有雨水管道的雨水排放方式。按屋面有无天沟，又分为普通外排水和天沟外排水两种方式。

（1）普通外排水。普通外排水系统由檐沟和雨落管组成，如图 5-3 所示。降落到屋面的雨水沿屋面集流到檐沟，然后流入隔一定距离沿外墙设置的水落管排至地面或雨水口。水落管多用镀锌铁皮管或塑料管，镀锌铁皮管为方形，断面尺寸一般为 80mm×100mm 或 80mm×120mm，塑料管管径为 75mm 或

100mm。根据降雨量和管道的通水能力确定一根水落管服务的屋面面积，再根据屋面形状和面积确定水落管间距。根据经验，民用建筑水落管间距为8～12m，工业建筑为18～24m。普通外排水方式适用于普通住宅、一般公共建筑和小型单跨厂房。

（2）天沟外排水。天沟外排水系统由天沟、雨水斗和排水立管组成，如图5-4所示。天沟设置在两跨中间并坡向端墙，雨水斗沿外墙布置，如图5-5所示。降落到屋面上的雨水沿坡向天沟的屋面汇集到天沟，沿天沟流至建筑物两端（山墙、女儿墙），入雨水斗，经立管排至地面或雨水井。天沟外排水系统适用于长度不超过100m的多跨工业厂房。

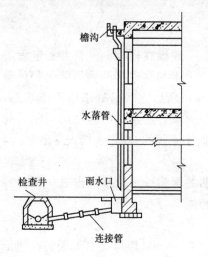

图5-3　普通外排水系统

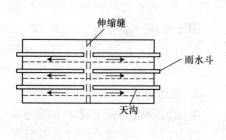

图5-4　天沟布置示意

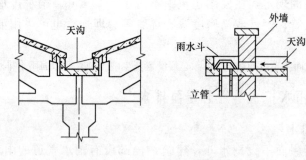

图5-5　天沟与雨水管连接

天沟的排水断面形式根据屋面情况而定，一般多为矩形和梯形。天沟坡度不宜太大，以免天沟起端屋顶垫层过厚而增加结构的荷重，但也不宜太小，以免天沟抹面时局部出现倒坡，雨水在天沟中积聚，造成屋顶漏水，所以天沟坡度一般在 0.003～0.006。天沟内的排水分水线应设置在建筑物的伸缩缝或沉降缝处，天沟的长度应根据地区暴雨强度、建筑物跨度、天沟断面形式等进行水力计算确定，一般不要超过 50m。为排水安全计，防止天沟末端积水太深，在天沟顶端设置溢流口，溢流口比天沟上檐低 50～100mm。

采用天沟外排水方式，在屋面不设雨水斗，排水安全可靠，不会因施工不善造成屋面漏水或检查井冒水，且节省管材，施工简便，有利于厂房内空间利用，也可减小厂区雨水管道的埋深。但因天沟有一定的坡度且较长，排水立管在山墙外，也存在着屋面垫层厚、结构负荷增大的问题，使得晴天屋面堆积灰尘多，雨天天沟排水不畅，在寒冷地区排水立管有被冻裂的可能。

2. 屋顶内排水

内排水是指屋面设雨水斗，建筑物内部有雨水管道的雨水排水系统。对于跨度大、特别长的多跨工业厂房，在屋面设天沟有困难的锯齿形或壳形屋面厂房及屋面有天窗的厂房，应考虑采用内排水形式。对于建筑立面要求高的建筑、大屋面建筑及寒冷地区的建筑，在墙外设置雨水排水立管有困难时，也可考虑采用内排水形式。

内排水系统由雨水斗、连接管、悬吊管、立管、排出管、埋地干管和检查井组成，如图 5-6 所示。降落到屋面上的雨水沿屋面流入雨水斗，经连接管、悬吊管，进入排水立管，再经排出管流入雨水检查井，或经埋地干管排至室外雨水管道。

内排水系统按雨水斗的连接方式可分为单斗雨水排水系统和多斗雨水排水系统两类。单斗雨水排水系统一般不设悬吊管，多斗雨水排水系统中悬吊管将雨水斗和排水立管连接起来。对于单斗雨水排水系统的水力工况，人们已经进行了一些试验研究，并获得了初步的认识，实际工程也证实了现有的计算方法和设计参数比较可靠。但对多斗雨水排水系统的研究较少，尚未得出定论。所以，在实际中宜采用单斗雨水排水系统。

按排除雨水的安全程度，内排水系统分为敞开式和密闭式两种排水系统。前者利用重力排水，雨水经排出管进入普通检查井。但由于设计和施工的原因，当暴雨发生时会出现检查井冒水现象，造成危害。敞开式内排水系统也有在室内设悬吊管、埋地管和室外检查井的做法，这种做法虽可避免室内冒水现象，但管材耗量大且悬吊管外壁易结露。

密闭式内排水系统利用压力排水，埋地管在检查井内用密闭的三通连接。当雨水排泄不畅时，室内不会发生冒水现象。其缺点是不能接纳生产废水，需另设生产废水排水系统。为了安全、可靠，一般宜采用密闭式内排水系统。

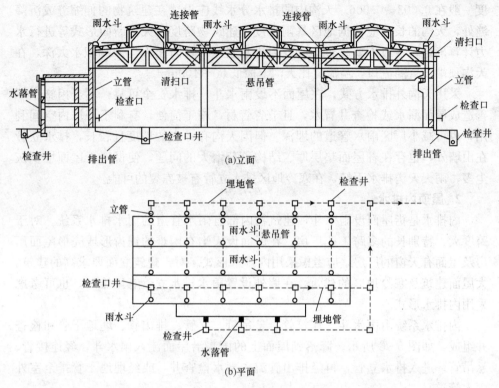

(a)立面

(b)平面

图 5-6 内排水系统

5.2 排水系统计算

◆◆5.2.1 排水系统的排水定额

　　建筑内部排水定额有两个：一个是以每人每日为标准；另一个是以卫生器具为标准。

　　每人每日排放的污水量和小时变化系数与气候、建筑物内卫生设备完善程度有关。因建筑内部给水量散失较少，所以生活排水定额和小时变化系数与生活给水的相同。生活排水平均时排水量和最大时排水量的计算方法与建筑内部的生活给水量计算方法相同，计算结果主要用来设计污水泵、化粪池等。

　　卫生器具排水定额是经过实测得来的，主要用来计算建筑内部各管段的排水设计秒流量，进而确定各管段的管径。某管段的设计流量与其接纳的卫生器具类型、数量及使用频率有关。为了便于累加计算，与建筑内部给水一样，以污水盆排水量 0.33L/s 为一个排水当量，将其他卫生器具的排水量与 0.33L/s

的比值，作为该种卫生器具的排水当量。由于卫生器具排水具有突然、迅速、流速大的特点，所以，一个排水当量的排水流量是一个给水当量额定流量的1.65倍。各种卫生器具的排水流量和当量值见表5-4。

表5-4　　卫生器具排水的流量、当量和排水管的直径、最小坡度

序号	卫生器具名称	排水流量 /(L/s)	当量	排水管	
				管径/mm	最小坡度
1	洗涤盆、污水盆（池）	0.33	1.00	50	0.025
2	餐厅、厨房洗菜盆（池）				
	单格洗涤盆（池）	0.67	2.00	50	0.025
	双格洗涤盆（池）	1.00	3.00	50	0.025
3	盥洗槽（每个水嘴）	0.33	1.00	50～75	0.020
4	洗手盆	0.25	0.75	32～50	0.020
5	洗脸盆	0.25	0.75	32～50	0.020
6	浴盆	1.00	3.00	50	0.020
7	淋浴器	0.15	0.45	50	—
8	大便器				
	高水箱	1.50	4.50	100	0.012
	低水箱	1.50	4.50	100	0.012
	冲落式	1.50	4.50	100	0.012
	虹吸式	2.00	6.00	100	0.012
	自闭式冲洗阀	1.50	4.50	100	0.012
9	医用倒便器	1.50	4.50	100	0.012
10	小便器				
	感应式冲洗阀	0.10	0.30	40～50	0.02
	自闭式冲洗阀	0.10	0.30	40～50	0.02
11	大便槽				
	≤4个蹲位	2.50	7.50	100	0.02
	>4个蹲位	3.00	9.00	150	0.02
12	小便槽（每米长）				
	自动冲洗水箱	0.17	0.50		
13	化验盆（无塞）	0.20	0.60	40～50	0.02
14	净身器	0.10	0.30	40～50	0.02
15	饮水器	0.05	0.15	25～50	—
16	家用洗衣机	0.50	1.50	50	

注：家用洗衣机下排水软管直径为30mm，上排水软管内径为19mm。

◈◈5.2.2 排水系统的设计秒流量

与给水系统相同,建筑内部每昼夜、每小时的排水量都是不均匀的。为保证最不利时的最大排水量能迅速、安全排放,排水设计流量应为建筑内部的最大排水瞬时流量,又称设计秒流量。

建筑内部排水设计秒流量有三种计算方法:经验法、平方根法和概率法。目前,我国生活排水设计秒流量计算公式与给水相对应。

(1)住宅、集体宿舍、旅馆、医院、疗养院、幼儿园、养老院、办公楼、商场、会展中心、中小学教学楼等建筑用水设备使用不集中,用水时间长,同时排水百分数随卫生器具数量增加而减少,其设计秒流量计算公式为

$$q_p = 0.12\alpha \sqrt{N_p} + q_{max} \qquad (5-1)$$

式中　q_p——计算管段排水设计秒流量,L/s;

　　　N_p——计算管段卫生器具排水当量总数;

　　　q_{max}——计算管段上排水量最大的一个卫生器具的排水流量,L/s;

　　　α——根据建筑物用途而定的系数,宜按表5-5确定。

注:用式(5-1)计算排水管网起端的管段时,由于连接的卫生器具较少,应按该管段所有卫生器具排水流量的累加值作为设计秒流量。

表5-5　　　　　　　　　　根据建筑物用途而定的系数 α 值

建筑物名称	住宅、旅馆、医院、疗养院、幼儿园、养老院的卫生间	集体宿舍、旅馆和其他公共建筑的公共盥洗室和厕所间
α 值	1.5	2.0~2.5

(2)工业企业生活间、公共浴室、洗衣房、职工食堂或营业餐厅的厨房、试验室、影剧院、体育场、候车(机、船)室等建筑的卫生设备使用集中,排水时间集中,同时排水百分数高,其排水设计秒流量计算公式为

$$q_p = \sum (q_0 N_0 b) \qquad (5-2)$$

式中　q_p——计算管段排水设计秒流量,L/s;

　　　q_0——同类型的一个卫生器具排水流量,L/s;

　　　N_0——同类卫生器具数;

　　　b——卫生器具同时排水百分数,冲洗水箱大便器按12%计算,其他卫生器具同给水百分数。

注:当计算排水流量小于一个大便器的排水流量时,应按一个大便器的排水流量计算。

5.2.3 排水管网的水力计算

1. 排水横管的水力计算

（1）设计规定。为保证管道系统有良好的水力条件，稳定管内气压，防止水封破坏，保证良好的室内环境卫生，在横干管和横支管的设计计算中，须满足下列规定。

1）充满度。建筑内部排水横管按非满流设计，以便使污废水释放出的有毒、有害气体能自由排出，调节排水管道系统内的压力，接纳意外的高峰流量。排水管道的最大设计充满度见表5-6。

表5-6　　　　　　　排水管道的最大设计充满度

排水管道名称	排水管道管径/mm	最大设计充满度（以管径计）
生活污水排水管	150以下	0.5
生活污水排水管	150~200	0.6
工业废水排水管	50~75	0.6
工业废水排水管	100~150	0.7
生产废水排水管	≥200	0.8
生产污水排水管	≥200	0.8

注：排水沟最大计算充满度为计算断面深度的0.8。

2）自净流速。污水中含有固体杂质，如果流速过小，固体物会在管内沉淀，减小过水断面积，造成排水不畅或堵塞管道。为避免发生上述现象，规定了一个最小流速，即自净流速。自净流速的大小与污、废水的成分、管径、设计充满度等有关。建筑内部排水横管自净流速见表5-7。

表5-7　　　　　　　各种排水管道的自净流速值

管道类别	生活污水流过管径/mm			明渠（沟）	雨水及合流制排水管
	d<150	d=150	d=200		
自净流速/(m/s)	0.6	0.65	0.70	0.40	0.75

3）管道坡度。管道设计坡度与污、废水性质、管径和管材有关。建筑内部生活排水管道的坡度有标准坡度和最小坡度两种。标准坡度为正常条件下应予保证的坡度，最小坡度为最不利情况下必须保证的坡度，一般情况下应采用标准坡度。当横管过长或建筑空间受限制时，可采用最小坡度。

4）最小管径。一般公共食堂厨房的排水中含有大量油脂和泥沙。确定管径时，应比实际计算管径大一号，且支管管径不小于 75mm，干管管径不小于 100mm。医院污物洗涤间内洗涤盆和污水盆所接的排水管道其管径应不小于 75mm。大便器的排水口不设栅栏，连接大便器的支管，最小管径为 100mm。小便槽和连接 3 个及 3 个以上小便器的排水支管管径不小于 75mm。

（2）计算方法。对于横干管和连接多个卫生器具的横支管，应逐段计算各管段的排水设计秒流量，通过水力计算来确定各管段的管径和坡度。建筑内部横向管道按明渠均匀流公式计算：

$$q_p = W_v \tag{5-3}$$

$$v = \frac{1}{n} \cdot R^{\frac{2}{3}} \cdot i^{\frac{1}{2}} \tag{5-4}$$

式中　q_p——排水设计秒流量，m^3/s；

　　　W_v——水流断面面积，m^2；

　　　v——流速，m/s；

　　　R——水力半径，m；

　　　i——水力坡度，即管道坡度，塑料排水因三通和弯头夹角为 88.5°，所以 i 取 0.026；

　　　n——管道粗糙系数，塑料管取 0.009，陶土管和铸铁管取 0.013，钢管取 0.012，混凝土和钢筋混凝土管取 0.013～0.014。

注：为便于计算，通常根据由式（5-3）和式（5-4）及各项规定编制的铸铁排水管和塑料排水管水力计算表，进行管径设计。

2. 排水立管水力计算

排水立管按通气方式分为伸顶通气、专用通气立管通气和不通气三种情况。不通气方式是因为建筑构造或其他原因，排水立管上端不能伸顶通气，故其通水能力大大降低。设计时应首先计算立管的设计秒流量，然后再查表确定管径。在确定立管管径时，还需使排水立管管径不得小于横支管管径，多层住宅厨房间排水立管管径不应小于 75mm。

3. 通气管道计算

单立管排水系统的伸顶通气管管径可与污水管相同，但在寒冷地区，为防止通气管口结霜，应在室内平顶或吊顶以下 0.3m 处将管径放大一级。

双立管排水系统通气管的管径应根据排水能力、管道长度来确定，一般不宜小于污水管管径的 1/2，最小管径可按表 5-8 确定，采用硬聚氯乙烯通气管的最小管径见表 5-9。当通气立管长度大于 50m 时，为保证排水立管内气压稳定，通气立管管径应与排水立管相同。

表5-8   **通气管最小管径**   （单位：mm）

通气管名称	污水管管径						
	32	40	50	75	100	125	150
器具通气管	32	32	32	—	50	50	—
环形通气管	—	—	32	40	50	50	—
通气立管	—	—	40	50	75	100	100

表5-9   **硬聚氯乙烯通气管最小管径**   （单位：mm）

通气管名称	污水管管径						
	40	50	75	90	110	125	160
器具通气管	—	40	—	—	50	—	—
环形通气管	—	40	40	40	50	50	—
通气立管	40	—	—	—	75	100	110

    三立管排水系统和多立管排水系统中，两根或两根以上排水立管与一根通气立管连接，应按最大一根排水立管管径查表5-8，确定共用通气立管管径。但同时应保证共用通气立管管径不小于其余任何一根排水立管管径。结合通气管管径不宜小于通气立管管径。

    有些建筑不允许伸顶通气管分别出屋顶，可用一根横向管道将各伸顶通气管汇合在一起，集中在一处出屋顶，该横向通气管称为汇合通气管。汇合通气管不需要逐段变化管径，可按下式计算：

$$DN \geqslant \sqrt{d_{max}^2 + 0.25\sum d_i^2} \tag{5-5}$$

式中 DN——通气横干管和总伸顶通气管管径，mm；

        d_{max}——最大一根通气立管管径，mm；

        d_i——其余通气立管管径，m。

◆◆5.2.4 雨水系统设计计算

1. 水量计算

（1）设计流量。雨水设计流量按下式计算：

$$q_y = \frac{q_i \cdot \Psi \cdot F_w}{10\ 000} \tag{5-6}$$

式中 q_y——设计雨水流量，L/s；

        q_i——设计降雨强度，L/(s·hm²)；

        Ψ——径流系数，按表5-10选取。室外汇水面积平均径流系数应按地面的种类加权平均计算确定，如资料不足，小区综合径流系数根据建筑稠密程度在 0.5~0.8 内选用；北方干旱地区的小区径流系数一般可取 0.3~0.6，建筑密度大取高值，密度小取低值；

F_w——汇水面积，m^2。

表 5 - 10 径流系数值

层面	0.9	干砖及碎石路面	0.40
混凝土和沥青路面	0.9	非铺砌地面	0.30
块石路面	0.6	公园绿地	0.15
级配碎石路面	0.45		

(2) 设计强度。降雨强度应根据当地降雨强度公式计算，各地降雨强度公式可在室外排水设计手册中查到。如无当地降雨强度公式或有明显缺陷时，可根据当地雨量记录进行推算或借用邻近地区的降雨强度公式进行计算。降雨强度公式形式为

$$q_i = \frac{1.67A(1+c\lg P)}{(t+b)^n} \qquad (5 - 7)$$

式中　　　q_i——设计降雨强度，$L/(s \cdot hm^2)$；

　　　　　P——设计重现期，年；

　　　　　t——降雨历时，min；

$A,\ b,\ c,\ n$——分别为当地降雨不同的参数。

(3) 设计重现期。重力流系统的设计重现期宜取表 5 - 11 中的下限值。压力流系统的设计重现期应不低于表 5 - 11 中的上限值。设计中应充分注意该系统的流量负荷未预留排放超设计重现期雨水的余量，这部分水将会溢流。对防止屋面溢流要求严格的建筑，当采用压力流系统时，其排水能力宜用 50 年重现期雨水量校核。敞开式内排水雨水系统的设计重现期视室内地面冒雨水产生的损害程度而定。室外小区雨水系统的设计重现期宜与当地规划一致。短期积水即能引起较严重后果的地点，选用 2~5 年。

表 5 - 11 建筑雨水系统的设计重现期

汇水区域名称		设计重现期/a
室外场地	小区	1~3
	车站、码头、机场的基地	2~5
	下沉式广场、地下车库坡道出入口	5~50
屋面	一般性建筑物屋面	2~5
	重要公共建筑屋面	≥10

（4）汇水面积。一般坡度的屋面雨水的汇水面积按屋面水平投影面积计算。高出汇水面的侧墙，应将侧墙面积的 1/2 折算为汇水面积。同一汇水区内高出的侧墙多于一面时，按有效受水侧墙面积的 1/2 折算汇水面积。窗井、贴近建筑外墙的地下汽车库出入口坡道和高层建筑群房屋面的雨水汇水面积，应附加其高出部分侧墙面积的 1/2。屋面按分水线的排水坡度划分为不同排水区时，应分区计算集雨面积和雨水流量。半球形屋面或斜坡较大的屋面，其汇水面积等于屋面的水平投影面积与竖向投影面积的一半之和。

（5）降雨历时。雨水管道的降雨历时，按下式计算：

$$t = t_1 + mt_2 \qquad\qquad (5-8)$$

式中 t——降雨历时，min；

　　　t_1——地（屋）面集水时间，min，视距离长短、地形坡度和地面铺盖情况而定，一般可选用 5～10min；

　　　m——折减系数，小区支管和接户管，$m=1$；小区干管、暗管，$m=2$；明沟，$m=1.2$；

　　　t_2——降雨历时，min。

2. 水力计算

（1）雨水斗泄流量。

1）雨水斗的泄流量与流动状态有关，重力流状态下，雨水斗的排水状况是自由堰流，通过雨水斗的泄流量与雨水斗进水口直径和斗前水深有关，可按环形溢流堰公式计算：

$$Q = \mu \pi D h \sqrt{2gh} \qquad\qquad (5-9)$$

式中 Q——通过雨水斗的泄流量，m³/s；

　　　μ——雨水斗进水口的流量系数，取 0.45；

　　　D——雨水斗进水口直径，m；

　　　h——雨水斗进水口前水深，m。

2）在半有压流和压力流状态下，排水管道内产生负压抽吸，所以通过雨水斗的泄流量与雨水斗出水口直径、雨水斗前水面至雨水斗出水口处的高度及雨水斗排水管中的负压有关：

$$Q = \frac{\pi d^2}{4} \mu \sqrt{2g\,(H+P)} \qquad\qquad (5-10)$$

式中 Q——雨水斗出水口泄流量，m³/s；

　　　μ——雨水斗进水口的流量系数，取 0.95；

　　　d——雨水斗出水口内径，m；

　　　H——雨水斗前水面至雨水斗出水口处的高度，m；

　　　P——雨水斗排水管中的负压，m。

注：各种类型雨水斗的最大泄流量可按表5-12选取。

表5-12   屋面雨水斗的最大泄流量   （单位：L/s）

雨水斗规格/mm		50	75	100	125	150
重力流排水系统	一个雨水斗泄流量	—	5.6	10.0	—	23
87式雨水斗	一个雨水斗泄流量	—	8.0	12	—	26
满管压力流排水系统	一个雨水斗泄流量	6~18*	12~32*	25~70*	60~120*	100~140

注：* 表示不同型号的雨水斗排水负荷有所不同，应根据具体的产品确定其最大泄流量。

3) 87式多斗排水系统中，一根悬吊管连接的87式雨水斗最多不超过4个，离立管最远端雨水斗的设计流量不得超过表5-12中数值，其他各斗的设计流量依次比上游斗递增10%。

（2）天沟流量。屋面天沟为明渠排水，天沟水流流速可按明渠均匀流公式计算：

$$v = \frac{1}{n} R^{\frac{2}{3}} I^{\frac{1}{2}} \qquad (5-11)$$

$$Q = v\omega \qquad (5-12)$$

式中 Q——天沟排水流量，m^3/s；

       v——流速，m/s；

       n——天沟粗糙度系数，与天沟材料及施工情况有关，见表5-13。

       I——天沟坡度，不小于0.003；

      ω——天沟过水断面面积，m^2；

      R——水力半径。

表5-13   各种抹面天沟粗糙度系数

天沟壁面材料	粗糙度系数 n	天沟壁面材料	粗糙度系数 n
水泥泵浆光滑抹面	0.011	喷浆护面	0.016~0.021
普通水泥砂浆抹面	0.012~0.013	不整齐表面	0.020
无抹面	0.014~0.017	豆砂沥青玛琋脂表面	0.025

（3）横管流量。横管包括悬吊管、管道层的汇合管、埋地横干管和出户管，横管可以近似地按圆管均匀流计算：

$$Q = v\omega \qquad (5-13)$$

$$v = \frac{1}{n} R^{\frac{2}{3}} I^{\frac{1}{2}} \qquad (5-14)$$

式中 Q——排水流量，m^3/s；

       v——管内流速，m/s，不小于0.75m/s，埋地横干管出建筑外墙进入室外雨水检查井时，为避免冲刷，流速应小于 1.8m/s；

ω——管内过水断面面积，m^2；

n——粗糙系数，塑料管取 0.010，铸铁管取 0.014，混凝土管取 0.013；

R——水力半径，m，悬吊管按充满度 $h/D=0.8$ 计算，横干管按满流计算；

I——水力坡度，重力流的水力坡度按管道敷设坡度计算，金属管不小于 0.01，塑料管不小于 0.005；重力半有压流的水力坡度与横管两端管内的压力差有关，按下式计算：

$$I=(h-\Delta h)/L \qquad (5\text{-}15)$$

其中　I——水力坡度；

h——横管两端管内的压力差，mH_2O，悬吊管按其末端（立管与悬吊管连接处）的最大负压值计算，取 0.5m；埋地横干管按其起端（立管与埋地横干管连接处）的最大正压值计算，取 1.0m；

Δh——位置水头，mH_2O。悬吊管是指雨水斗顶面至悬吊管末端的几何高差，m；埋地横干管是指其两端的几何高差，m；

L——横管的长度，m。

（4）立管流量。重力流状态下雨水排水立管按水膜流计算：

$$Q=7890K_p^{-\frac{1}{6}}\alpha^{\frac{5}{3}}d^{\frac{8}{3}}\quad(L/s) \qquad (5\text{-}16)$$

式中　Q——立管排水流量，L/s；

K_p——粗糙高度，m，塑料管取 15×10^{-6}m，铸铁管取 25×10^{-5}m；

α——充水率，塑料管取 0.3，铸铁管取 0.35；

d——管道计算内径，m。

注：重力半有压流系流状态下雨水排水立管按水塞流计算，铸铁管充水率 $\alpha=0.57\sim$ 0.35，小管径取大值，大管径取小值。重力半有压流系统除了重力作用外，还有负压抽吸作用，所以，重力半有压流系统立管的排水能力大于重力流。

（5）溢流口流量。溢流口的功能主要是雨水系统事故时排水和超量雨水排除。一般建筑物屋面雨水排水工程与溢流设施的总排水能力，不应小于 10 年（重要建筑物 50 年）重现期的雨水量。溢流口的孔口尺寸可按下式近似计算：

$$Q=mb\sqrt{2g}h^{\frac{3}{2}} \qquad (5\text{-}17)$$

式中　Q——溢流口服务面积内的最大降雨量，L/s；

b——溢流口宽度，m；

h——溢流孔口高度，m；

m——流量系数，取 385；

g——重力加速度，m/s^2，取 9.81。

5.3 排水管系中水气流动

◈◈5.3.1 建筑内部排水流动特征

（1）水量变化大。各种卫生器具排放污水的状况不同，但一般规律是排水历时短，瞬间流量大，高峰流量时可能充满整个管道断面，流量变化幅度大。管道不是始终充满水，流量时有时无、时小时大。在大部分时间，内管道中可能没有水或者只有很小的流量。

（2）气压变化幅度大。当卫生器具不排水时，排水管道中是气体，通过通气管与大气相连通，当卫生器具排水时，如瞬间排水量比较大，管道内的气压会有较大幅度的变化。

（3）水流速度变化大。建筑内部污水排放的过程中，水流方向和速度大小都发生改变，而且变化幅度很大。由于污水排放顺序是从卫生器具排入横支管，由横支管进入排水立管，再由排水立管进入排水横干管排出室外。建筑内部横管与立管交替连接，当水流由横管流入立管中，水流在重力作用下加速下降，发生气、水混合；在立管最底部水流进入排水横干管时，水流突然改变方向，速度骤然减小，同时发生气、水分离。

注：由于排水管系的水流运动很不稳定，压力变化大，排水管中的水流物理现象对于排水管的正常工作影响很大。为了合理地设计室内排水管道系统，既要保证排水系统的安全运行，又要尽量使管线短、管径小、造价低，需要对建筑内部的排水管道中的水、气流动现象进行认真研究，以保证设计合理、运行正常。

◈◈5.3.2 排水横管中的水流现象

1. 横支管中的水流现象

排水横支管承接各卫生器具的排水，直接与各个卫生器具的器具排水管连接，首先了解水封的作用。

水封是利用在弯管内存有一定高度的水，利用一定高度的静水压力来抵抗排水管内气压变化，以防止排水管内的有害气体进入室内的措施。水封通常由存水弯来实现，常用的管式存水弯有 P 形和 S 形两种，如图 5-7 所示。存水弯中的水柱高度 h 称为水封高度。存水弯靠排水本身的水流来达到自净作用。建筑内部各种卫生器具的水封高度一般为 50~100mm。水封高度过大，抵抗管道内压力波动的能力强，但自净作用减小，水中的固体杂质不易顺利排入排水横管；如水封高度过小，固体杂质不易沉积，但抵抗管内压力变化的能力差。

排水系统中水封是比较薄弱的环节，常常因静态和动态原因造成存水弯内

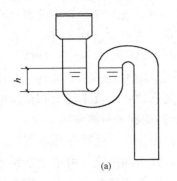
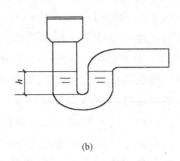

图5-7 存水弯

(a) S形；(b) P形

水封高度减小，不足以抵抗管道内允许的压力变化值时（±0.25kPa），管道内气体进入室内的现象，称为水封破坏。在一个排水系统中，只要有一个水封被破坏，整个系统的平衡就被打破。为了防止水封的破坏，存水弯的形式不断被改进，出现了很多新型的存水弯，如管式存水弯、瓶式存水弯、筒式存水弯、钟罩式存水弯、间壁式存水弯、阀式存水弯等。设计时，根据不同的使用条件选择存水弯的类型。

下面以横支管接三个坐式大便器为例，分析当卫生器具排水时，横支管内压力变化情况，如图5-8所示。

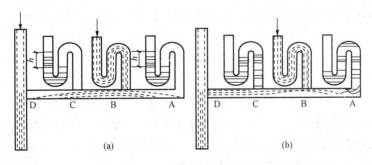

图5-8 横支管内的压力变化

当中间卫生器具B排水时，瞬间形成大流量，水流进入排水横支管时，呈八字形向两侧流动，在其前后管内形成水跃，并有可能在局部、短时间内充满管道。AB段和BC段内气体受到压缩，管道内形成正压，从而使卫生器具A和C的存水弯中的水面上升，如图5-8（a）所示。这种管内局部形成正压，使存水弯中的水面上升的现象，称为回压。如果压力波动较大，还有可能出现正压喷溅，引起水封破坏；随着卫生器具B的排水量减少，横支管中的水流在管道坡度的作用下，向D点做单向流动，A点处形成负压抽吸，存水弯中的水面下降,如图 5-8(b)所示。如 B 点流量比较大,水流充满整个管道断面,向 D 点流动,在 C 点处也可能形成负压抽吸,造成 C 点存水弯水面下降;另外,如果此时立管上还有其他卫生器具排水,大量水流沿立管下降,把 D 点封闭,则 AB 段和 BC 段内的气体都不能自由流动,污水下落的速度比较快,动能大,压力降低,则可能导致横支管上连接的存水弯产生负压抽吸。负压抽吸和正压喷溅现象都是由于管道内的压力变化引起的,都有可能造成水封被破坏。

卫生器具的排水特点是历时短、流速大、来势猛,这种在局部区域产生水面壅高、水流动能增大的不稳定的非均匀流,称为冲激流。由于生活污水排水管道设计有足够的充满度,当冲激流在短时间内形成高峰流量时,排水管道有足够的空间容纳高峰负荷,并且水流速度大,一般不会出现从卫生器具存水弯冒水的现象。同时,这种冲激流对于横支管中的沉积物具有很强的冲刷作用,可以将固体杂质随着污水一起从管道中排除,有利于横支管的排水。同时,由于卫生器具距横支管的高差较小(<1.5m),污水在 B 点的动能小,形成的水跃低。所以,排水横支管自身排水造成的排水横支管内的压力波动不大。

2. 横干管中的水流现象

横干管在立管和室外排水检查井之间,接纳的卫生器具多,存在着多个卫生器具同时排水的可能性,室内污水的排放特点是时间短、流量大,因而流速大、能量大。在立管与横干管连接处,当立管排水量过大时,在管道拐弯处受阻,形成水跃,产生冲激流。此时,混掺在水流中的气体因受阻不能自由流动,并且在短时间内受到强烈压缩,从而使该处管道内的压力急剧增大,形成正压区,造成回压。在立管与横干管连接处的水平管段上产生的回压现象,有时能使污水从底层卫生器具的存水弯中喷溅出来,冲击流过后,卫生器具的水封可能被破坏。因此,在排水系统没有通气立管时,在设计中规定在最底层横支管与地下横干管中心线的间距应有一个最小高度,否则最底层或排水立管的汇合层的横支管要单独排放;仅设置伸顶通气管时,最低排水横支管与立管连接处距排水立管的管底垂直距离不得小于表 5-14 的规定。

表 5-14   最低排水横支管与立管连接处距排水立管的管底垂直距离

立管连接卫生器具的层数/层	≤4	5~6	7~12	13~19	≥20
垂直距离/m	0.45	0.75	1.20	3.00	6.00

注:当与排水管连接的立管底部放大一号管径或横干管比与之连接的立管大一号管径时,可将表中的垂直距离缩小一档。

◆◆5.3.3 排水立管中的水流现象

由于卫生器具排水的特点,污水由横支管排入立管时,水量逐渐增加;达到高峰后，水量递减。排水立管水流状态的基本特点是断续的、非均匀的、水流带有空气，水流下落时是水、气混合的两相不稳定流。水流时断时续，流量时大时小，满流与非满流交替，由此造成管内压力是波动的，正压、负压交替出现。

排水立管中的水流现象主要是由于管道内空气的存在，以及不同层横支管的水流流入立管时的不均匀状态造成的。立管中的水流现象的具体变化过程可以分为附壁螺旋流、薄膜流、等速水膜流和水塞流四个阶段。

（1）附壁螺旋流。由于排水立管的管道内壁粗糙，水流对管壁的附着力大于液体分子之间的内聚力，因此当排水量比较小时，水流不能以水团的形式脱离管壁坠落，而是沿着管壁向下流动，由于管壁的粗糙对水流的摩擦阻力作用，水流是沿着管壁呈螺旋形向下加速流动的，因螺旋运动产生离心力，使水流密实，气液界面清晰，水流挟气现象不明显。附壁螺旋流状态下，水流没有充满整个管道断面，管道中心气流正常。水流下降时，不影响立管中的气压变化，管内气压稳定。

（2）薄膜流。当排水量进一步增加时，由于空气阻力和管壁的摩擦力的共同作用，水量增大到足够覆盖住管壁时，水流由螺旋形向下运动变成沿着管壁呈一定厚度的薄膜状以加速向下运动，这时水流没有离心力的作用，只受水流重力和管壁摩擦阻力的影响。此时，气、水界面不明显，水流向下运动时有挟气现象。但此时排水量比较小，管道中间的气流仍然可以正常流动，立管中的气压变化不大，但这种状态历时比较短。薄膜流状态时，水流的断面积与管道断面积的比值常常小于 1/4，随着流量进一步增加，水流的断面积增大，很快就过渡到下一个状态。

（3）等速水膜流。随着水流下降速度的进一步增加，由于空气阻力和管壁摩擦力的共同作用，水流沿管壁下落运动，形成有一定厚度带有横向隔膜的附壁环状水膜流。上部横向隔膜和附壁环状水膜流一起向下运动，但两者的运动方式不同。环状水膜流形成以后比较稳定，水膜下降速度与水膜的厚度近似成正比。当水膜向下运动时，受到向上管壁摩擦阻力与向下的重力。平衡时，水膜向下运动的加速度为零，即水膜的下降速度不再变化，一直以该速度下降到立管底部，水膜的厚度基本上也不再变化。这一状态为等速水膜流状态，此时的水膜速度为终限速度，从排水横支管水流入口处至终限速度形成处的高度，称为终限长度。横向隔膜不稳定，向下运动时，隔膜下部的管内压力增加（但压力增加值小于 245Pa），管内气体将横向隔膜冲破，管内压力恢复正常。在水流继续下降的过程中，又形成新的横向隔膜。横向隔膜的形成和破坏在水流下降的过程中交替进行，导致立管内的压力有波动。在没有设置专用通气管的排水立管中，处于等速水膜流状态时，水流的断面积一般占管道断面积的 1/4～

1/3。这一阶段，立管内的压力在一定的范围内波动，排水立管中心部分，气流仍然可以流动，此时立管的通水能力最大。管中气压的变化达到了临界状态，但未达到破坏横支管上的卫生器具的水封程度（根据试验，水封不被破坏的控制压力变化范围是±245Pa）。

（4）水塞流。当排水量继续增加，沿管壁的薄膜厚度逐渐加厚；当水膜断面与立管断面之比大于1/3时，横向隔膜的形成与破坏越来越频繁，水膜厚度不断增加；当隔膜下部的压力不能冲破隔膜时，即形成较稳定的水塞流。水塞在立管中下落是有压力的等加速运动，随着水塞的下落，管中的气压发生激烈变化，水塞下面排气不畅，形成正压，水塞上面补气不足，被抽吸而形成负压。当管内压力波动大于±245Pa时，会形成正压喷溅或负压抽吸而破坏水封，导致排水管道系统不能正常工作。综上所述，在水塞没有形成之前，水膜流动或薄膜流动时，由于水流在下落过程中携带了部分气体，水膜的厚度也不可能完全不变，所以管内气体的容积是变化的，则管内气压也是变化的，但是这种变化波动较小，对横支管上的卫生器具的水封影响不大。水塞流形成以后，管内的气压的波动剧烈对水封造成比较大的影响。因此，为保证排水系统的安全可靠和经济合理，排水立管设计流量的负荷极限值（允许设计流量）是按立管内的水流状态控制在等速水膜流状态，在保证系统安全的条件下，通水能力最大而确定的。

5.4 污废水的提升与局部处理

5.4.1 污废水提升设备

（1）污水泵。建筑污废水提升常用的设备有潜水泵、液下泵和卧式离心泵。潜水泵和液下泵在液下运行，无噪声和振动，能自灌，应优先采用。当采用卧式离心泵时应设计成自灌式，在设置水泵的房间内设隔振、防噪装置，并有较好的通风采光条件。水泵设计为自动开关时，水泵流量按设计秒流量选定；为人工操作时，水泵流量按最大小时流量选定。水泵扬程按提升高度、管路损失计算确定后，再附加3~5m的自由水头。水泵应至少设一台备用泵。

（2）集水池。

1）当水泵设计为自动开关时，集水池的容积不得小于最大一台水泵5min的出水量，水泵每小时启动次数不得超过6次。

2）当水泵设计为人工开关时，集水池的容积应根据污水流入量和水泵工作情况确定。一般采用15~20min的最大小时污水流量，但污水泵每小时启动次数不得超过3次。

3）建筑物内的污水量很小，为管理方便，集水池容积可按不大于 6h 生活污水的平均小时流量计算，但应注意防止污水腐化。如为淋浴污水，可采用一次淋浴污水量。集水池的有效水深一般取 1～1.5m，保护高度取 0.3～0.5m。池底应坡向吸水坑，坡度不小于 0.01。

4）除满足有效容积外，还应满足格栅、吸水管、水位计等的安装及水池清洗、检修要求。

5）集水池间应有良好的通风设施。

（3）污水泵房。

1）应设在靠近通风良好的地下室或底层的单独房间内，并靠近集水池。

2）泵房不得设置在有特殊卫生要求的公共建筑和生产厂房内。

3）有安静要求和防振要求的房间（如病房、卧室、精密仪器间等）的邻近和下面不得设置水泵房。

4）当水泵设在建筑物内时，应有隔振、防噪声措施。

◆◆■5.4.2　污废水局部处理

1. 化粪池

化粪池可去除污水中可沉淀的和悬浮的物质，贮存并厌氧消化沉入池底的污泥。化粪池常设在建造集中的城市污水处理厂之前，作为过渡性的生活污水局部处理构筑物。

在设有集中排水系统和公共污水处理厂的地区，如郊区医院、风景游览区的生活设施、小城镇和农村的企业及住宅等，化粪池可作为其污水的处理或预处理构筑物。

生活污水中含有大量粪便、纸屑、病原虫等杂质，悬浮固体浓度为 100～350mg/L，有机物质浓度 BOD_5 为 100～400mg/L，其中悬浮性有机物浓度 BOD_5 为 50～100mg/L。污水进入化粪池经过 12～24h 沉淀，去除 50%～60% 的悬浮物，沉淀下来的污泥经过 3 个月以上的厌氧消化，使污泥中的有机物分解成稳定的无机物，易腐败的生污泥转化为稳定的熟污泥，改变了污泥的结构，降低了污泥的含水率。污泥应定期清掏外运，填埋或用作肥料。化粪池具有造价低、污泥量少、清除污泥周期长和维护简单等优点。污水中的悬浮固体的沉淀效率在 2h 内最显著。但是，污泥在同一池内进行沉淀和厌氧发酵，使污水呈酸性，厌氧发酵产生的大量气体上升，搅动沉淀层，干扰颗粒的沉降。化粪池的停留时间一般取 12～24h。污泥清掏周期是指污泥在化粪池内平均停留时间，一般不少于 90d。污泥清掏周期与新鲜污泥发酵时间有关，新鲜污泥发酵时间受污水温度的影响较大。

化粪池有矩形和圆形两种，实际工程中常用矩形。对于矩形化粪池，当日处理污水量小于或等于 10m³ 时，采用双格，其中第一格的容量应等于计算总容积的 75％；当日处理污水量大于 10m³ 时，采用三格，其中第一格的容量应等于计算总容积的 50％；第二格和第三格的容量各等于计算总容积的 25％。化粪池的格与格之间应设通气孔洞。进水管口处应设导流装置，出水口格与格之间应设拦截污泥浮渣措施。图 5-9 所示为一双格化粪池。化粪池进出口水位差为 0.1～0.15m。图 5-10 所示为化粪池接管图。含油脂的污水（包括经过隔油池的污水）不得流入化粪池，以免影响化粪池的处理效果。

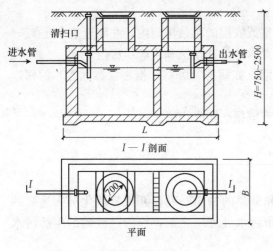

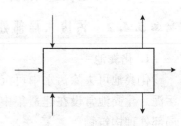

图 5-9　双格化粪池（单位：mm）　　　　　图 5-10　化粪池接管

　　化粪池多设于建筑物背向大街一侧靠近卫生间的地方，应尽量隐蔽，不宜设在人们经常活动之处。化粪池距建筑物外墙的净距不小于 5m，并不得影响建筑物基础。因化粪池出水处理不彻底，含有大量细菌，为防止污染水源，化粪池距地下给水构筑物外壁不得小于 30m。

2. 隔油池

　　厨房洗涤池出水约含油 750mg/L，而混合后的家庭生活污水中约含油 50mg/L。如果排水管道输送的污水含油量超过 400mg/L 时，管道就会被堵塞而需要经常清通。所以，凡公共食堂和饮食业等污水及其他含油污水，应经隔油池去除浮油后方允许排入污水管道。生活污水及其他污水不得排入隔油池。目前，一般采用隔油井。当隔油井采用曝气时，污水在井中停留时间取 30min，井内存油部分的容积取有效容积的 25％。井内污水进水管应考虑有清通的可能并设活动盖板。污水中夹带其他沉淀物时，应附加沉淀部分的容积。油脂及沉淀物的清除周期不大于 6d。图 5-11 所示为隔油井示意图。

3. 降温池

　　当排出污水的温度高于 40℃时应进行降温处理。降温时应首先考虑利用余热，然后再考虑采用冷水混合。小型锅炉因定期排污，余热不便利用，可以采用常压下先二次蒸发，然后再冷却降温。降温池构造图如图 5-12 所示。

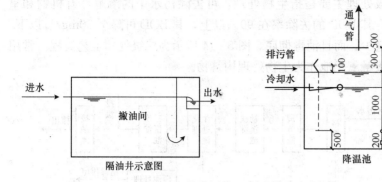

图 5-11 隔油井示意图   图 5-12 降温池构造图（单位：mm）

降温池一般设在室外，敞开式有利于降温，应设排气管并引至不妨碍交通处。高温污水进水管口宜装设消声设施。有二次蒸发时，管口应露出水面向上；无二次蒸发时，管口宜插进水下 200mm 以上。

4. 医院污水处理

医院或其他医疗机构排出的污水、污物可能含有传染性病菌、病毒、化学污染物及放射性有毒有害物质。如果不进行妥善处理，排入水体后将污染水源，导致传染病流行，危害很大。医院污水处理包括医院污水消毒处理、放射性污水处理、重金属污水处理、废弃物处理和污泥处理。其中，消毒是最低要求的处理。

医院污水处理由预处理和消毒两部分组成。当医院污水排放到有集中污水处理厂的城市排水管道时，以解决生物性污染为主，采用一级处理，其目的主要是去除污水中的漂浮物和悬浮物，主要设备和构筑物是格栅、沉砂池、沉淀池等。一般通过一级处理可去除 60% 的悬浮物和 25% 的 BOD。在后续消毒过程中，消毒剂耗费多，接触时间长。其工艺流程如图 5-13 所示。

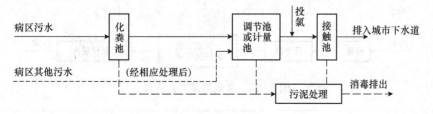

图 5-13 医院污水一级处理工艺流程

当医院污水排放到地面水域时，应根据水体的用途和环境保护部门的法规与规定，对污水的生物性污染、理化污染及有毒有害物质进行全面处理，应采用二级处理。二级处理主要是指生物处理，可去除污水中的溶解性有机物和呈胶体状的有机物，其 BOD 的去除率在 90% 以上，其 BOD 可降至 30mg/L 以下。所以，消毒剂用量少，而且消毒彻底。图 5 - 14 所示为二级处理工艺流程。常用生物转盘、生物接触氧化池作为生物处理构筑物。

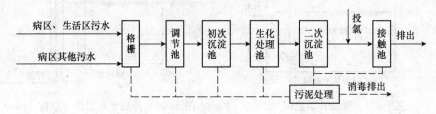

图 5 - 14　医院污水二级处理工艺流程

　　医院污水消毒是医院污水处理中的重要工艺，其主要目的是杀灭污水中的各种致病菌。常用的消毒剂是氯化消毒剂、二氧化氯消毒剂和臭氧消毒剂等。

　　（1）氯化消毒剂有液氯、漂白粉、漂白精、次氯酸钠等。液氯法具有成本低、运行费用省的优点，但要求安全操作，如有泄漏会危及人身安全。所以，污水处理站离病房和居住区保持一定距离的大型医院可采用液氯法。漂白精投配方便，操作安全，但价格较贵，适用于小型医院或局部污水处理。次氯酸钠法安全可靠，但运行费用高，适用于处理站离病房和居民区较近的情况。

　　（2）臭氧是优良的氧化剂和杀菌剂，可以杀灭抗菌性强的病菌和芽孢，受 pH 及温度影响小，可去除污水中的色、臭、味及酚氰等有机物，增加水的溶解氧，改善水质，提高污水的可生化性，也不会因残留造成二次污染。但设备投资及运行费用较高，臭氧发生设备和投配设备复杂，尾气处理不当会造成空气污染。当处理后污水排入有特殊要求水域，不能用氯化消毒法时，可考虑采用臭氧消毒法。图 5 - 15 所示为臭氧消毒工艺流程。

图 5 - 15　臭氧消毒工艺流程

　　污泥处理是医院污水处理的重要组成部分。在医院污水处理过程中，大量悬浮在水中的有机物、无机物和致病菌、病毒、寄生虫卵等沉淀分离出来形成污泥。这些污泥如不妥善处理，任意排放或弃置，同样会污染环境，造成疾病传播和流行。无上、下水道设备或集中污水处理构筑物的医院，对有传染性的粪便必须进行单独消毒或其他无害化处理，对医院污水处理过程中产生的污泥，可用加氯法、高温堆肥法、石灰消毒法、加热消毒法灭菌，也可用干化焚烧法处理。

项目 6 建筑消防工程设计

6.1 消火栓给水系统设计

◆◆6.1.1 消火栓给水系统的组成

消火栓给水系统组成示意如图 6-1 所示。

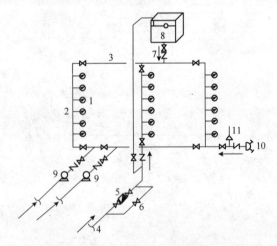

图 6-1 消火栓给水系统示意图

1—室内消火栓；2—消防竖管；3—干管；4—进户管；5—水表；6—旁通管及阀门；
7—止回阀；8—水箱；9—消防水泵；10—水泵接合器；11—安全阀

1. 消火栓设备

一个完整的消火栓箱应由水枪、水带和消火栓组成，如图 6-2 所示。水枪的喷嘴口径有 13mm、16mm 和 19mm 三种。口径 13mm 水枪配备直径 50mm 水带，16mm 水枪可配 50mm 或 65mm 水带，19mm 水枪配备 65mm 水带。低层建筑的消火栓可选用 13mm 或 16mm 口径水枪。水带口径有 50mm 和 65mm 两种，水带长度一般有 15m、20m、25m 和 30m 四种。水带材质有麻织和化纤两种，有衬胶与不衬胶之分，衬胶水带阻力较小。水带长度应根据消火栓的布置和水力计算来确定。

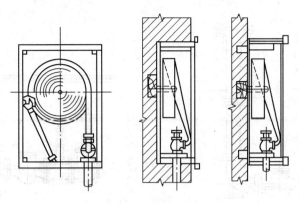

图 6-2　消火栓箱

消火栓均采用内扣式接口的球形阀式龙头，并有单出口和双出口之分。双出口消火栓直径为 65mm，如图 6-3 所示；单出口消火栓直径有 50mm 和 65mm 两种。当每支水枪最小流量小于 5L/s 时，选用直径 50mm 消火栓；最小流量不低于 5L/s 时，选用 65mm 消火栓。

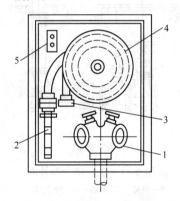

图 6-3　双出口消火栓
1—双出口消火栓；2—水枪；3—水带接口；4—水带；5—按钮

2. 水泵接合器

在建筑内消防给水系统中应设置室外水泵接合器。其作用是使消防车向室内消防给水系统加压供水。如图 6-4 所示，水泵接合器有地上式、地下式和墙壁式三种。

3. 消防给水管道

建筑物内消防给水管道系统的形式，应根据建筑物的性质和规范要求，经技术经济比较后确定。

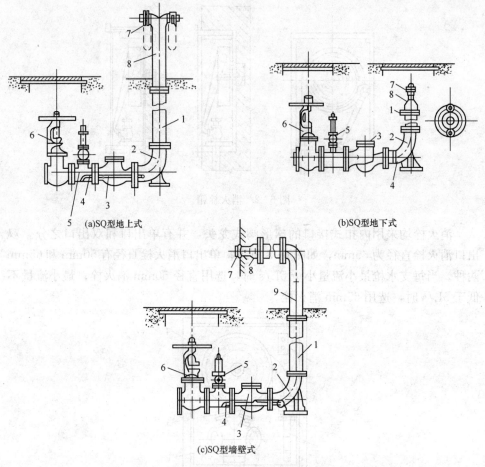

(a)SQ型地上式

(b)SQ型地下式

(c)SQ型墙壁式

图 6-4　水泵接合器外形

1—法兰接管；2—弯管；3—升降式单向阀；4—放水阀；5—安全阀；6—楔式闸阀；

7—进水用消防接口；8—本体；9—法兰弯管

4. 消防水池

当生产、生活用水量达到最大时，市政给水管道、进水管或天然水源不能满足室内外消防用水量，或当市政给水管道为枝状或只有一条进水管，且室内外消防用水量之和超过 25L/s 时，应设置消防水池。消防水池用于室外不能提供消防水源的情况下，贮存火灾持续时间内的室内外消防用水量。消防水池可设于室外地下或地面上，也可设在室内地下室，或与室内游泳池、水景水池兼用。消防水池应设有水位控制阀的进水管和溢水管、通气管、泄水管、出水管及水位指示器等附属装置。可根据各种用水系统的供水情况，将消防水池与生活或生产贮水池合用，也可单独设置。

5. 消防水箱

消防水箱可有效地扑救初期火灾。在系统中，应采用重力自流供水方式；消防水箱宜与生活（或生产）高位水箱合用，以防止水质变坏，消防用水与其他用水合用的水箱应采取消防用水不作他用的技术措施；水箱的安装高度应满足室内最不利点消火栓所需的水压要求，并应保证储存有该建筑室内 10min 的消防用水量；消防水箱可分区设置。

◼◼6.1.2 消火栓给水系统的供水

1. 室外给水管网直接供水的方式

室外给水管网提供的水量和水压，应在任何时候均能满足室内消火栓给水系统所需的水量、水压要求，如图 6-5 所示。此方式常采用两种系统：一种是消防管道与生活（或生产）管网共用系统；另一种是独立消防管道系统。

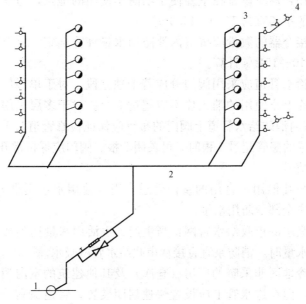

图 6-5 直接供水的消防-生活共用给水方式

1—室外给水管网；2—室内管网；3—消火栓及立管；4—给水立管及支管

2. 设有水泵、高位水箱的消火栓给水方式

当室外给水管网的水压不能满足室内消火栓给水系统的水压要求时，高位水箱由生活水泵补水，贮存 10min 的消防用水量，供火灾初期灭火，火灾后期由消防水泵加压供水灭火。发生火灾后，由消防水泵供给的消防用水不应进入消防水箱。

◆◆6.1.3　消火栓给水管道的布置

室内消火栓超过 10 个且室外消防用水量大于 15L/s 时，其消防给水管道应连成环状，且至少应有两条进水管与室外管网或消防水泵连接。当其中一条进水管发生事故时，其余的进水管应仍能供应全部消防用水量。

高层厂房（仓库）应设置独立的消防给水系统。室内消防竖管应连成环状。

室内消防竖管直径不应小于 DN100。

室内消火栓给水管网宜与自动喷水灭火系统的管网分开设置；当合用消防泵时，供水管路应在报警阀前分开设置。

高层厂房（仓库）、设置室内消火栓且层数超过 4 层的厂房（仓库）、设置室内消火栓且层数超过 5 层的公共建筑，其室内消火栓给水系统应设置消防水泵接合器。

消防水泵接合器应设置在室外便于消防车使用的地点，与室外消火栓或消防水池取水口的距离宜为 15.0～40.0m。

消防水泵接合器的数量应按室内消防用水量计算确定。每个消防水泵接合器的流量宜按 10～15L/s 计算。

室内消防给水管道应采用阀门分成若干独立段。对于单层厂房（仓库）和公共建筑，检修停止使用的消火栓不应超过 5 个。对于多层民用建筑和其他厂房（仓库），室内消防给水管道上阀门的布置应保证检修管道时关闭的竖管不超过 1 根，但设置的竖管超过 3 根时，可关闭 2 根。阀门应保持常开，并应有明显的启闭标志或信号。

消防用水与其他用水合用的室内管道，当其他用水达到最大小时流量时，应仍能保证供应全部消防用水量。

允许直接吸水的市政给水管网，当生产、生活用水量达到最大且仍能满足室内外消防用水量时，消防泵宜直接从市政给水管网吸水。

严寒和寒冷地区非采暖的厂房（仓库）及其他建筑的室内消火栓系统，可采用干式系统，但在进水管上应设置快速启闭装置，管道最高处应设置自动排气阀。

◆◆6.1.4　消火栓系统的水力计算

1. 消火栓的用水量

消火栓给水系统应根据规范规定的消防用水量、水枪数量和水压进行水力计算，最终确定管网的管径，系统所需的水压，水池、水箱的容积和水泵的型号等。各类建筑物消防用水量及要求同时使用的水枪数量可根据表 6 - 1 和表 6 - 2 确定。

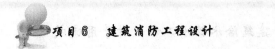

表 6-1 室内消火栓用水量

建筑物名称	高度、层数、体积或座位数	消火栓用水量/(L/s)	同时使用水枪数量/支	每支水枪最小流量/(L/s)	每根竖管最小流量/(L/s)
厂房	高度≤24m，体积≤10 000m³	5	2	2.5	5
	高度≤24m，体积＞10 000m³	10	2	5	10
	50m≥高度＞24m	25	5	5	15
	高度＞50m	30	6	5	15
科研楼、试验楼	高度≤24m，体积≤10 000m³	10	2	5	10
	高度≤24m，体积＞10 000m³	15	3	5	10
仓库	高度≤24m，体积≤5000m³	5	1	5	5
	高度≤24m，体积＞5000m³	10	2	5	10
	50m≥高度＞24m	30	6	5	15
	高度＞50m	40	8	5	15
车站、码头机场的候车（船、机）楼和展览建筑等	5001～25 000m³	10	2	5	10
	25 001～50 000m³	15	3	5	15
	＞50 000m³	20	4	5	15
商场、旅馆等	5001～10 000m³	10	2	5	10
	10 001～25 000m³	15	3	5	15
	＞25 000m³	20	4	5	20
剧院、电影院、会堂、礼堂、体育馆等	801～1200 个座位	10	2	5	10
	1201～5000 个座位	15	3	5	10
	5001～10 000 个座位	20	4	5	15
	＞10 000 个座位	30	6	5	15
病房楼、门诊楼等	5001～10 000m³	5	2	2.5	5
	10 001～25 000m³	10	2	5	10
	＞25 000m³	15	3	5	10

建筑物名称	高度、层数、体积或座位数	消火栓用水量/(L/s)	同时使用水枪数量/支	每支水枪最小流量/(L/s)	每根竖管最小流量/(L/s)
办公楼、教学楼等其他民用建筑	层数≥6层或体积＞10 000m³	15	3	5	10
住宅	≥8层	5	2	2.5	5
国家级文物保护单位的重点砖木及木结构的古建筑	体积≤10 000m³	20	4	5	10
	体积＞10 000m³	25	5	5	15

注：1. 丁、戊类高层厂房（仓库）室内消火栓的用水量可按本表减少10L/s，同时使用水枪数量可按本表减少2支。

　　2. 消防软管卷盘或轻便消防水龙及住宅楼梯间中的干式消防竖管上设置的消火栓，其消防用水量可不计入室内消防用水量。

表 6 - 2　　　　　　　　　　汽车库室内消防用水量

停车库、修车库的防火分类			消火栓用水量/(L/s)	同时使用水枪数量/支	每支水枪最小流量/(L/s)
名称	类别	数量/辆			
汽车库	Ⅰ	＞300	10	2	5
	Ⅱ	151～300	10	2	5
	Ⅲ	51～150	10	2	5
	Ⅳ	≤50	5	1	5
修车库	Ⅰ	＞15	10	2	5
	Ⅱ	6～15	10	2	5
	Ⅲ	3～5	5	1	5
	Ⅳ	≤2	5	1	5

2. 消火栓口的水压

（1）消火栓口所需的水压按下列公式计算：

$$H_{xh} = H_q + H_d + H_k \qquad (6 - 1)$$

式中　H_{xh}——消火栓口的水压，kPa；

　　　　H_q——水枪喷嘴处的压力，kPa；

　　　　H_d——水带的水头损失，kPa；

　　　　H_k——消火栓栓口水头损失，以 20kPa 为单位。

（2）理想的射流高度（不考虑空气对射流的阻力）为

$$H_q = \frac{v^2}{2g} \tag{6-2}$$

式中　v——水流在喷嘴口处的流速，m/s；

　　　g——重力加速度，m/s²；

　　　H_q——水枪喷嘴处的压力，kPa。

（3）实际射流对空气的阻力为

$$\Delta H = H_q - H_f = \frac{K_1 v^2}{d_f 2g} H_f \tag{6-3}$$

式中　K_1——由实验确定的阻力系数；

　　　d_f——水枪喷嘴口径，m；

　　　H_f——垂直射流高度，m。

（4）根据上述公式综合可得

$$H_q - H_f = \frac{K_1}{d_f} H_q H_f$$

$$H_q = \frac{H_f}{1 - \dfrac{K_1}{d_f} \cdot H_f}$$

设 $\dfrac{K_1}{d_f} = \varphi$，则

$$H_q = \frac{10 H_f}{1 - \varphi H_f} \tag{6-4}$$

式中　φ——与水枪喷嘴口径有关的阻力系数，可按经验公式计算，其值见
　　　　表 6-3。

表 6-3　　　　　　　　　　　系 数 φ 值

d_f/mm	13	16	19
φ	0.016 5	0.012 4	0.009 7

（5）水枪充实水柱高度 H_m 与垂直射流高度 H_f 的关系式由下列公式表示：

$$H_f = a_f H_m \tag{6-5}$$

式中　a_f——实验系数，$a_f = 1.19 + 80(0.01 H_m)^4$，其值见表 6-4。

表 6-4　　　　　　　　　　　系 数 a_f 值

H_m/m	6	7	8	9	10	11	12	13	14	15	16
a_f	1.19	1.19	1.19	1.20	1.20	1.20	1.21	1.21	1.22	1.23	1.24

（6）根据上述公式综合可得

$$H_q = \frac{10\alpha_f H_m}{1 - \varphi\alpha_f H_m} \tag{6-6}$$

水枪在使用时常倾斜 45°～60°，由试验得知充实水柱长度基本与倾角无关，在计算时充实水柱长度与充实水柱高度可视为相等。下面给出水枪射出流量与喷嘴压力之间的计算关系式。根据孔口出流公式：

$$q_{xh} = \mu \frac{\pi d_f^2}{4} \sqrt{2gH_q} \tag{6-7}$$

令 $B^2 = \mu \dfrac{\pi d_f^2}{4} \sqrt{2g}$，则

$$q_{xh} = \sqrt{BH_q} \tag{6-8}$$

上两式中　q_{xh}——水枪的射出流量，L/s；

　　　　　μ——孔口流量系数，采用 $\mu=1.0$；

　　　　　B——水枪水流特性系数，与水枪喷嘴口径有关，可查表 6-5；

　　　　　H_q——水枪喷嘴处压力，m。

表 6-5　　　　　　　　　　　　水枪水流特性系数 B

水枪喷口直径/mm	13	16	19	22
B	0.346	0.793	1.577	2.834

3. 消防水池、水箱容积

（1）消防水池贮水量计算。

消防贮水池的消防贮存水量应按下式确定：

$$V_f = 3.6(Q_f - Q_L)T_x \tag{6-9}$$

式中　V_f——消防水池贮存消防水量，m³；

　　　Q_f——室内消防用水量与室外给水管网不能保证的室外消防用水量之和，L/s；

　　　Q_L——市政管网可连续补充的水量，L/s；

　　　T_x——火灾延续时间，h。

（2）消防水箱贮水量计算。

消防水箱应储存 10min 的消防用水量，以供扑救初期火灾之用。计算公式为

$$V_x = 0.6Q_x \tag{6-10}$$

式中　V_x——消防水箱贮存消防水量，m³；

　　　Q_x——室内消防用水总量，L/s；

　　　0.6——单位换算系数，$V_x = Q_x \times 10 \times 60/1000 = 0.6Q_x$。

注：当室内消防用水量小于等于 25L/s，经计算消防水箱所需消防储水量大于 12m³ 时，仍可采用 12m³；当室内消防用水量大于 25L/s，经计算消防水箱所需消防储水量大于 18m³ 时，仍可采用 18m³。

6.2 自动喷水灭火系统设计

◆◆6.2.1 自动喷水灭火系统类型

（1）湿式自动喷水灭火系统：为喷头常闭的灭火系统，如图 6-6 所示，管网中充满有压水，当建筑物发生火灾，火点温度达到开启闭式喷头时，喷头出水灭火。该系统具有灭火及时、扑救效率高的优点。但由于管网中充有有压水，当渗漏时会损坏建筑装饰和影响建筑的使用。该系统适用于环境温度 $4℃<t<70℃$ 的建筑物。

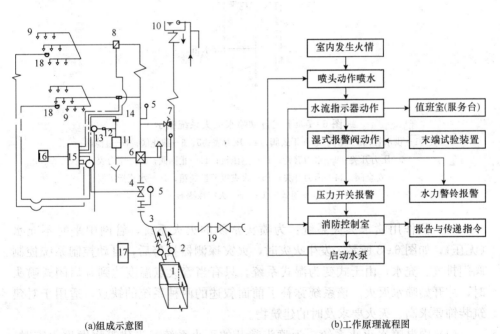

(a)组成示意图　　　　　　　　　　(b)工作原理流程图

图 6-6 湿式自动喷水灭火系统图示

1—消防水池；2—消防泵；3—管网；4—控制蝶阀；5—压力表；6—湿式报警阀；7—泄放试验阀；
8—水流指示器；9—喷头；10—高位水箱、稳压泵或气压给水设备；11—延时器；
12—过滤器；13—水力警铃；14—压力开关；15—报警控制器；16—非标控制箱；
17—水泵启动箱；18—探测器；19—水泵接合器

（2）干式自动喷水灭火系统：为喷头常闭的灭火系统，管网中平时不充水，充有有压空气（或氮气），如图 6-7 所示。当建筑物发生火灾，火点温度达到开启闭式喷头时，喷头开启，排气、充水、灭火。该系统灭火时，需先排气，故喷头出水灭火不如湿式系统及时。但管网中平时不充水，对建筑物装饰无影响，对环境温度也无要求，适用于采暖期长而建筑内无采暖的场所。为减少排气时间，一般要求管网的容积不大于 2000L。

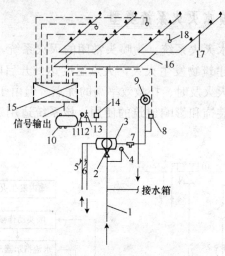

图 6-7　干式自动喷水灭火系统图示

1—供水管；2—闸阀；3—干式阀；4—压力表；5、6—截止阀；7—过滤器；
8—压力开关；9—水力警铃；10—空压机；11—止回阀；12—压力表；
13—安全阀；14—压力开关；15—火灾报警控制箱；16—水流指示器；
17—闭式喷头；18—火灾探测器

（3）预作用喷水灭火系统：为喷头常闭的灭火系统，管网中平时不充水（无压），如图 6-8 所示。发生火灾时，火灾探测器报警后，自动控制系统控制阀门排气、充水，由干式变为湿式系统。只有当着火点温度达到开启闭式喷头时，才开始喷水灭火。该系统弥补了前面叙述的两种系统的缺点，适用于对建筑装饰要求高、灭火要求及时的建筑物。

（4）雨淋喷水灭火系统：为喷头常开的灭火系统，当建筑物发生火灾时，由自动控制装置打开集中控制闸门，使整个保护区域所有喷头喷水灭火，如图 6-9所示。该系统具有出水量大、灭火及时的优点，适用于火灾蔓延快、危险性大的建筑或部位。

（5）水幕系统：该系统喷头沿线状布置，发生火灾时主要起阻火、冷却、隔离作用，如图 6-10 所示。该系统适用于需防火隔离的开口部位，如舞台与观众之间的隔离水帘、消防防火卷帘的冷却等。

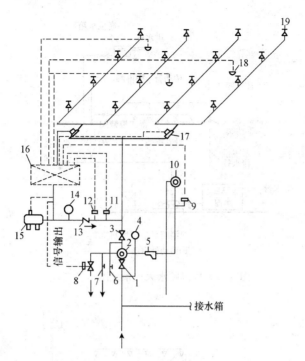

图 6-8　预作用喷水灭火系统图示

1—总控制阀；2—预作用阀；3—检修闸阀；4—压力表；5—过滤器；6—截止阀；7—手动开启截止阀；
8—电磁阀；9—压力开关；10—水力警铃；11—压力开关（启闭空压机）；12—低气压报警压力开关；
13—止回阀；14—压力表；15—空压机；16—火灾报警控制箱；17—水流指示器；18—火灾探测器；
19—闭式喷头

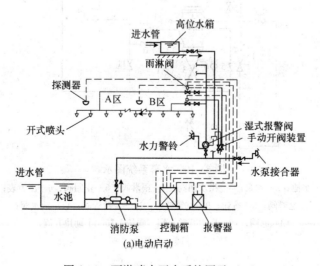

图 6-9　雨淋喷水灭火系统图示（一）

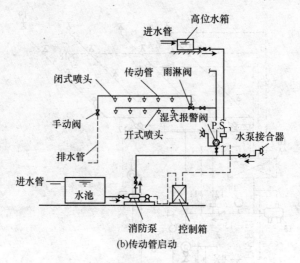

(b)传动管启动

图 6-9 雨淋喷水灭火系统图示（二）

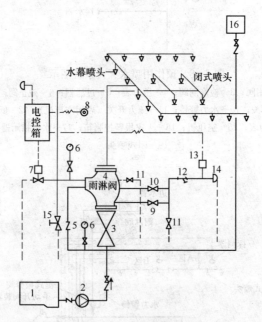

图 6-10 水幕系统图示

1—水池；2—水泵；3—供水闸阀；4—雨淋阀；5—止回阀；6—压力表；
7—电磁阀；8—按钮；9—试警铃阀；10—警铃管阀；11—放水阀；
12—滤网；13—压力开关；14—警铃；15—手动快开阀；
16—水箱

◆◆◆6.2.2   自动喷水灭火系统器件

（1）喷头。

1）闭式喷头的喷口采用由热敏元件特制的释放机构组件，受温度控制能自动开启（如玻璃爆炸、易熔合金脱离）。其构造按溅水盘的形式和安装位置有直立型、下垂型、边墙型、普通型、吊顶型和干式下垂型洒水喷头之分，如图6-11所示。

(a)玻璃球洒水喷头

1—支架；2—玻璃球；
3—溅水盘；4—喷水口

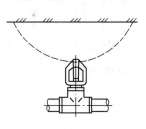

(b)易熔合金洒水喷头

1—支架；2—合金锁片；
3—溅水盘

(c)直立型洒水喷头

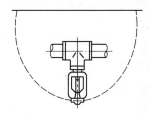

(d)下垂型洒水喷头

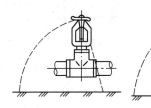

(e)边墙型(立式、水平式)洒水喷头

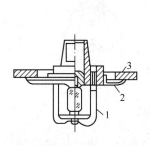

(f)吊顶型洒水喷头

1—支架；2—装饰罩；
3—吊顶

(g)普通型洒水喷头

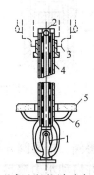

(h)干式下垂型洒水喷头

1—热敏原件；2—金属球；3—密封圈；
4—套筒；5—吊顶；6—装饰罩

图6-11   闭式喷头构造示意

2) 开式喷头分为开启式、水幕和喷雾三种，其构造如图 6 - 12～图 6 - 14 所示。

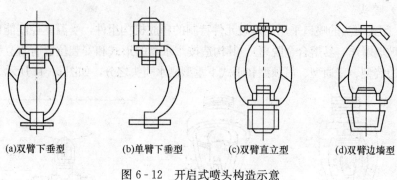

(a)双臂下垂型　(b)单臂下垂型　(c)双臂直立型　(d)双臂边墙型

图 6 - 12　开启式喷头构造示意

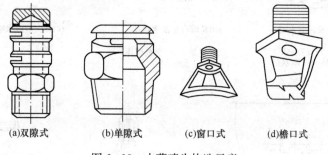

(a)双隙式　(b)单隙式　(c)窗口式　(d)檐口式

图 6 - 13　水幕喷头构造示意

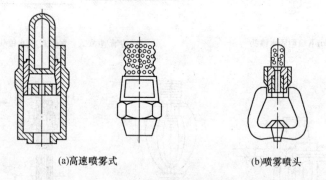

(a)高速喷雾式　(b)喷雾喷头

图 6 - 14　喷雾喷头构造示意

(2) 报警阀。报警阀开启和关闭管道系统中的水流，同时传递控制信号到控制系统，并启动水力警铃直接报警。根据使用条件有湿式、干式、干湿式和雨淋式四种类型，如图 6 - 15 所示。湿式报警阀用于湿式自动喷水灭火系统；干式报警阀用于干式自动喷水灭火系统；干湿式报警阀由湿式、干式报警阀彼此连接而成，在温暖季节用湿式装置，在寒冷季节则用干式装置；雨淋阀用于雨淋、预作用、水幕、水喷雾自动喷水灭火系统。报警阀的规格有 $DN50$、$DN65$、$DN80$、$DN125$、$DN150$、$DN200$ 等多种。

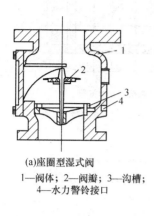
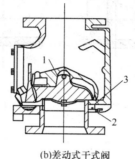

(a)座圈型湿式阀
1—阀体；2—阀瓣；3—沟槽；
4—水力警铃接口

(b)差动式干式阀
1—阀瓣；2—水力警铃接口；
3—弹性隔膜

(c)雨淋阀

图 6 - 15　报警阀构造示意

（3）水流报警装置。水流报警装置有水力警铃、水流指示器和压力开关。水力警铃主要用于湿式喷水灭火系统中。当某个喷头开启喷水或管网发生水量泄漏时，管道中的水产生流动，导致指示器中的桨片随水流而动作，并在接通延时电路20～30s之后，继电器发出区域水流电信号。通常将水流指示器安装于各楼层的配水干管或支管上。压力开关也是一种直接报警装置，一般垂直安装于延迟器和水力警铃之间的管道上。在水力警铃报警的同时，依靠警铃管内水压的升高自动完成电动报警，并向消防控制室传送电信号或直接启动消防水泵。

（4）延迟器。延迟器安装于报警阀与水力警铃（或压力开关）之间，用来防止由于水压的波动而引起报警阀开启导致的误报。报警阀开启后，水流需经30s左右充满延迟器后方可冲打水力警铃。

（5）火灾探测器。常用的有烟感和温感两种探测器。烟感探测器根据烟雾浓度进行探测并执行动作，温感探测器通过火灾引起的温升产生反应。

火灾探测器通常布置在房间或走道的天花板下面，其数量应根据其技术规格和保护面积计算而定。

◆◆6.2.3　自动喷水灭火系统布置

1. 喷头布置

喷头的布置间距应满足在火灾发生时所保护的区域内任何部位都能得到规定强度的水量。喷头可设置于建筑的顶板下、吊顶下。喷头的布置应根据天花板、吊顶的装修要求布置成正方形、长方形和菱形三种形式，如图 6 - 16 所示，间距应按下列公式计算：

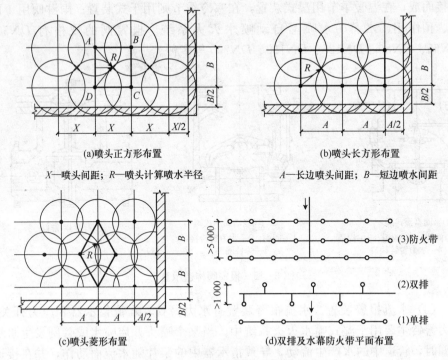

(a)喷头正方形布置

X—喷头间距；R—喷头计算喷水半径

(b)喷头长方形布置

A—长边喷头间距；B—短边喷水间距

(c)喷头菱形布置

(d)双排及水幕防火带平面布置

图6-16　喷头布置的基本形式

（1）为正方形布置时，

$$X=B=2R\cos45°\qquad(6-11)$$

（2）为长方形布置时，

$$\sqrt{A^2+B^2}\leqslant2R\qquad(6-12)$$

（3）为菱形布置时，

$$A=4R\cos30°\sin30°\qquad(6-13)$$

$$B=2R\cos30°\sin30°\qquad(6-14)$$

式中　R——喷头的最大保护半径，m。

注：水幕喷头布置根据成帘状的要求应成线状布置，根据隔离强度要求可布置成单排、双排和防火带形式。

2. 管网的布置及安装

自动喷水灭火管网的布置，应根据建筑平面的具体情况而定。如图6-17所示，一般情况每根支管上设置的喷头不能多于8只，严重危险级及仓库级系统不应超过6只。一个报警阀所控制的喷头，湿式系统、预作用系统不宜超过800只；干式系统不宜超过500只。管网的安装应按以下考虑。

自动喷水系统报警阀后的管道应采用镀锌钢管或无缝钢管。

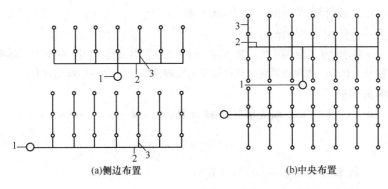

图 6 - 17 管网布置形式
1—配水干管；2—配水管；3—配水支管

管道连接方式：镀锌钢管应采用沟槽式连接件（卡箍）、丝扣或法兰连接。报警阀前采用内壁不防腐钢管时，可焊接连接。系统中直径大于 100mm 的管道，应分段采用法兰或沟槽式连接件（卡箍）连接，且需在管道一定距离上设置支吊装支架。

◆■■6.2.4 自动喷水灭火系统计算

1. 喷头的出流量

喷头的出流量应按下式计算：

$$q = K\sqrt{10P} \tag{6-15}$$

式中　q——喷头出流量，L/min；

P——喷头工作压力，MPa；

K——喷头流量系数，标准喷头 $K=80$。

2. 设计流量

（1）系统的设计流量，应按最不利点处作用面积内喷头同时喷水的总流量确定：

$$Q_s = \frac{1}{60}\sum_{i=1}^{n}q_i \tag{6-16}$$

式中　Q_s——系统设计流量，L/s；

q_i——最不利点处作用面积内各喷头节点的流量，L/min；

n——最不利点处作用面积内的喷头数。

（2）系统的理论计算流量，应按设计喷水强度与作用面积的乘积确定：

$$Q_L = \frac{q_p F}{60} \tag{6-17}$$

式中　Q_L——系统理论计算流量，L/s；

q_p——设计喷水强度，L/(min·m²)；

F——作用面积，m²。

注：由于各个喷头在管网中的位置不同，所处的实际压力亦不同，喷头的实际喷水量与理论值有偏差，自动喷水灭火系统设计秒流量可按理论值的1.15～1.30倍计算。

3. 水头损失

(1) 每米管道的水头损失应按下式计算：

$$i = 0.000\ 010\ 7\ \frac{v^2}{d_i^{1.3}} \qquad (6\text{-}18)$$

式中　i——每米管道的水头损失，MPa/m；

　　　v——管道内的平均流速，m/s；

　　　d_i——管道的计算内径，m，取值应按管道的内径减1mm确定。

(2) 沿程水头损失应按下式计算：

$$h = il \qquad (6\text{-}19)$$

式中　h——沿程水头损失，MPa；

　　　l——管道长度，m。

(3) 管道的局部水头损失宜采用当量长度法计算，当量长度见表6-6。

表6-6　　　　　　　　　　当量长度

管件名称	管件直径/mm								
	25	32	40	50	70	80	100	125	150
45°弯头	0.3	0.3	0.6	0.6	0.9	0.9	1.2	1.5	2.1
90°弯头	0.6	0.9	1.2	1.5	1.8	2.1	3.1	3.7	4.3
三通或四通	1.5	1.8	2.4	3.1	3.7	4.6	6.1	7.6	9.2
蝶阀				1.8	2.1	3.1	3.7	2.7	3.1
闸阀				0.3	0.3	0.3	0.6	0.6	0.9
正回阀	1.5	2.1	2.7	3.4	4.3	4.9	6.7	8.3	9.8
异径接头	32/25	40/32	50/40	70/50	80/70	100/80	125/100	150/125	200/150
	0.2	0.3	0.3	0.5	0.6	0.8	1.1	1.3	1.6

注：1. 过滤器当量长度的取值由生产厂提供。

　　2. 当异径接头的出口直径不变，而入口直径提高1级时，其当量长度应增大0.5倍；提高2级以上时，其当量长度应增1.0倍。

4. 供水压力或水泵扬程

自动喷水灭火系统所需的水压应按下式计算：

$$H = \sum h + P_0 + z \qquad (6\text{-}20)$$

式中　H——系统所需水压或水泵扬程，MPa；

　　$\sum h$——管道的沿程和局部水头损失的累计值，MPa，湿式报警阀、水流
　　　　　指示器取值 0.02MPa，雨淋阀取值 0.07MPa；

　　P_0——最不利点处喷头的工作压力，MPa；

　　z——最不利点处喷头与消防水池的最低水位或系统入口管水平中心线
　　　　之间的高程差，MPa。

5. 减压措施

（1）减压孔板应设在直径不小于 50mm 的水平直管段上，前后管段的长度
不宜小于该管段直径的 5 倍。孔口直径不应小于管段直径的 30%，且不应小于
20mm。减压孔板应采用不锈钢板材制作。减压孔板的水头损失应按下式计算：

$$H_k = \xi \frac{v_k^2}{2g} \tag{6-21}$$

式中　H_k——减压孔板的水头损失，10^{-2}MPa；

　　　v_k——减压孔板后管道内水的平均流速，m/s；

　　　ξ——减压孔板局部阻力系数，见表 6-7。

表 6-7　　　　　　　　　　　　减压孔板的局部阻力系数

d_k/d_i	0.3	0.4	0.5	0.6	0.7	0.8
ξ	292	83.3	29.5	11.7	4.75	1.83

注：d_k——减压孔板的孔口直径，m。

（2）节流管直径宜按上游管段直径的 1/2 确定，且节流管内水平均流速不
大于 20m/s，长度不宜小于 1m。节流管的水头损失应按下式计算：

$$H_g = \xi \frac{v_k^2}{2g} + 0.001\,07L \frac{v_g^2}{d_g^{1.3}} \tag{6-22}$$

式中　H_g——节流管的水头损失，10^{-2}MPa；

　　　v_g——节流管内水的平均流速，m/s；

　　　ξ——节流管中渐缩管与渐扩管的局部阻力系数之和，取值 0.7；

　　　d_g——节流管的计算内径，m，取值应按节流管内径减 1mm 确定；

　　　L——节流管的长度，m。

（3）减压阀应设在报警阀组入口前，为了防止堵塞，在入口前应装设过滤
器。垂直安装的减压阀，水流方向宜向下。

6.3　其他固定灭火系统设计

6.3.1　干粉灭火系统

　　干粉灭火系统是以干粉作为灭火剂的灭火系统。干粉灭火剂是一种干燥、

易于流动的细微粉末，平时贮存于干粉灭火器或干粉灭火设备中，灭火时由加压气体（二氧化碳或氮气）将干粉从喷嘴射出，形成一股雾状粉流射向燃烧物，起到灭火作用。干粉灭火剂对燃烧有抑制作用，当大量的粉粒喷向火焰时，可以吸收维持燃烧连锁反应的活性基团 H^+ 及 OH^-，随着 H^+ 及 OH^- 的急剧减少，使燃烧中断，火焰熄灭。此外，当干粉与火焰接触时，其粉粒受高热作用后爆成更小的微粒，从而增加了粉粒与火焰的接触面积，可提高灭火效力，这种现象被称为烧爆作用。使用干粉灭火剂时，粉雾包围了火焰，可以减少火焰的热辐射，同时粉末受热放出结晶水或发生分解，可以吸收部分热量而分解生成不活泼气体。

干粉灭火具有灭火历时短、效率高、绝缘好、灭火后损失小、不怕冻、不用水、可长期贮存等优点。干粉灭火系统的组成如图6-18所示。

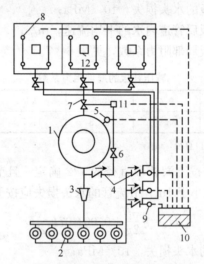

图6-18　干粉灭火系统的组成

1—干粉贮罐；2—氮气瓶和集气管；3—压力控制器；4—单向阀；

5—压力传感器；6—减压阀；7—球阀；8—喷嘴；9—启动气瓶；

10—消防控制中心；11—电磁阀；12—火灾探测器

干粉灭火系统根据用途分类如下：

(1) 普通型（BC类）干粉：适用于扑救易燃、可燃液体（如汽油、润滑油等）引起的火灾，也可用于扑救可燃气体（如液化气、乙炔气等）和带电设备引起的火灾。

(2) 多用途型（ABC类）：适用于扑救可燃液体、可燃气体、带电设备和一般固体物质（如木材、棉、麻、竹）等形成的火灾。

(3) 金属专用型（D类）干粉：适用于扑灭金属的燃烧。干粉可与燃烧的金属表层发生反应而形成熔层，与周围空气隔绝，使金属燃烧窒熄。

干粉灭火系统根据安装方式分类：固定式和半固定式。

干粉灭火系统根据控制启动方法分类：自动控制和手动控制。

干粉灭火系统根据喷射干粉方式分类：全淹没和局部应用系统。

◆◆6.3.2 泡沫灭火系统

泡沫灭火的工作原理是使其与水混溶后，产生一种可漂浮且黏附在可燃、易燃的液体、固体表面的混合物质，起到隔绝、冷却作用，使燃烧物质熄灭。

泡沫灭火系统的组成如图 6-19 所示。

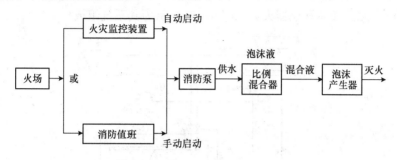

图 6-19 泡沫灭火过程

泡沫灭火系统根据内置成分分类如下：

（1）化学灭火剂：由结晶硫酸铝 $Al_2(SO_4)_3 \cdot H_2O$ 和碳酸氢钠 $NaHCO_3$ 组成。使用时使两者混合反应后产生 CO_2 灭火，我国目前仅用于装填在灭火器中手动使用。

（2）合成型泡沫灭火剂：目前国内应用较多的有凝胶型、水成膜和高倍数三种合成型泡沫液。泡沫灭火系统广泛用于油田、炼油厂、油库、发电厂、汽车库、飞机库、矿井坑道等场所。

（3）蛋白质泡沫灭火剂：这种灭火剂成分主要是对骨胶朊、毛角朊、动物角、蹄、豆饼等水解后，适当投加稳定剂、防冻剂、缓蚀剂、防腐剂、降黏剂等添加剂混合成液体。目前，国内这类产品多为蛋白泡沫液添加适量氟碳表面活性剂制成的泡沫液。

泡沫灭火系统根据安装方式分类：固定式、半固定式和移动式。

选用泡沫灭火系统时，应根据可燃物的性质选用泡沫液。泡沫罐应贮存于通风、干燥场所，温度应在 0～40℃ 范围内。此外，还应保证泡沫灭火系统所需的消防用水量、水温（$T=4～35℃$）和水质要求。

◆◆6.3.3　气体灭火系统

1. 二氧化碳灭火系统

二氧化碳灭火剂属液化气体型，一般以液相二氧化碳贮存在高压瓶内。当二氧化碳以气体喷向燃烧物时，产生冷却和隔离氧气的作用。二氧化碳灭火系统的选用要根据防护区和保护对象具体情况确定。全淹没二氧化碳灭火系统适用于无人居留或发生火灾能迅速（30s以内）撤离的防护区；局部二氧化碳灭火系统适用于经常有人的较大防护区内，扑救个别易燃烧设备或室外设备。

优点：不污损被保护物、灭火快、空间淹没效果好等，可用于扑灭某些气体、固体表面、液体和电器火灾，图6-20所示为其系统组成。

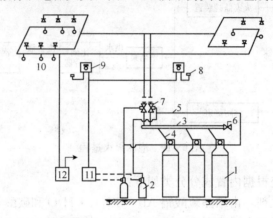

图6-20　二氧化碳灭火系统组成

1—二氧化碳贮存容器；2—启动用气容器；3—总管；4—连接管；5—操作管；

6—安全阀；7—选择阀；8—报警器；9—手动启动装置；10—探测器；

11—控制盘；12—检测盘

2. 七氟丙烷灭火系统

七氟丙烷灭火系统和二氧化碳灭火系统的原理基本一样。

优点：不导电，不破坏大气层，在常温下可加压液化，常温常压条件下能全部挥发，灭火无残留物；全淹没系统可以扑救A、B、C类和电气火灾，灭火速度快、效果好，灭火浓度低，基本接近哈龙1301灭火系统的灭火浓度。

缺点：含氟卤代烷灭火剂在灭火现场的高温下，会产生大量的氟化氢气体，经与气态水结合，形成氢氟（白雾状），氢氟酸是一种腐蚀性很强的酸，对皮肤、皮革、纸张、玻璃、精密仪器有强烈的酸蚀作用。

3. IG541灭火系统

IG541灭火机理与二氧化碳灭火机理相似，主要通过降低防护区内的氧气体积分数，达到窒息灭火的效果。当惰性气体的设计体积分数达到35%～50%时，可将空气中氧气的体积降到 10%～14%。众所周知，当氧气体积分数低于 12%～14%时，燃烧将不能维持。适用于扑救 A、B、C 类及电气火灾。

优点：IG541 灭火剂是无色、无味、无毒的混合气体，不破坏大气臭氧层，对环境无任何不利影响，不导电，灭火过程洁净，灭火后不留痕迹（所以又称洁净气体），火灾现场无任何残留，仪器设备无损害。

缺点：该系统对灭火药剂的气体配比、储存瓶、管路、阀门、喷嘴储存间，以及周围环境、温度的要求严格，系统设备的制造及安装工艺相对复杂。其设计体积分数为 37.5%～42.8%，属于物理灭火方式，所以它的灭火效果比哈龙和卤代烷灭火系统低。

4. 气溶胶灭火系统

气溶胶灭火系统的机理是利用固体微粒在高温下产生的金属阳离子与燃烧反应过程中产生的活性自由基发生反应，以切断化学反应的燃烧链，抑制燃烧反应的进行，达到化学灭火效果。同时，利用固体微粒分解过程中产生的水来吸热降温，从而达到灭火效果。

优点：气溶胶灭火剂粒度小，可绕过障碍物并在火灾现场停留较长时间，比表面积大，有很好的灭火效果，既可用于相对密闭空间，又可以用于开放空间。由于气溶胶灭火剂为含能材料，其本身不需要动力驱动，在制造成本上相对于其他灭火系统有优势。气溶胶无毒，灭火时空气中的氧的浓度不会降低，因此不会对人员产生伤害。

缺点：目前，我国多应用热型气溶胶灭火装置，产生的高温会造成一定的危害，热气溶胶以负催化、窒息等原理灭火、灭火后有残留物，属于非洁净灭火剂，悬浮于空中的粉尘呈电中性，虽然容易清除，但是残留的微粒中含有金属氧化物、碳酸盐等，遇到水时成弱碱性，对特定的设备可能造成一定的损害。另外，气溶胶胶体的扩散速度较其他的灭火剂要慢，所以不宜用于较大的场所。

◆◆ 6.3.4　蒸汽灭火系统

蒸汽灭火系统是在经常具备充足蒸汽源的条件下使用的一种灭火方式。其工作原理是向火场燃烧区内施放蒸汽，阻止空气进入燃烧区致使燃烧窒息。这种灭火系统适用于石油化工、煤油、火力发电等厂房，也适用于燃油锅炉、重油油品等库房或扑救高温设备。

优点：设备造价低、淹没性好等。

缺点：不适用于大体积、大面积的火灾区，也不适用于扑灭电器设备、贵重仪表、文物档案等的火灾。

蒸汽灭火系统的组成如图 6 - 21 所示。

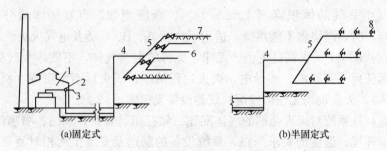

图 6-21　蒸汽灭火系统的组成
1—蒸汽锅炉房；2—生活蒸汽管网；3—生产蒸汽管网；4—输汽干管；
5—配气支管；6—配气管；7—蒸汽幕；8—接蒸汽喷枪短管

◆◆6.3.5　烟雾灭火系统

烟雾灭火系统的发烟剂是用硝酸钾、三聚氰胺、木炭、碳酸氢钾、硫黄等原料混合而成的。发烟剂装于烟雾灭火容器内，当使用时，使其产生燃烧反应后释放出烟雾气体，喷射到开始燃烧物质的罐装液面上的空间，形成又厚又浓的烟雾气体层。这样，该罐液面着火处会受到稀释、覆盖和抑制作用而使燃烧熄灭。

烟雾灭火系统主要用在各种油罐和醇、酯、酮类贮罐等初起火灾，图 6-22 所示为烟雾灭火系统。

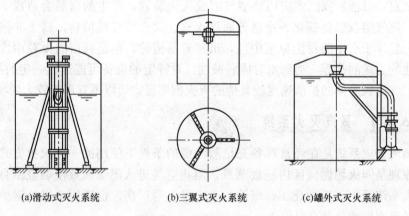

(a)滑动式灭火系统　　　(b)三翼式灭火系统　　　(c)罐外式灭火系统

图 6-22　烟雾灭火系统

烟雾灭火系统根据灭火器安装位置分类：罐内和罐外，罐内式又有滑动式和三翼式两种。

优点：设备简单（不需水、电，不要人工操作）、扑灭初期火灾快、适用温度范围宽，很适用野外无水、电设施的独立油罐或冰冻期较长地区。

如图 6 - 22 所示，还可以看到罐内式烟雾灭火系统的烟雾灭火器置于罐中心，并用浮漂托于液面上，而罐外灭火系统的烟雾灭火器置于罐外，但其烟雾喷头伸入罐内中心液面上。当罐内空间温度达 110~120℃时，会使各种烟雾灭火器上探头熔化，通过导火索，导燃烟雾灭火剂，而自动喷出烟雾于罐内空间，起到灭火效果。

项目 7　建筑热水工程设计

7.1　热水系统的设计

7.1.1　热水系统的类型

1. 局部热水供应系统

采用小型加热器在用水场所就地加热，供局部范围内一个或几个配水点使用的热水系统称为局部热水供应系统。例如，采用小型燃气热水器、电热水器、太阳能热水器等，供给单个厨房、浴室、生活间等用水。对于大型建筑，也可以采用多个局部热水供应系统分别对各个用水场所供应热水。

优点：热水输送管道短、热损失小；设备、系统简单、造价低；维护管理方便、灵活；改建、增设较容易。

缺点：小型加热器热效率低，制水成本较高；使用不够方便、舒适；每个用水场所均需设置加热装置，占用建筑总面积较大。

局部热水供应系统适用于热水用量较小且较分散的建筑。

2. 集中热水供应系统

在锅炉房、热交换站或加热间将水集中加热后，通过热水管网输送到整幢或几幢建筑的热水系统，称为集中热水供应系统。

优点：加热和其他设备集中设置，便于集中维护管理；加热设备热效率较高，热水成本较低；各热水使用场所不必设置加热装置，占用总建筑面积较少；使用较为方便、舒适。

缺点：设备、系统较复杂，建筑投资较大；需要有专门维护管理人员；管网较长，热损失较大；一旦建成后，改建、扩建较困难。

集中热水供应系统适用于热水用量较大、用水点比较集中的建筑。

3. 区域热水供应系统

在热电厂、区域性锅炉房或热交换站将水集中加热后，通过市政热力管网输送至整个建筑群、居民区、城市街坊或整个工业企业的热水系统，称为区域热水供应系统。例如，城市热力网水质符合用水要求，热力网工况允许时也可从热力网直接取水。

优点：便于集中统一维护管理和热能的综合利用；有利于减少环境污染；设备热效率和自动化程度较高；热水成本低，设备总容量小，占用总面积少；使用方便、舒适，保证率高。

缺点：设备、系统复杂，建设投资高；需要较高的维护管理水平；改建、扩建困难。

◆◆7.1.2 热水系统的组成

热水供应系统的组成因建筑类型和规模、热源情况、用水要求、加热和贮存设备的供应情况、建筑对美观和安静的要求等不同情况而异。图7-1所示为典型的集中热水供应系统。

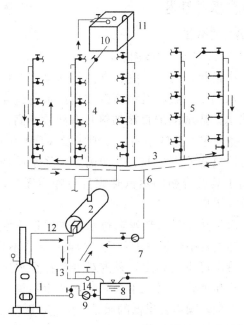

图7-1 热媒为蒸汽的集中热水系统

1—锅炉；2—水加热器；3—配水干管；4—配水立管；5—回水立管；6—回水干管；
7—循环泵；8—凝结水池；9—冷凝水泵；10—给水水箱；11—透气管；
12—热媒蒸汽管；13—凝水管；14—疏水器

（1）热媒系统（第一循环系统）：由热源、水加热器和热媒管网组成。由锅炉生产的蒸汽（或高温热水）通过热媒管网送到水加热器加热冷水，经过热交换蒸汽变成冷凝水，靠余压经疏水器流到冷凝水池，冷凝水和新补充的软化水经冷凝循环泵再送回锅炉加热为蒸汽，如此循环完成热的传递作用。对于区域性热水系统不需设置锅炉，水加热器的热媒管道和冷凝水管道直接与热力网连接。

(2) 热水供水系统（第二循环系统）：由热水配水管网和回水管网组成。被加热到一定温度的热水，从水加热器出来经配水管网送至各个热水配水点，而水加热器的冷水由高位水箱或给水管网补给。为保证各用水点随时都有规定水温的热水，在立管和水平干管甚至支管设置回水管，使一定量的热水经过循环水泵流回水加热器，以补充管网所散失的热量。

(3) 附件：包括蒸汽、热水的控制附件及管道的连接附件，如温度自动调节器、疏水器、减压阀、安全阀、自动排气阀、膨胀罐、管道伸缩器、闸阀、水嘴等。

◆◆7.1.3　热水系统的分类

1. 根据热水加热方式分类

热水系统可分为直接加热和间接加热，如图 7-2 所示。

直接加热也称一次换热，是以燃气、燃油、燃煤为燃料的热水锅炉，把冷水直接加热到所需热水温度，或者是将蒸汽或高温水通过穿孔管或喷射器直接通入冷水混合制备热水。热水锅炉直接加热具有热效率高、节能的特点；蒸汽直接加热方式具有设备简单、热效率高、无须冷凝水管的优点，但存在噪声大、对蒸汽质量要求高、冷凝水不能回收、热源需大量经水质处理的补充水、运行费用高等缺点。适用于具有合格的蒸汽热媒且对噪声无严格要求的公共浴室、洗衣房、工矿、企业等用户。

间接加热也称二次换热，是将热媒通过水加热器把热量传递给冷水达到加热冷水的目的，在加热过程中热媒（如蒸汽）与被加热水不直接接触。

优点：回收的冷凝水可重复利用，只需对少量补充水进行软化处理，运行费用低，且加热时不产生噪声，蒸汽不会对热水产生污染，供水安全稳定。适用于要求供水稳定、安全，噪声要求低的旅馆、住宅、医院、办公楼等建筑。

2. 根据热水管网的压力工况分类

热水系统可分为开式和闭式，如图 7-3 所示。

开式热水供水方式，即在所有配水点关闭后，系统内的水仍与大气相通，如图 7-3 (a) 所示。

优点：一般在管网顶部设有高位冷水箱和膨胀管或高位开式加热水箱，系统内的水压仅取决于水箱的设置高度，而不受室外给水管网水压波动的影响，可保证系统水压稳定和供水安全、可靠。

缺点：高位水箱占用建筑空间和开式水箱易受外界污染。该方式适用于用户要求水压稳定，且允许设高位水箱的热水系统。

闭式热水供水方式，即在所有配水点关闭后，整个系统与大气隔绝，形成

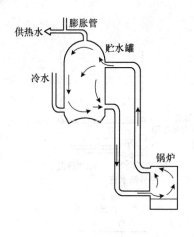

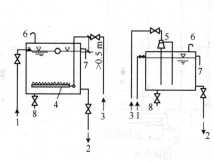

(a)热水锅炉直接加热　　　(b)蒸汽多孔管直接加热　(c)蒸汽喷射器混合直接加热

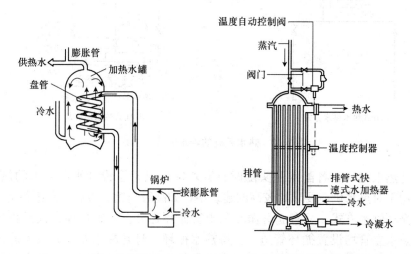

(d)热水锅炉间接加热　　　　　(e)蒸汽-水加热器间接加热

图 7-2　热水系统的给水方式（一）

1—给水；2—热水；3—蒸汽；4—多孔管；5—喷射器；6—通气管；7—溢水管；8—泄水管

密闭系统，如图 7-3（b）所示。该方式中应采用设有安全阀的承压水加热器，有条件时还应考虑设置压力膨胀罐，以确保系统安全运转。闭式热水供水方式具有管路简单、水质不易受外界污染的优点，但供水水压稳定性较差，安全可靠性较差，适用于不宜设置高位水箱的热水供应系统。

3. 根据热水管网设置循环管网的方式分类

热水系统可分为全循环、半循环和无循环方式，如图 7-4 所示。

全循环供水方式，是指热水干管、热水立管和热水支管都设置相应循环管

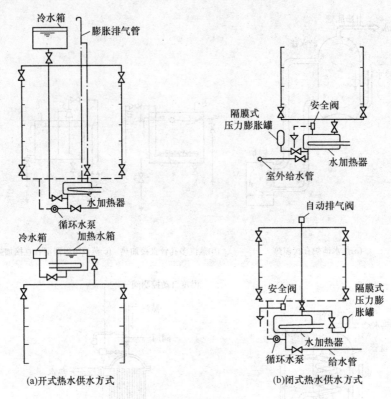

(a)开式热水供水方式　　　　　(b)闭式热水供水方式

图 7-3　热水系统的给水方式（二）

道，保持热水循环，各配水龙头随时打开均能提供符合设计水温要求的热水。该方式用于对热水供应要求比较高的建筑中，如高级宾馆、饭店、高级住宅等。

半循环供水方式，又有立管循环和干管循环之分。立管循环方式是指热水干管和热水立管均设置循环管道，保持热水循环，打开配水龙头时只需放掉热水支管中少量的存水，就能获得规定水温的热水。该方式多用于设有全日供应热水的建筑和设有定时供应热水的高层建筑中。干管循环方式是指仅热水干管设置循环管道，保持热水循环，多用于采用定时供应热水的建筑中。在热水供应前，先用循环泵把干管中已冷却的存水循环加热，当打开配水龙头时只需放掉立管和支管内的冷水就可流出符合要求的热水。

无循环供水方式，是指在热水管网中不设任何循环管道。对于热水供应系统较小、使用要求不高的定时热水供应系统，如公共浴室、洗衣房等可采用此方式。

4. 根据热水管网运行方式分类

热水系统可分为全天循环方式和定时循环方式。

全天循环方式，即全天任何时刻，管网中都维持有不低于循环流量的流量，

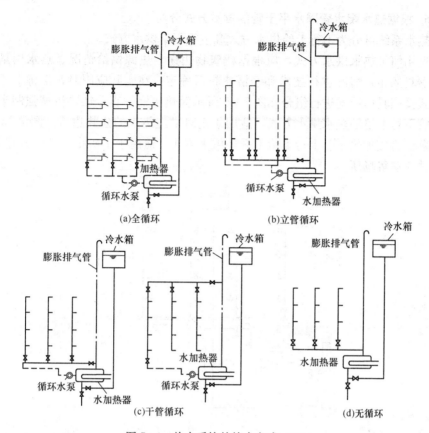

图 7 - 4   热水系统的给水方式（三）

使设计管段的水温在任何时刻都保持不低于设计的温度。定时循环方式，即在集中使用热水前，利用水泵和回水管道使管网中已经冷却的水强制循环加热，在热水管道中的热水达到规定温度后再开始使用的循环方式。

5. 根据热水管网采用的循环动力方式分类

热水系统可分为自然循环方式和机械循环方式。

自然循环方式，即利用热水管网中配水管和回水管内的温度差所形成的自然循环作用水头（自然压力），使管网内维持一定的循环流量，以补偿热损失，保持一定的供水温度。因一般配水管与回水管内的水温差仅为 5～10℃，自然循环作用水头值很小，所以实际使用自然循环的很少，尤其对于中、大型建筑采用自然循环有一定困难。

机械循环方式，即利用水泵强制水在热水管网内循环，造成一定的循环流量，以补偿管网热损失，维持一定的水温。目前，实际运行的热水供应系统多数采用这种循环方式。

6. 根据热水配水管网水平干管的位置方式分类

热水系统可分为下行上给供水方式和上行下给供水方式。

选用何种热水供水方式，应根据建筑物用途、热源供给情况、热水用量和卫生器具的布置情况进行技术和经济比较后确定。在实际应用时，常将上述各种方式按照具体情况进行组合，图7-5所示为热水锅炉直接加热机械强制半循环干管下行上给的热水供水方式，适用于定时供应热水的公共建筑。图7-6所示为蒸汽直接加热干管上行下给不循环供水方式，适用于工矿企业的公共建筑、公共洗衣房等场所。

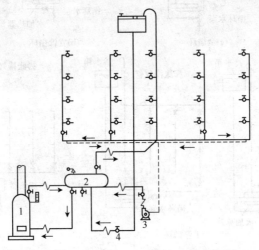

图7-5 干管下行上给机械半循环方式

1—热水锅炉；2—热水贮罐；3—循环泵；4—给水管

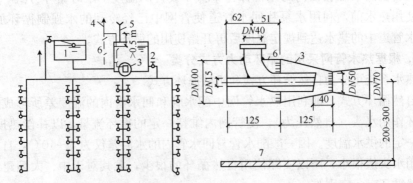

图7-6 直接加热上行下给不循环方式（单位：mm）

1—冷水箱；2—加热水箱；3—消声喷射器；4—排气阀；5—透气管；
6—蒸汽管；7—热水箱底

◆◆ 7.1.4 热水系统的水质

生产用热水的水质应根据生产工艺要求确定。由于水在加热后钙、镁离子受热析出，在设备和管道内结垢；水中的溶解氧也因受热逸出，加速金属管材的腐蚀，因此，集中热水供应系统的被加热水，应根据水量、水质、使用要求、工程投资、管理制度及设备维修和设备折旧率计算标准等多种因素，来确定是否需要进行水质处理。在一般情况下，日用水量小于 $10m^3$（按 $60℃$ 计算）的热水供应系统，其被加热水可不进行水质处理；日用水量大于等于 $10m^3$（按 $60℃$ 计算），且原水总硬度大于 $357mg/L$ 时，洗衣房用热水应进行处理，经济条件允许时，其他用水也宜进行水质处理。水质软化处理的传统方法有药剂法和离子交换法两类。近年来，国内专业人员通过研制、引进、吸收和消化，已开发生产出聚磷酸盐水稳剂（归丽晶）、超强磁水器、静电除垢器、电子除垢器、碳铝水处理器、防腐消声处理器等多种新型的水处理装置。除氧装置也在一些热水用量较大的高级宾馆等建筑中采用。

◆◆ 7.1.5 热水系统的水温

热水系统计算使用的冷水水温应以当地最冷月平均水温为依据。如无当地冷水温度资料时，可按表 7-1 确定。

表 7-1	冷水计算温度	（单位：℃）
分区	地面水水温	地下水温度
第 1 分区	4	6～10
第 2 分区	4	10～15
第 3 分区	5	15～20
第 4 分区	10～15	20
第 5 分区	7	15～20

生活用热水水温应满足生活使用的各种需要。水温过高，会使热水系统的设备、管道结垢速度加快，并易发生烫伤人体事故。生活用热水锅炉或水加热器出口的最高水温和配水点的最低水温可按表 7-2 确定。当热水供应系统的供水仅用于盥洗和沐浴（不包括洗涤）时，热水锅炉和水加热器出口的最高温度可以降低，只要保证卫生器具配水点最低水温不低于 $40℃$ 即可。生产用热水水温应根据生产工艺要求确定。

表7-2　　　　　直接供应热水的热水锅炉、热水机组或水加热器
出口的最高水温和配水点的最低水温　　　　　（单位：℃）

水质处理情况	热水锅炉、热水机组或水加热器出口的最高水温	配水点的最低水温
原水水质无须软化处理，原水水质需水质处理且有水质处理	75	50
原水水质需水质处理但未进行水质处理	60	50

注：当热水供应系统只供淋浴和盥洗用，不供洗涤盆（池）洗涤用水时，配水点最低水温可不低于40℃。

◈◈7.1.6　热水系统的水量

（1）根据建筑物的使用性质和内部卫生器具的完善程度来确定，其水温按60℃计算，见表7-3。

表7-3　　　　　　　　　　　热水用水定额

序号	建筑物名称	单位	最高日用水定额/L	使用时间/h
1	住宅 　有自备热水供应和淋浴设备 　有集中热水供应和淋浴设备	每人每日 每人每日	40～80 60～100	24
2	别墅	每人每日	70～110	24
3	单身职工宿舍、学生宿舍、招待所、培训中心普通旅馆 　设公共盥洗室 　设公共盥洗室、淋浴室 　设公共盥洗室、淋浴室、洗衣室 　设单独卫生间、公共洗衣室	每人每日 每人每日 每人每日 每人每日	25～40 40～60 50～80 60～100	24或定时供应
4	宾馆客房 　旅客 　员工	每床位每日 每人每日	120～160 40～50	24

续表

序号	建筑物名称	单位	最高日用水定额/L	使用时间/h
5	医院住院部			
	设公共盥洗室	每床位每日	60～100	24
	设公共盥洗室、淋浴室	每床位每日	70～130	
	设单独卫生间	每床位每日	110～200	
	医务人员	每人每班	70～130	8
	门诊部、诊疗所	每病人每次	7～13	
	疗养院、休养所	每床位每日	100～160	24
6	养老院	每病床每日	50～70	24
7	幼儿园、托儿所			
	有住宿	每儿童每日	20～40	24
	无住宿	每儿童每日	10～15	10
8	公共浴室			
	淋浴	每顾客每次	40～60	12
	淋浴、浴盆	每顾客每次	60～100	
	桑拿浴（淋浴、按摩池）	每顾客每次	70～100	
9	理发室、美容院	每顾客每次	10～15	12
10	洗衣房	每千克干衣	15～30	8
11	餐饮厅			
	营业餐厅	每顾客每次	15～20	10～12
	快餐店、职工及学生食堂	每顾客每次	7～10	11
	酒吧、咖啡厅、茶座、卡拉 OK 房	每顾客每次	3～8	18
12	办公楼	每人每班	5～10	8
13	健身中心	每人每次	15～25	12
14	体育场（馆）			
	运动员淋浴	每人每次	25～35	4
15	会议厅	每座位每次	2～3	4

注：1. 表内所列用水定额均已包括在给水用水定额中。

　　2. 本表 60℃ 热水水温为计算温度。

　　（2）根据建筑物使用性质和内部卫生器具的单位用水量来确定。卫生器具 1 次和 1h 热水用水定额，其水温随卫生器具不同，水温要求也不同，见表 7 4。

表 7 - 4　　　　卫生器具的 1 次和 1h 热水用水定额及水温

序号	卫生器具名称	1 次用水量/L	1h 用水量/L	水温/℃
1	住宅、旅馆、别墅、宾馆			
	带有淋浴器的浴盆	150	300	40
	无淋浴器的浴盆	125	250	40
	淋浴器	70～100	140～200	37～40
	洗脸盆、盥洗槽水嘴	3	30	30
	洗涤盆（池）	—	180	50
2	集体宿舍、招待所、培训中心淋浴器			
	有淋浴小间	70～100	210～300	37～40
	无淋浴小间		450	37～40
	盥洗槽水嘴	3～5	50～80	30
3	餐饮业			
	洗涤盆（池）	—	250	50
	洗脸盆、工作人员用	3	60	30
	顾客用		120	30
	淋浴器	40	400	37～40
4	幼儿园、托儿所			
	浴盆：幼儿园	100	400	35
	托儿所	30	120	35
	淋浴器：幼儿园	30	180	35
	托儿所	15	90	35
	盥洗槽水龙头	15	25	30
	洗涤盆（池）	—	180	50
5	医院、疗养院、休养所			
	洗手盆	—	15～25	35
	洗涤盆（池）		300	50
	浴盆	125～150	250～300	40
6	公共浴室			
	浴盆	125	250	40
	淋浴器：有淋浴小间	100～150	200～300	37～40
	无淋浴小间	—	450～540	37～40
	洗脸盆	5	50～80	35

续表

序号	卫生器具名称	1 次用水量 /L	1h 用水量 /L	水温 /℃
7	办公楼、洗手盆	—	50～100	35
8	理发室、美容院、洗脸盆	—	35	35
9	实验室			
	洗脸盆	—	60	50
	洗手盆	—	15～25	30
10	剧场			
	淋浴器	60	200～400	37～40
	演员用洗脸盆	5	80	35
11	体育场所			
	淋浴器	30	300	35
12	工业企业生活间			
	淋浴器：一般车间	40	360～540	37～40
	脏车间	60	180～480	40
	脸盆或盥洗槽水嘴			
	一般车间	3	90～120	30
	脏车间	5	100～150	35
13	净身器	10～15	120～180	30

注：一般车间指现行的《工业企业设计卫生标准》（GBZ 1—2010）中规定的 3、4 级卫生特征的车间，脏车间指该标准中规定的 1、2 级卫生特征的车间。

◆◆◆ 7.1.7 热水系统的管材

1. 管材

（1）热水供应系统的管材和管件，应符合现行产品标准的要求。

（2）热水管道的工作压力和工作温度不得大于产品标准标定的允许工作压力和工作温度。

1）聚丙烯（PPR）管：应采用公称压力不低于 2.0MPa 等级的管材、管件。

2）交联聚乙烯（PEX）管：其使用温度、允许工作压力及使用寿命参见有关规定。

3）PVC 管：多层建筑可采用 S5 系列，高层建筑可采用 S4 系列（不得用于主干管和泵房），室外可采用 S5 系列。

（3）热水管道应选用耐腐蚀、安装连接方便可靠、符合饮用水卫生要求的管材及其相应的配件。一般可采用薄壁铜管、薄壁不锈钢管、塑料热水管、塑料和金属复合热水管等。住宅入户管敷设在垫层内时，可采用聚丙烯（PPR）管、聚丁烯管（PB）、交联聚乙烯（PEX）管等软管。

2. 附件

（1）自动温度调节装置。热水供应系统中为实现节能节水、安全供水，在水加热设备的热媒管道上应装设自动温度调节装置来控制出水温度。自动调温装置有直接式和电动式两种类型。直接式自动调温装置由温包、感温原件和自动调节阀组成，其构造原理如图 7-7 所示。其安装方法如图 7-8（a）所示，温度调节阀必须垂直安装，温包内装有低沸点液体，插装在水加热器出口的附近，感受热水温度的变化，产生压力升降，并通过毛细导管传至调节阀，通过改变阀门的开启度来调节进入加热器的热媒流量，起到自动调温的作用。

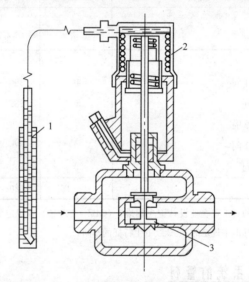

图 7-7　自动温度调节器构造
1—温包；2—感温原件；3—调温阀

电动式自动调温装置由温包、电触点压力式温度计、电动调节阀和电气控制装置组成，其装置方法如图 7-8（b）所示。温包插装在水加热器出口的附近，感受热水温度的变化，产生压力升降，并传导到电触点压力式温度计。电触点压力式温度计内装有所需温度控制范围内的上、下两个触点，如 60～70℃，当加热器的出水温度过高，压力表指针与 70℃触点接通，电动调节阀门关小；当水温降低，压力表指针与 60℃触点接通，电动调节阀门开大。如果水温在规定范围内，压力表指针处于上、下触点之间，电动调节阀门停止动作。

（2）疏水器。热水供应系统以蒸汽作为热媒时，为保证凝结水及时排放，

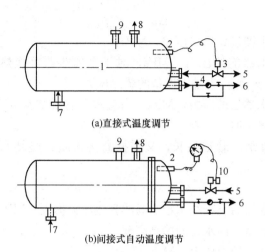

(a)直接式温度调节

(b)间接式自动温度调节

图 7-8 自动温度调节器安装示意图

1—加热设备；2—温包；3—自动调节阀；4—疏水器；5—蒸汽；6—凝结水；

7—冷水；8—热水；9—安全阀；10—电动调节阀

同时又防止蒸汽漏失，在每台用汽设备（如水加热器、开水器等）的凝结水回水管上应设疏水器，当水加热器的换热能确保凝结水回水温度不大于80℃时，可不装疏水器。蒸汽立管最低处、蒸汽管下凹处的下部宜设疏水器。

1）选用。疏水器按其工作压力有低压和高压两种，热水系统通常采用高压疏水器，一般可选用浮动式或热动力式疏水器。疏水器如仅作排除管道中冷凝积水时，可选用 $DN15$ 和 $DN20$ 两种规格。当用于排除水加热器等用汽设备的凝结水时，则疏水器管径应按下式计算后确定：

$$Q = k_0 G \tag{7-1}$$

式中　Q——疏水器最大排水量，kg/h；

　　　k_0——附加系数，见表7-5；

　　　G——水加热设备最大凝结水量，kg/h。

表 7-5　　　　　　　　　　　附 加 系 数 k_0

名称	附加系数 k_0		名称	附加系数 k_0	
	压差 $\Delta p \leqslant 0.2$MPa	压差 $\Delta p > 0.2$MPa		压差 $\Delta p \leqslant 0.2$MPa	压差 $\Delta p > 0.2$MPa
上开口浮筒式疏水器	3.0	4.0	浮球式疏水器	2.5	3.0
下开口浮筒式疏水器	2.0	2.5	喷嘴式疏水器	3.0	3.3
恒温式疏水器	3.5	4.0	热动力式疏水器	3.0	4.0

疏水器进出口压差 Δp，可按下式计算：

$$\Delta p = p_1 - p_2 \qquad (7-2)$$

式中　Δp——疏水器进、出口压差，MPa；

p_1——疏水器前的压力，MPa，对于水加热器等换热设备，可取 $p_1 = 0.7 p_2$（p_2 为进入设备的蒸汽压力）；

p_2——疏水器后的压力，MPa，当疏水器后凝结水管不抬高自流坡向开式水箱时 $p_2 = 0$。

当疏水器后凝结水管道较长，又需抬高接入闭式凝结水箱时，p_2 按下式计算：

$$p_2 = \Delta h + 0.01H + p_3 \qquad (7-3)$$

式中　Δh——疏水器后至凝结水箱之间的管道压力损失，MPa；

H——疏水器后回水管的抬高高度，m；

p_3——凝结水箱内压力，MPa。

2）安装。

①疏水器的安装位置应便于检修，并尽量靠近用汽设备，安装高度应低于设备或蒸汽管道底部 150mm 以上，以便凝结水排出。

②浮筒式或钟形浮子式疏水器应水平安装。

③加热设备宜各自单独安装疏水器，以保证系统正常工作。

④疏水器一般不装设旁通管，但对于特别重要的加热设备，如不允许短时间中断排除凝结水或生产上要求速热时，可考虑装设旁通管。旁通管应在疏水器上方或同一平面上安装，避免在疏水器下方安装。

⑤当采用余压回水系统、回水管高于疏水器时，应在疏水器后装设止回阀。

⑥当疏水器距加热设备较远时，宜在疏水器与加热设备之间安装回汽支管，如图 7-9 所示。

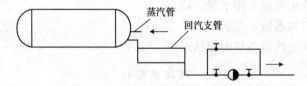

图 7-9　回汽支管的安装

⑦当凝结水量很大时，疏水器并联安装。并联安装的疏水器应同型号、同规格，一般适宜并联两个或三个疏水器，且必须安装在同一平面内。

⑧疏水器的安装方式，如图 7-10 所示。

（3）减压阀。热水供应系统中的加热器常以蒸汽为热媒，若蒸汽管道供应的压力大于水加热器的需求压力，则应设减压阀把蒸汽压力降到需要值，这样才能保证设备使用安全。

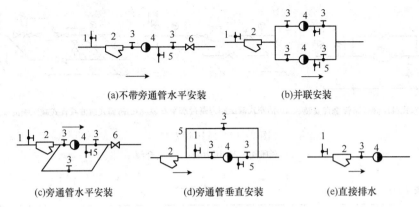

(a)不带旁通管水平安装　　　　　(b)并联安装

(c)旁通管水平安装　　　(d)旁通管垂直安装　　　(e)直接排水

图7-10　疏水器的安装方式

1—冲洗管；2—过滤器；3—截止阀；4—疏水器；5—检查管；6—止回阀

　　减压阀是利用流体通过阀瓣产生阻力而减压，并达到所求值的自动调节阀，其阀后压力可在一定范围内进行调整。减压阀按其结构形式，可分为薄膜式、活塞式和波纹管式三类。图7-11所示为Y43H-16型活塞式减压阀的构造示意图。

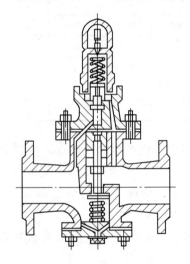

　　1）蒸汽减压阀的选择与计算。蒸汽减压阀的选择应根据蒸汽流量计算出所需阀孔截面积，然后查阅有关产品样本，确定阀门公称直径。当无资料时，可按高压蒸汽管路的公称直径选用相同孔径的减压阀。蒸汽减压阀阀孔截面积可按下式计算：

$$f = \frac{G}{0.6q} \qquad (7-4)$$

式中　　f——所需阀孔截面积，cm^2；

　　　　G——蒸汽流量，kg/h；

　　　　0.6——减压阀流量系数；

　　　　q——通过每平方厘米阀孔截面的理论流量，$kg/(cm^2 \cdot h)$。

图7-11　Y43H-16型
活塞式减压阀

　　2）蒸汽减压阀的安装。

　　①减压阀应安装在水平管段上，阀体应保持垂直。

　　②阀前、阀后均应安装闸阀和压力表，阀后应装设安全阀，一般情况下还应设置旁路管，如图7-12所示，其中各部分的安装尺寸见表7-6。

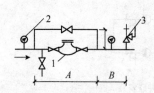
(a)活塞式减压阀旁路管垂直安装

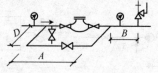
(b)活塞式减压阀旁路管水平安装

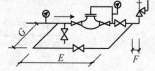
(c)薄膜式或波纹管式减压阀的安装

图 7-12　减压阀安装

1—减压阀；2—压力表；3—安全阀

表 7-6　　　　　　　　　　　减压阀安装尺寸

减压阀公称直径 DN	A	B	C	D	E	F	G
25	1100	400	350	200	1350	250	200
32	1100	400	350	200	1350	250	200
40	1300	500	400	250	1500	300	250
50	1400	500	450	250	1600	300	250
65	1400	500	500	300	1650	350	300
80	1500	550	650	350	1750	350	350
100	1600	550	750	400	1850	400	400
125	1800	600	800	450	—	—	—
150	2000	650	850	500	—	—	—

（4）自动排气阀。为排除热水管道系统中热水汽化产生的气体（溶解氧和二氧化碳），以保证管内热水畅通，防止管道腐蚀，上行下给式系统的配水干管最高处应设自动排气阀。图 7-13（a）所示为自动排气阀的构造示意图，图 7-13（b）所示为其装置位置。

（5）泄水装置。在热水管道系统的最低点和向下凹的管段，应设池水装置或利用最低配水点泄水，以便在维修时放空管道中存水。

（6）压力表。

1）密闭系统中的水加热器、贮水器、锅炉、分汽缸、分水器、集水器等各种承压设备均应装设压力表，以便于操作人员观察其运行工况，做好运行工况和运行记录，并可以减少和避免一些偶然的不安全事故。

2）热水加压泵、循环水泵的出水管（必要时含吸水管）上，应装设压力表。

3）压力表的精度不应低于 2.5 级，即允许误差为表刻度极限值的 1.5%。

4）压力表盘刻度极限值宜为工作压力的 2 倍，表盘直径不应小于 100mm。

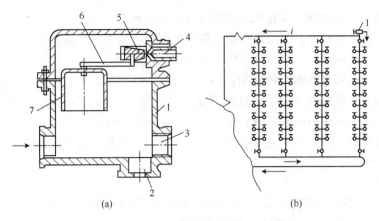

图 7-13   自动排气阀及其装置位置

1—排气阀体；2—直角安装出水口；3—水平安装出水口；4—阀座；

5—滑阀；6—杠杆；7—浮钟

5）装设位置应便于操作人员观察与清洗，且应避免受辐射热、冻结或振动的不利影响。

6）用于水蒸气介质的压力表，在压力表与设备之间应装存水弯管。

（7）膨胀管、膨胀水罐和安全阀。在集中热水供应系统中，冷水被加热后，水的体积要膨胀，如果热水系统是密闭的，在卫生器具不用水时，必然会增加系统的压力，有胀裂管道的危险，因此需要设置膨胀管、安全阀或膨胀水罐。

1）膨胀管。膨胀管用于由高位冷水箱向水加热器供应冷水的开式热水系统，膨胀管的设置应符合下列要求：

①当热水系统由生活饮用高位冷水箱补水时，不得将膨胀管引至高位冷水箱上空，以防止热水系统中的水体升温膨胀时，将膨胀的水量返至生活用冷水箱，引起该水箱内水体的热污染。通常可将膨胀管引入同一建筑物的中水供水箱、专用消防供水箱（不与生活用水共用的消防水箱）等非生活饮用水箱的上空，其设置高度应按下式计算：

$$h = H\left(\frac{\rho_1}{\rho_r} - 1\right) \qquad (7-5)$$

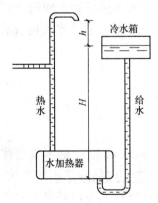

图 7-14   膨胀管安装

高度计算用图

式中 h——膨胀管高出生活饮用高位水箱水面的垂直高度，m，如图 7-14 所示；

H——锅炉、水加热器底部至生活饮用高位水箱水面的高度，m；

ρ_1——冷水密度，kg/m³；

ρ_r——热水密度，kg/m³。

注：膨胀管出口离接入水箱水面的高度不少于100mm。

②热水供水系统上如设置膨胀水箱，其容积应按下式计算：

$$V_p = 0.000\ 6tV_s \qquad (7-6)$$

式中　V_p——膨胀水箱有效容积，L；

　　　t——系统内水的最大温差，℃；

　　　V_s——系统内的水容量，L。

膨胀水箱水面高出系统冷水补给水箱水面的垂直高度按下式计算：

$$h = H\left(\frac{\rho_h}{\rho_r} - 1\right) \qquad (7-7)$$

式中　h——膨胀水箱水面高出系统冷水补给水箱水面的垂直高度，m；

　　　H——锅炉、水加热器底部至系统冷水补给水箱水面的高度，m；

　　　ρ_h——热水回水密度，kg/m^3；

　　　ρ_r——热水供水密度，kg/m^3。

③膨胀管上如有冻结可能时，应采取保温措施。

④膨胀管的最小管径按表7-7确定。

表7-7　　　　　　　　　　膨胀管的最小管径

锅炉或水加热器的传热面积/m^2	<10	≥10 且<15	≥15 且<20	≥20
膨胀管最小直径/mm	25	32	40	50

⑤对多台锅炉或水加热器，宜分设膨胀管。

⑥膨胀管上严禁装设阀门。

2）膨胀水罐。闭式热水供应系统的日用热水量大于$10m^3$时，应设压力膨胀水罐（隔膜式或胶囊式）以吸收贮热设备及管道内水升温时的膨胀量，防止系统超压，保证系统安全运行。压力膨胀水罐宜设置在水加热器和止回阀之间的冷水进水管或热水回水管的分支管上。图7-15所示为隔膜式膨胀水罐构造示意。膨胀水罐总容积按下式计算：

$$V_e = H\frac{(\rho_f - \rho_r)}{(p_2 - p_1)}\frac{p_2}{\rho_r}V_s \qquad (7-8)$$

式中　V_e——膨胀水罐总容积，m^3；

　　　ρ_r——热水密度，kg/m^3；

　　　ρ_f——加热前加热、贮热设备内水的密度，kg/m^3。相应ρ_f的水温可按下述情况设计计算：加热设备为单台，且为定时供应热水的系统，可按进加热设备的冷水温度t_1计算；加热设备为多台的全日制热水供应系统，可按最低回水温度计算，其值一般可取40～50℃；

　　　p_1——膨胀水罐处管内水压力（绝对压力），MPa；

p_2——膨胀水罐处管内最大允许水压力（绝对压力），MPa，其数值可取 $1.05p_1$；

V_s——系统内热水总容积，m^3，当管网系统不大时，V_s 按水加热设备的容积计算。

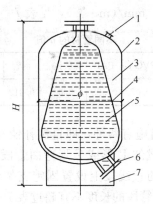

图 7-15 隔膜式膨胀水罐构造示意
1—充气嘴；2—外壳室；3—气室；4—隔膜；5—水室；6—接管口；7—罐口

3）安全阀。闭式热水供应系统的日用热水量小于等于 $10m^3$ 时，可采用设安全阀泄压的措施。承压热水锅炉应设安全阀，并由制造厂配套提供。开式热水供应系统的热水锅炉和水加热器可不装安全阀（劳动部门有要求者除外）。设置安全阀的具体要求如下：

①水加热器宜采用微启式弹簧安全阀，安全阀应设防止随意调整螺钉的装置。

②安全阀的开启压力，一般取热水系统工作压力的 1.1 倍，但不得大于水加热器本体的设计压力（一般分为 0.6MPa、1.0MPa 和 1.6MPa 三种规格）。

③安全阀的直径应比计算值放大一级；一般实际工程应用中，对于水加热器用的安全阀，其阀座内径可比水加热器热水出水管管径小一号。

④安全阀应直立安装在水加热器的顶部。

⑤安全阀装设位置，应便于检修。其排出口应设导管将排泄的热水引至安全地点。

⑥安全阀与设备之间，不得装设取水管、引气管或阀门。

（8）自然补偿管道和伸缩器。热水系统中管道因受热膨胀而伸长，为保证管网使用安全，在热水管网上应采取补偿管道温度伸缩的措施，以避免管道因为承受了超过自身所许可的内应力而导致弯曲甚至破裂。管道的热伸长量按式（7-9）计算。

$$\Delta L = a(t_{2r} - t_{1r})L \qquad (7-9)$$

式中　ΔL——管道的热伸长（膨胀）量，mm；

　　　t_{2r}——管中热水最高温度，℃；

　　　t_{1r}——管道周围环境温度，℃，一般取 $t_{1r}=5$℃；

　　　L——计算管段长度，m；

　　　a——线膨胀系数，mm/(m·℃)，见表7-8。

表7-8　　　　　　　　　　　　不同管材的 a 值　　　　　　　　[单位:mm/(m·℃)]

管材	PP-R	PEX	PR	ABS	PVC-U	PAP	薄壁铜管	钢管	铝合金衬塑	PVC-C	薄壁不锈钢管
a	0.16	0.15	0.13	0.1	0.07	0.025	0.02	0.012	0.025	0.08	0.0166

　　补偿管道热伸长技术措施有两种，即自然补偿和设置伸缩器补偿。自然补偿即利用管道敷设自然形成的 L 形或 Z 形弯曲管段，来补偿管道的温度变形。通常的做法是在转弯前后的直线段上设置固定支架，让其伸缩在弯头处补偿，如图7-16所示。弯曲两侧管段的长度不宜超过表7-9所列数值。

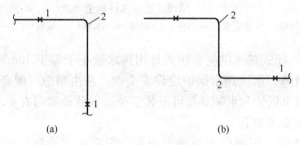

图7-16　自然补偿管

1—固定支架；2—弯管

表7-9　　　　　　　　　不同管材弯曲两侧管段允许的长度

管材	薄壁钢管	薄壁不锈钢管	衬塑钢管	PP-R	PEX	PB	塑管PAP
长度/m	10.0	10.0	8.0	1.5	1.5	2.0	3.0

　　当直线管段较长，不能依靠管路弯曲的自然补偿作用时，每隔一定距离应设置不锈钢波纹管、多球橡胶软管等伸缩器来补偿管道伸缩量。

　　热水管道系统中使用最方便、效果最佳的是波型伸缩器，即由不锈钢制成的波纹管，用法兰或螺纹连接，具有安装方便、节省面积、外形美观及耐高温、耐腐蚀、寿命长等优点。

　　另外，近年来也有在热水管中采用可曲挠橡胶接头代替伸缩器的做法，但必须注意采用耐热橡胶。

（9）分水器、集水器、分汽缸。

1）多个热水、蒸汽管道系统或多个较大热水、蒸汽用户均宜设置分水器、分汽缸，凡设分水器、分汽缸的热水、蒸汽系统，其回水管上宜设集水器。

2）分水器、分汽缸、集水器宜设置在热交换间、锅炉房等设备用房内，以方便维修、操作。

3）分水器等的管体直径应大于 2 倍最大接入管直径。其长度及总体设计应符合"压力容器"设计的有关规定。

◈◈7.1.8 热水系统的布置

1. 管道布置

上行下给式配水干管的最高点应设排气装置（自动排气阀、带手动放气阀的集气罐和膨胀水箱），下行上给配水系统可利用最高配水点放气。

下行上给热水供应系统的最低点应设泄水装置（泄水阀或丝堵等），有可能时也可利用最低配水点泄水。

当下行上给式热水系统设有循环管道时，其回水立管应在最高配水点以下约 0.5m 处与配水立管连接。上行下给式热水系统只需将循环管道与各立管连接。

热水立管与横管连接时，为避免管道伸缩应力破坏管网，应采用乙字弯的连接方式，如图 7-17 所示。

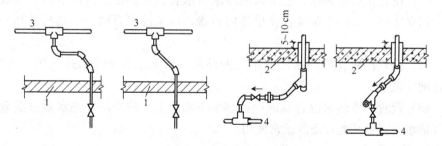

图 7-17   热水立管与水平干管的连接方式

1—吊顶；2—地板或沟盖板；3—配水横管；4—回水管

热水管道应设固定支架，一般设于伸缩器或自然补偿管道的两侧，其间距长度应满足管段的热伸长量不大于伸缩器所允许的补偿量，固定支架之间宜设导向支架。

为调节平衡热水管网的循环流量和检修时缩小停水范围，在配水、回水干管连接的分干管上，配水立管和回水立管的端点，以及居住建筑和公共建筑中每一用户或单元的热水支管上，均应装设阀门，如图 7-18 所示。

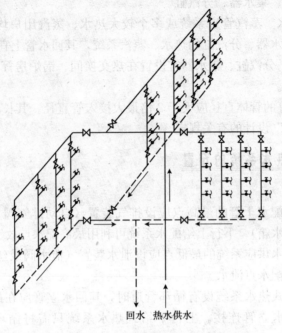

回水 热水供水

图 7-18 热水管网上阀门的安装位置

热水管网在下列管段上，应装设止回阀：

（1）设置在水加热器、贮水器的冷水供水管上，防止加热设备的升压或冷水管网水压降低时产生倒流，使设备内热水回流至冷水管网产生热污染和安全事故；

（2）设置在机械循环系统的第二循环回水管上，防止冷水进入热水系统，保证配水温度；

（3）设置在冷热水混合器的冷、热水供水管上，防止冷、热水通过混合器相互串水而影响其他设备的正常使用。

2. 管道敷设

热水管网有明设和暗设两种敷设方式。铜管、薄壁不锈钢管、衬塑钢管等可根据建筑、工艺要求暗设或明设。塑料热水管宜暗设，明设时立管宜布置在不受撞击处，如不可避免时，应在管外加防紫外线照射、防撞击的保护措施。热水管道暗设时，其横干管可敷设于地下室、技术设备层、管廊、吊顶或管沟内，其立管可敷设在管道竖井或墙壁竖向管槽内，支管可埋设在地面、楼板面的垫层内，但铜管和聚丁烯（PB）管埋于垫层内宜设保护套。暗设管道在便于检修地方装设阀门，装设阀门处应留检修门，以利于管道更换和维修。管沟内敷设的热水管应置于冷水管之上，并且进行保温。

热水管道穿过建筑物的楼板、墙壁和基础处应加套管，穿越屋面及地下室外墙时，应加防水套管以免管道膨胀时损坏建筑结构和管道设备。当穿过有可能发生积水的房间地面和楼板时，套管应高出地面 50～100mm。热水管道在吊顶内穿墙时，可预留孔洞。

热水横管均应保持有不小于 0.003 的坡度，配水横干管应沿水流方向上升，利于管道中的气体向高点聚集，便于排放；回水横管应沿水流方向下降，便于检修时泄水和排除罐内污物。这样布置还可保持配、回水管道坡向一致，便于施工安装。

室外热水管道一般为管沟内敷设，当不可能时，也可直埋敷设，其保温材料为聚氨酯硬质泡沫塑料，外做玻璃钢管壳，并做伸缩补偿处理。直埋管道的安装与敷设还应符合有关直埋供热管道工程技术规程的规定。

7.2 热水系统的计算

◆◆ 7.2.1 热水用水量的计算

设计小时热水量，可按下式计算：

$$Q_r = \frac{Q_h}{1.163(t_r - t_L)\rho_r} \tag{7-10}$$

式中 Q_r——设计小时热水量，L/h；

Q_h——设计小时耗热量，W；

t_r——设计热水温度，℃；

t_L——设计冷水温度，℃；

ρ_r——热水密度，kg/L。

◆◆ 7.2.2 热水量、冷水量和混合水量换算

在冷、热水混合时，应以配水点要求的热水水温、当地冷水计算水温和冷、热水混合后的使用水温求出所需热水量和冷水量的比例。若混合水量为 100%，则所需热水量占混合水量的百分数，按下式计算：

$$K_r = \frac{t_h - t_L}{t_r - t_L} \times 100\% \tag{7-11}$$

式中 K_r——热水混合系数；

t_h——混合水温度，℃；

t_L——冷水水温，℃；

t_r——热水水温，℃。

所需冷水量占混合水量的百分数，按下式计算：

$$K_L = 1 - K_r \qquad (7-12)$$

◆◆7.2.3　热水管网的水力计算

1. 管道水头损失计算

热水管网中单位长度水头损失和局部水头损失的计算，与冷水管道的计算方法和计算公式相同，但热水管道的计算内径 d_j 应考虑结垢和腐蚀引起过水断面缩小的因素，管道结垢造成的管径缩小量见表 7-10。

表 7-10　　　　　　　　管道结垢造成的管径缩小量

管道公称直径/mm	15~40	50~100	125~200
直径缩小量/mm	2.5	3.0	4.0

热水管道的水力计算，应根据采用的热水材料，选用相应的热水管道水力计算图表或公式进行计算。使用时应注意水力计算图表的使用条件，当工程的使用条件与制表条件不相符时，应根据各自规定作相应修正。

（1）当热水管采用交联聚乙烯（PE-X）管时，其管道水力坡降值可采用下式计算：

$$i = 0.000\,915\,\frac{q^{1.774}}{d_j^{4.774}} \qquad (7-13)$$

式中　i——管道水力坡降；

　　　q——管道内设计流量，m^3/s；

　　　d_j——管道计算内径，m。

如水温为 60℃，可以参照图 7-19 所示的 PE-X 管水力计算图选用管径；如水温高于或低于 60℃，可按表 7-11 修正。

表 7-11　　　　　　　　水头损失温度修正系数

水温/℃	10	20	30	40	50	60	70	80	90	95
修正系数	1.23	1.18	1.12	1.08	1.03	1.00	0.98	0.96	0.93	0.90

（2）当热水管采用聚丙烯（PP-R）管时，水头损失计算公式如下：

$$H_f = \lambda g \frac{L v^2}{d_j 2g} \qquad (7-14)$$

式中　H_f——管道沿程水头损失，m；

　　　λ——沿程阻力系数；

　　　L——管道长度，m；

　　　d_j——管道计算内径，m；

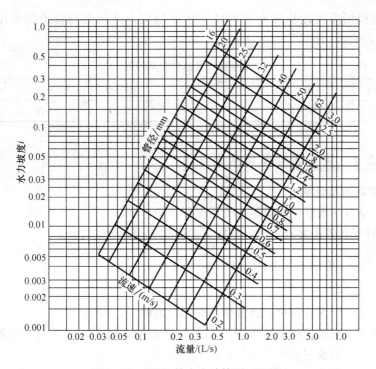

图 7-19 PE-X管水力计算图（60℃）

v——管道内水流平均速度，m/s；

g——重力加速度，m/s^2，一般取 9.81m/s^2。

2. 回水管管径确定

回水管网不配水，仅通过用以补偿配水管热损失的循环流量。回水管网各管段管径应按管中循环流量经计算确定。初步设计时，可参照表 7-12 确定。

表 7-12　　　　　　　　热水管网回水管管径选用

热水管网、配水管段管径 DN/mm	20~25	32	40	50	65	80	100	125	150	200
热水管网、回水管段管径 DN/mm	20	20	25	32	40	40	50	65	80	100

为保证各立管的循环效果，尽量减少干管的水头损失，热水配水干管和回水干管均不宜变径，可按其相应的最大管径确定。

3. 蒸汽管道计算

在热水供应系统中，以蒸汽作为热媒加热水，热媒蒸汽管道一般按管道的允许流速和相应的比压降确定管径和水头损失。高压蒸汽管道的常用流速见表7-13。

表7-13　　　　　　　　高压蒸汽管道的常用流速

管径/mm	15～20	25～32	40	50～80	100～150	≥200
流速/(m/s)	10～15	15～20	20～25	25～35	30～40	40～60

◆◆7.2.4　热水系统循环水量计算

1. 循环流量计算

(1) 全日热水供应系统热水管网循环流量计算。

1) 计算各管段终点水温，可按下述面积比温降方法计算：

$$\Delta t = \frac{\Delta T}{F} \tag{7-15}$$

$$t_z = t_c - \Delta t \sum f \tag{7-16}$$

式中　Δt——配水管网中计算管路的面积比温降，℃/m²；

　　ΔT——配水管网中计算管路起点和终点的水温差，按系统大小确定，一般取 $\Delta T = 5\sim10$℃；

　　F——计算管路配水管网的总外表面积，m²；

　　$\sum f$——计算管段终点以前的配水管网的总外表面积，m²；

　　t_c——计算管段的起点水温，℃；

　　t_z——计算管段的终点水温，℃。

2) 计算配水管网各管段的热损失，可按下式计算：

$$q_s = \pi DLK(i-\eta)\left(\frac{t_c+t_z}{2}-t_i\right) \tag{7-17}$$

式中　q_s——计算管段热损失，W；

　　D——计算管段外径，m；

　　L——计算管段长度，m；

　　K——无保温时管道的传热系数，W/(m²·℃)；

　　η——保温系数，无保温时 $\eta=0$，简单保温时 $\eta=0.6$，较好保温时 $\eta=0.7\sim0.8$；

　　t_c——计算管段的起点水温，℃；

　　t_z——计算管段的终点水温，℃；

　　t_i——计算管道周围的空气温度，℃，可按表7-14确定。

表 7 - 14　　　　　　　　　　　　管道周围的空气温度

管道敷设情况	$t_i/℃$
采暖房间内明管敷设	18～20
采暖房间内暗管敷设	30
敷设在不采暖房间的顶棚内	采用一月份室外平均温度
敷设在不采暖的地下室内	5～10
敷设在室内地下管沟内	35

3）计算配水管网总的热损失时，将各管段的热损失相加便得到配水管网总的热损失 Q_s，即 $Q_s = \sum_{i=1}^{n} q_n$。初步设计时，Q_s 也可按设计小时耗热量的 3%～5%来估算，其上、下限可视系统的大、小而定：系统服务范围大，配水管线长，可取上限；反之，取下限。

4）计算总循环流量时，求解 Q_s 的目的在于计算管网的循环流量。循环流量是为了补偿配水管网在用水低峰时管道向周围散失的热量。保持循环流量在管网中循环流动，不断向管网补充热量，保证了各配水点的水温。管网的热损失只计算配水管网散失的热量。全日供应热水系统的总循环流量 q_x 为

$$q_x = \frac{Q_s}{c\Delta T \rho_r} \tag{7-18}$$

式中　q_x——全日热水供应系统的总循环流量，L/s；

　　　Q_s——配水管网的热损失，W；

　　　c——水的比热容，$c = 4.187\text{J}/(\text{kg} \cdot ℃)$；

　　　ΔT——配水管网中计算管路起点和终点的水温差，其取值根据系统的大小而定；

　　　ρ_r——热水密度，kg/L。

5）计算循环管路各管段通过的循环流量时，在确定 q_x 后，可从水加热器后第一个节点起依次进行循环流量分配，如图 7 - 20 所示。通过管段Ⅰ的循环流量 q_{Ix} 即为 q_x，用以补偿整个配水管网的热损失，流入节点 1 的流量用 q_{Ix} 以补偿 1 点之后各管段的热损失，即 $q_{As} + q_{Bs} + q_{Cs} + q_{IIs} + q_{IIIs}$，$q_{Ix}$ 又分流入 A 管段和Ⅱ管段，其循环流量分别为 q_{Ax} 和 q_{IIx}。根据节点流量守恒原理：$q_{Ix} = q_{Ix}$，$q_{IIx} = q_{Ix} - q_{Ax}$。$q_{IIx}$ 补偿管段Ⅱ、Ⅲ、B、C 的热损失，即 $q_{IIs} + q_{IIIs} + q_{Bs} + q_{Cs}$，$q_{Ax}$ 补偿管段 A 的热损 q_{As}。

按照循环流量与热损失成正比和热平衡关系，q_{IIx} 可按下式确定：

$$q_{IIx} = q_{Ix} \frac{q_{Bs} + q_{Cs} + q_{IIs} + q_{IIIs}}{q_{As} + q_{IIIs} + q_{Cs} + q_{IIs} + q_{IIIs}} \tag{7-19}$$

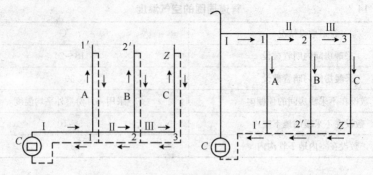

图 7 - 20   计算用图（一）

　　流入节点 2 的流量 q_{2x} 用以补偿 2 点之后各管段的热损失，即 $q_{Bs}+q_{Cs}+q_{\mathrm{III}s}$，$q_2$：$q_{2x}$ 又分流入 B 管段和 Ⅲ 管段，其 0 循环流量分别为 q_{Bx} 和 $q_{\mathrm{III}x}$。根据节点流量守恒原理：$q_{2x}=q_{\mathrm{III}x}$，$q_{\mathrm{III}x}=q_{\mathrm{II}x}-q_{Bx}$。$q_{\mathrm{III}x}$ 补偿管段 Ⅲ 和 C 的热损失，即 $q_{Cs}+q_{\mathrm{III}s}$，q_{Bx} 补偿管段 B 的热损失 q_{Bs}。同理可得

$$q_{\mathrm{III}x}=q_{\mathrm{II}x}\frac{q_{\mathrm{III}x}+q_{Cs}}{q_{Bs}+q_{\mathrm{III}s}+q_{Cs}} \qquad (7-20)$$

　　流入节点 3 的流量 q_{3x} 用以补偿 3 点之后管段 C 的热损失 q_{Cs}。根据节点流量守恒原理：$q_{3x}=q_{\mathrm{III}x}$，$q_{\mathrm{III}x}=q_{Cx}$，管道 Ⅲ 的循环流量即为管段 C 的循环流量。

　　将上述公式简化为通用计算式，即

$$q_{(n+1)x}=q_{nx}\frac{\sum q_{(n+1)s}}{\sum q_{ns}} \qquad (7-21)$$

式中　q_{nx}，$q_{(n+1)x}$——分别为 n、$n+1$ 管段所通过的循环流量，L/s；

　　$\sum q_{ns}$，$\sum q_{(n+1)s}$——分别为 n、$n+1$ 管段及其后各管段的热损失之和，W。n、$n+1$ 管段如图 7 - 21 所示。

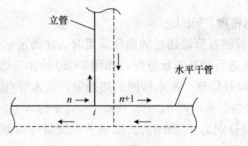

图 7 - 21   计算用图（二）

　　6）复核各管段的终点水温，计算公式为

$$t'_z=t_c-\frac{q_s}{cq'_x\rho_r} \qquad (7-22)$$

式中　t_z'——各管段终点水温，℃；

　　　t_c——各管段起点水温，℃；

　　　q_s——各管段的热损失，W；

　　　q_x'——各管段的循环流量，L/s；

　　　c——水的比热容，$c=4.187$J/(kg·℃)；

　　　ρ_r——热水密度，kg/L。

（2）定时热水供应系统机械循环管网循环流量计算。

定时热水供应系统的循环水泵大部分在供应热水前半小时开始运转，直到把水加热至规定温度，循环水泵即停止工作。因定时供应热水时用水较集中，故不考虑热水循环，循环水泵关闭。定时热水供应系统中热水循环流量的计算，按循环管网中的水每小时循环的次数来确定，一般按2～4次计算，系统较大时取下限；反之取上限。循环水泵的出水量即热水循环流量：

$$Q_b \geqslant (2\sim4)V \tag{7-23}$$

式中　Q_b——循环水泵的流量，L/h；

　　　V——热水循环管网系统的水容积，不包括无回水管的管段和加热设备的容积，L。

2. 循环水泵扬程计算

循环管网的总水头损失，计算公式为

$$H = 10(H_p + H_x) + H_j \tag{7-24}$$

式中　H——循环管网的总水头损失，kPa；

　　　H_p——循环流量通过配水计算管路的沿程和局部水头损失，kPa；

　　　H_x——循环流量通过回水计算管路的沿程和局部水头损失，kPa；

　　　H_j——循环流量通过水加热器的水头损失，kPa。

容积式水加热器、导流型容积式水加热器、半容积式水加热器和加热水箱，因容器内被加热水的流速一般较低（$v \leqslant 0.1$m/s），其流程短，故水头损失很小，在热水系统中可忽略不计。对于快速式水加热器，被加热水在其中流速较大，流程长，水头损失应以沿程和局部水头损失之和计算，即

$$\Delta H = 10 \times \left(\lambda \frac{L}{d_j} + \sum \xi\right)\frac{v^2}{2g} \tag{7-25}$$

式中　ΔH——快速式水加热器中热水的水头损失，kPa；

　　　λ——管道沿程阻力系数；

　　　L——被加热水的流程长度，m；

　　　d_j——传热管计算管径，m；

　　　ξ——局部阻力系数，可参照图7-22，按表7-15选用；

　　　v——被加热水的流速，m/s；

g——重力加速度，m/s^2，一般取$9.81m/s^2$。

计算循环管路配水管及回水管的局部水头损失可按沿程水头损失的20%～30%估算。

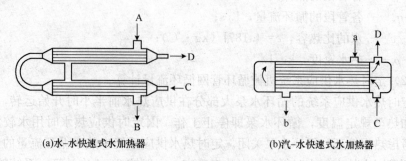

(a)水-水快速式水加热器　(b)汽-水快速式水加热器

图 7-22　快速式水加热器局部阻力构造

A—热媒水；a—热媒蒸汽；B—热媒回水；b—凝结水；C—冷水；D—热水

表 7-15　　　　　　　快速式水加热器局部阻力系数 ξ 值

水加热器类型	局部阻力形式		ξ值
水-水快速式 水加热器	热媒管道	水室到管束或管束到水室	0.5
		经水室转180°由一管束到另一管束	2.5
	热水管道	与管束垂直进入管间	1.5
		与管束垂直流出管间	1.0
		在管间绕过支承板	0.5
		在管间由一段到另一段	2.5
汽-水快速式 水加热器	热媒管道	与管束垂直的水室进口或出口	0.75
		经水室转180°	1.5
	热水管道	与管束垂直进入管间	1.5
		与管束垂直流出管间	1.0

3. 循环水泵计算

热水循环水泵通常安装在回水干管的末端，热水循环水泵宜选用热水泵，水泵壳体承受的工作压力不得小于其所承受的静水压力加水泵扬程。循环水泵宜设备用泵，交替运行。循环水泵的流量计算公式为

$$Q_b \geqslant q_x \tag{7-26}$$

式中　Q_b——循环水泵的流量，L/s；

　　　q_x——全日热水供应系统的总循环流量，L/s。

循环水泵的扬程计算公式为

$$H_b \geqslant H_p + H_x + H_j \tag{7-27}$$

式中　H_b——循环水泵的扬程，kPa；

　　　　H_p——循环流量通过配水计算管路的沿程和局部水头损失，kPa；

　　　　H_x——循环流量通过回水计算管路的沿程和局部水头损失，kPa；

　　　　H_j——循环流量通过水加热器的水头损失，kPa。

注：通常循环水泵所需扬程很小，对于较小的系统一般为几百毫米水柱，对于较大的系统也仅为几千毫米水柱。若循环水泵扬程选择过高，则容易在管网的某些部位形成负压，影响正常使用。所以一般应选用低扬程热水泵，如热水管道泵、轴流泵等。

◆◆7.2.5 耗热量、热媒耗量及燃烧耗量计算

1. 耗热量计算

集中热水供应系统的设计小时耗热量，应根据用水情况和冷、热水温差计算。

（1）全日供应热水的住宅、别墅、招待所、培训中心、旅馆、宾馆的客房（不含员工）、医院住院部、养老院、幼儿园、托儿所（有住宿）等建筑的集中热水供应系统的设计小时耗热量应按下式计算：

$$Q_h = K_h \frac{m \cdot q_r \cdot c(t_r - t_L)\rho_r}{86\,400} t_r \qquad (7\text{-}28)$$

式中　Q_h——设计小时耗热量，W；

　　　　m——用水计算单位数，人数或床位数；

　　　　q_r——热水用水定额，L/(人·d) 或 L/(床·d) 等；

　　　　c——水的比热容，$c=4.187$J/(kg·℃)；

　　　　t_r——热水温度，$t_r=60$℃；

　　　　t_L——冷水计算温度，℃；

　　　　ρ_r——热水密度，kg/L；

　　　　K_h——热水小时变化系数，全日供应热水时可按表 7-16～表 7-18 采用。

表 7-16　　　　　　住宅、别墅的热水小时变化系数 K_h 值

居住人数 m	≤100	150	200	250	300	500	1000	3000	≥6000
K_h	5.12	4.49	4.13	3.88	3.70	3.28	2.86	2.48	2.34

表 7-17　　　　　　　　旅馆的热水小时变化系数 K_h 值

床位数 m	≤150	300	450	600	900	≥1200
K_h	6.84	5.61	4.97	4.58	4.19	3.90

表 7-18 医院的热水小时变化系数 K_h 值

床位数 m	≤50	75	100	200	300	500	≥1000
K_h	4.55	3.78	3.54	2.93	2.60	2.23	1.95

（2）定时供应热水的住宅、旅馆、医院及工业企业生活间、公共浴室、学校、剧院体育馆（场）等建筑的集中热水供应系统的设计小时耗热量应按下式计算：

$$Q_h = \frac{\sum q_h(t_r - t_L)\rho_r N_0 bc}{3600} \qquad (7-29)$$

式中　Q_h——设计小时耗热量，W；

$\qquad q_h$——卫生器具热水的小时用水定额，L/h；

$\qquad c$——水的比热容，$c = 4.187 J/(kg \cdot ℃)$；

$\qquad t_r$——热水温度，℃；

$\qquad t_L$——冷水计算温度，℃；

$\qquad \rho_r$——热水密度，kg/L；

$\qquad N_0$——同类型卫生器具数；

$\qquad b$——卫生器具的同时使用百分数：住宅、旅馆，医院、疗养院病房，卫生间内浴盆或淋浴器可按 70%～100% 计，卫生间内其他器具不计，不小于 2h；工业企业生活间、公共浴室、学校，但定时连续供水时间应剧院、体育馆（场）等浴室内的淋浴器和洗脸盆均按 100% 计；住宅一户带多个卫生间时，只按一个卫生间计算。

（3）设有集中热水供应系统的居住小区的设计小时耗热量，当公共建筑的最大用水时时段与住宅的最大用水时时段一致时，应按两者的设计小时耗热量叠加计算；当公共建筑的最大用水时时段与住宅的最大用水时时段不一致时，应按住宅的设计小时耗热量加公共建筑的平均小时耗热量叠加计算。

（4）具有多个不同使用热水部门的单一建筑（如旅馆内具有客房卫生间、职工公用淋浴间、洗衣房、厨房、游泳池及健身娱乐设施等多个热水用户）或多种使用功能的综合性建筑（如同一栋建筑内具有公寓、办公楼、商业用房、旅馆等多种用途），当其热水由同一热水系统供应时，设计小时耗热量可按同一时间内出现用水高峰的主要用水部门的设计小时耗热量加其他用水部门的平均小时耗热量计算。

2. 热媒耗量计算

（1）采用蒸汽直接加热时，蒸汽耗量按下式计算：

$$G = (1.05 \sim 1.10)\frac{3.6Q_h}{i_m - i_r} \qquad (7-30)$$

式中 G——蒸汽耗量，kg/h；

  Q_h——设计小时耗热量，W；

  i_m——蒸汽热焓，kJ/kg，按表 7 - 19 选用；

  i_r——蒸汽与冷水混合后的热水热焓，kJ/kg，$i_r = 4.187t_r$。

（2）采用蒸汽间接加热时，蒸汽耗量按下式计算：

$$G = (1.05 \sim 1.10)\frac{3.6Q_h}{r_h} \tag{7 - 31}$$

式中 G——蒸汽耗量，kg/h；

  Q_h——设计小时耗热量，W；

  r_h——蒸汽的汽化热，kJ/kg，按表 7 - 19 选用。

表 7 - 19   饱 和 蒸 汽 性 质

绝对压力 /MPa	饱和蒸汽温度 /℃	热焓/(kJ/kg)		蒸汽的汽化热 /(kJ/kg)
		液体	蒸汽	
0.1	100	419	2679	2260
0.2	119.6	502	2707	2205
0.3	132.9	559	2726	2167
0.4	142.9	601	2738	2137
0.5	151.1	637	2749	2112
0.6	158.1	667	2757	2090
0.7	164.2	694	2767	2073
0.8	169.6	718	2773	2055
0.9	174.5	739	2777	2038

（3）采用高温热水间接加热时，高温热水耗量按下式计算：

$$G = (1.05 \sim 1.10)\frac{3.6Q_h}{c(t_{mc} - t_{mz})} \tag{7 - 32}$$

式中 G——高温热水耗量，kg/h；

  Q_h——设计小时耗热量，W；

  c——水的比热容，$c = 4.187$kJ/(kg·℃)；

  t_{mc}——高温热水进口水温，℃；

  t_{mz}——高温热水出口水温，℃。

3. 燃料耗量计算

（1）燃油、燃气耗量按下式计算：

$$G = 3.6k\frac{Q_h}{Q\eta} \tag{7 - 33}$$

式中　G——热源耗量，kg/h 或 N·m³/h；

　　　k——热损失附加系数，$k=1.05\sim1.10$；

　　　Q_h——设计小时耗热量，W；

　　　Q——热源发热量 kJ/kg，或 kJ/(N·m)，按表 7-20 采用；

　　　η——水加热设备的热效率，按表 7-20 采用。

表 7-20　　　　　　　　　　热源发热量及加热装量热效率

热源类型	消耗量单位	热源发热量 Q	加热设备效率 η	备注
轻柴油	kg/h	41 800~44 000kJ/kg	≈85	η 为热水机组的 η η 栏中括号内为热水机组的 η，括号外为局部加热的 η
重油	kg/h	38 520~46 050kJ/kg	—	
天然气	N·m³/h	34 400~35 600kJ/(N·m³)	65~75（85）	
城市煤气	N·m³/h	14 653kJ/(N·m³)	65~75（85）	
液化石油气	N·m³/h	46 055kJ/(N·m³)	65~75（85）	

（2）电热水器耗电量按下式计算：

$$W=\frac{Q_h}{1000\eta} \tag{7-34}$$

式中　W——耗电量，kW；

　　　Q_h——设计小时耗热量，W；

　　1000——单位换算系数；

　　　η——水加热设备的热效率，95%～97%。

（3）以蒸汽为热媒的水加热设备，蒸汽耗量按下式计算：

$$G=3.6k\frac{Q_h}{i''-i'} \tag{7-35}$$

$$i'=4.187t_{mz}$$

式中　G——蒸汽耗量，kg/h；

　　　Q_h——设计小时耗热量，W；

　　　k——热媒管道热损失附加系数，$k=1.05\sim1.10$；

　　　i''——饱和蒸汽的热焓，kJ/kg，见表 7-19；

　　　i'——凝结水的热焓，kJ/kg；

　　　t_{mz}——热媒终温，℃，应由经过热力性能测定的产品样本提供。

（4）以热水为热媒的水加热设备，热媒耗量按下式计算：

$$G=\frac{kQ_h\rho}{1.163(t_{mc}-t_{mz})} \tag{7-36}$$

式中　Q_h——设计小时耗热量，W；

　　　G——蒸汽耗量，kJ/h；

k——热媒管道热损失附加系数，$k=1.05\sim1.10$；

t_{mc}、t_{mz}——分别为热媒的初温与终温，℃，由经过热力性能测定的产品样本提供；

1.163——单位换算系数；

ρ——热水密度，kg/L。

◆◆7.2.6 热交换器的计算

1. 加热设备供热量的计算

集中热水供应系统中，水加热设备的设计小时供应量应根据日热水量小时变化曲线、加热方式及水加热设备的工作制度经积分曲线计算后确定。当无上述资料时，可按下列方法确定。

（1）容积式水加热器或贮热容积与其相当的水加热器、热水机组的供热量，按下式计算：

$$Q_g-Q_h-1.163\frac{\eta V_r}{T}(t_r-t_L)\rho_r \qquad (7\text{-}37)$$

式中 Q_g——容积式水加热器的设计小时供热量，W；

Q_h——设计小时耗热量，W；

η——有效贮热容积系数，容积式水加热器 $\eta=0.75$，导流型容积式水加热器 $\eta=0.85$；

V_r——总贮热容积，L；

T——设计小时耗热量持续时间，h，$T=2\sim4$h；

t_r——热水温度，℃，按设计水加热器出水温度或贮水温度计算；

t_L——冷水温度，℃；

ρ_r——热水密度，kg/L。

注：带有相当量贮热容积的水加热器在供热时，系统的设计小时耗热量由两部分组成，一部分是设计小时耗热量时间段内热媒的供热量 Q_g；另一部分是供给设计小时耗热量前水加热器内已贮存好的热量，即 $1.163\frac{\eta V_r}{T}(t_r-t_L)\rho_r$。

（2）半容积式水加热器或贮热容积与其相当的水加热器、热水机组的供热量按设计小时耗热量计算。

（3）半即热式、快速式水加热器及其他无贮热容积的水加热设备的供热量按设计秒流量计算。

2. 水加热器加热面积的计算

容积式水加热器、快速式水加热器和加热水箱中加热排管或盘管的传热面积应按下列方法计算。根据热平衡原理，制备热水所需的热量应等于水加热器传递的热量，即

$$\varepsilon K \Delta t_{\mathrm{j}} F_{\mathrm{jr}} = C_{\mathrm{r}} Q_{\mathrm{z}}$$

则由上式导出水加热器加热面积的计算公式为

$$F_{\mathrm{jr}} = \frac{C_{\mathrm{r}} Q_{\mathrm{z}}}{\varepsilon K \Delta t_{\mathrm{j}}} \tag{7-38}$$

式中　F_{jr}——水加热器的加热面积，m^2；

Q_{z}——制备热水所需的热量，可按设计小时耗热量计算，W；

K——传热系数，$W/(m^2 \cdot ℃)$，K 值对加热器换热影响很大，主要取决于热媒种类和压力、热媒和热水流速、换热管材质和热媒出口凝结水水温等。K 值应按产品样本提供的参数选用，普通容积式水加热器 K 值，参见表 7-21。快速式水加热器 K 值参见表 7-22。

ε——由于传热表面结垢和热媒分布不均匀影响传热效率的系数，一般采用 0.6～0.8。

C_{r}——热水供应系统的热损失系数，设计中可根据设备的功率和系统的大小及保温效果选择，一般取 1.10～1.15。

Δt_{j}——热媒与被加热水的计算温度差，应根据加热器类型计算。

表 7-21　　　　　　　普通容积式水加热器 K 值　　　　　（单位：℃）

热媒种类		热媒流速	被加热水流速	$K/[W/(m^2 \cdot ℃)]$	
				钢盘管	铜盘管
蒸汽压力	≤0.07	—	<0.1	640～698	756～814
	>0.07	—	<0.1	698～756	814～872
$K/[W/(m^2 \cdot ℃)]$		<0.5	<0.1	326～349	384～407

注：表中 K 值是按盘管内通过热媒和盘管外通过被加热水。

表 7-22　　　　　　　　快速式水加热器 K 值

被加热水的流速	传热系数 $K/[W/(m^2 \cdot ℃)]$							
	热媒为热水时，热水流速/(m/s)						热媒为蒸汽时，蒸汽压力/kPa	
	0.5	0.75	1.0	1.5	2.0	2.5	≤100	>100
0.5	1105	1279	1400	1512	1628	1686	2733/2152	2558/2035
0.75	1244	1454	1570	1745	1919	1977	3431/2675	3198/2500
1.0	1337	1570	1745	1977	2210	2326	3954/3082	3663/2908
1.5	1512	1803	2035	2326	2558	2733	4536/3722	4187/3489
2.0	1628	1977	2210	2558	2849	3024	—/4361	—/4129
2.5	1745	2093	2384	2849	3198	3489	—	—

注：表中热媒为蒸汽时，分子为两回程汽-水快速式水加热器将被加热水温度升高 20～30℃时的传热系数，分母为两回程汽-水快速式水加热器将被加热水温度升高 60～65℃时的传热系数。

（1）容积式水加热器、半容积式水加热器温度差计算公式为

$$\Delta t_j = \frac{t_{mc} + t_{mz}}{2} - \frac{t_c + t_z}{2} \tag{7-39}$$

式中 t_{mc}、t_{mz}——分别为热媒的初温和终温，℃。热媒为蒸汽时，按饱和蒸汽温度计算，可查表 7-19 确定；热媒为热水时，应按热力管网供、回水的最低温度计算，热媒的初温与被加热水的终温的温度差，不得小于 10℃；

t_c、t_z——分别为被加热水的初温和终温，℃。

（2）快速式水加热器、半即热式水加热器温度差计算公式为

$$\Delta t_j = \frac{\Delta t_{max} - \Delta t_{min}}{\ln \dfrac{\Delta t_{max}}{\Delta t_{min}}} \tag{7-40}$$

式中 Δt_{max}——热煤和被加热水在水加热器一端的最大温差，℃；

Δt_{min}——热煤和被加热水在水加热器另一端的最小温差，℃。

加热设备加热管盘的长度，按下式计算：

$$L = \frac{F_{jr}}{\pi D} \tag{7-41}$$

式中 L——盘管长度，m；

D——盘管外径，m；

F_{jr}——水加热器的传热面积，m²。

◆◆7.2.7 热水器的计算

1. 燃气热水器的计算

（1）燃具热负荷，按下式计算：

$$Q = \frac{KWc(t_r - t_L)}{3.6\eta} \tag{7-42}$$

式中 Q——燃具热负荷，W；

W——被加热水的质量，kg；

c——水的比热容，$c = 4.187 kJ/(kg \cdot ℃)$；

τ——升温所需时间，h；

t_r——热水温度，℃；

t_L——冷水温度，℃；

K——安全系数，$K = 1.28 \sim 1.40$；

η——燃具热效率，对容积式燃气热水器 η 大于 75%，快速式燃气热水器 η 大于 70%，开水器 η 大于 75%。

（2）燃气耗量，按下式计算：

$$\phi = \frac{3.6Q}{Q_d} \tag{7-43}$$

式中　ϕ——燃气耗量，m^3/h；

　　　Q——燃具热负荷，W；

　　　Q_d——燃气的低热值，kJ/m。

2. 电热水器的计算

（1）快速式电热水器耗电功率，按下式计算：

$$N = (1.10 \sim 1.20)\frac{3600Q(t_r - t_L)c\rho_r}{3617\eta} \tag{7-44}$$

式中　　N——耗电功率，kW；

　　　　Q——热水流量，L/s，可根据使用场所、卫生器具类型、数量、要求

　　　　　　水温和 1 次用水量或 1h 用水量取值；

　　　　t_r——热水温度，$℃$；

　　　　t_L——冷水温度，$℃$；

　　　　c——水的比热容，$c = 4.187kJ/(kg \cdot ℃)$；

　　　　ρ_r——热水密度，kg/L；

　　　3617——热功当量，$kJ/(kW \cdot h)$；

　　　　η——加热器效率，一般为 $0.95 \sim 0.98$；

$1.10 \sim 1.20$——热损失系数。

（2）容积式电热水器耗电功率。

1）只在使用前加热，使用过程中不再加热时，按下式计算：

$$N = (1.10 \sim 1.20)\frac{V(t_r - t_L)c\rho_r}{3617\eta T} \tag{7-45}$$

式中　V——热水器容积，L；

　　　T——加热时间，h。

2）若除了使用前加热外，在使用过程中还继续加热时，按下式计算：

$$N = (1.10 \sim 1.20)\frac{(3600qT_1 - V)[V(t_r - t_L)c\rho_r]}{3617\eta} \tag{7-46}$$

式中　T_1——热水用水时间，h。

3）需要预热时间 T_2，按下式计算：

$$T_2 = (1.10 \sim 1.20)\frac{V(t_r - t_L)c\rho_r}{3617\eta N} \tag{7-47}$$

式中　T_2——预热时间，h。

3. 太阳能热水器系统的计算

（1）进行热水量计算。

（2）集热器采光面积应根据集热器产品的性能、当地的气象条件、日照季

节、日照时间、热水用量和水温等因素确定。表 7 - 23 列出了国内生产的几类太阳能集热器的日产水量和产水水温的实测数据，可供设计时选用。

表 7 - 23　　　　国内生产的几类太阳能集热器的日产水量和产水水温

集热器类型	实测季节	日产水量 $c/[\text{kg}/(\text{m}^2 \cdot \text{d})]$	产水温度/℃
钢管板	春、夏、秋有阳光天气	70～90	40～50
扁盒		80～110	40～60
钢管板		80～100	40～60
铜铝复合管板		90～120	40～65

（3）自然循环作用水头，按下式计算：

$$\Delta H = 9.8 \Delta h (\rho_1 - \rho_2) \qquad (7 - 48)$$

式中　ΔH——自然循环作用水头，Pa；

　　　Δh——集热器与贮热水箱中心标高差，m；

　　ρ_1、ρ_2——分别为集热器进水、出水的平均密度，kg/m^3。

因为要达到热水温度需经多次循环，实际进、出水温度差仅为 3～5℃，一般进水、出水的平均容重差可按 3℃计算。

（4）循环流量，按下式计算：

$$Q \geqslant 0.015F \qquad (7 - 49)$$

式中　Q——循环流量，L/s；

　　　F——集热器的集热面积，m^2。

（5）形成自然循环的条件，按下式计算：

$$\Delta H \geqslant (1.10 \sim 1.15)H \qquad (7 - 50)$$

式中　ΔH——自然循环作用水头，Pa；

　　　H——自然循环总水头损失，Pa。

注：如不能达到式（7 - 50）的要求，为进行自然循环，应适当加大循环管的管径，减少管路水头损失和提高热水箱高度，即增大 ΔH 值。

（6）贮热水箱容积，按下式计算：

$$V = (50 \sim 100)F \qquad (7 - 51)$$

式中　V——贮热水箱容积，L；

　　　F——集热器的集热面积，m^2。

◈◈■7.2.8　热水贮水容器的计算

集中热水供应系统中贮存热水的设备有开式热水箱、闭式热水罐和兼有加热和贮存热水功能的加热水箱、容积式水加热器等。

集中热水供应系统中贮存一定容积的热水，其功能主要是调峰。贮存的热水向配水管网供应，因为加热冷水方式和配水情况不同，存在着定温变容、定容变温和变容变温的工况。图7-23（1a）所示为设于屋顶的混合加热开式水箱，若其加热和供应热水情况为预热后供应管网，用完后再充水加热，再供使用，可认为水箱内热水处于定温变容工况。图7-23（1b）所示为快速加热，可保证水温，其热水箱连续供水也存在不均匀性，也可以认为水箱处于定温变容工况。

图7-23（2）所示为加热和供水系统处于定容变温工况。图7-23（3a）、（3b）则处于变容变温工况。

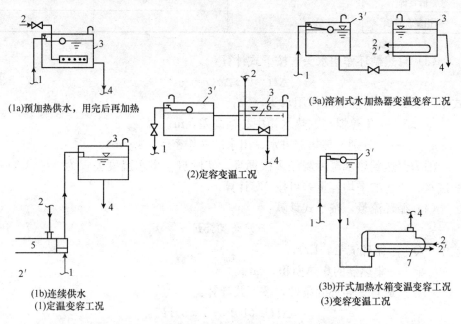

(1a)预加热供水，用完后再加热

(3a)溶剂式水加热器变温变容工况

(2)定容变温工况

(1b)连续供水
(1)定温变容工况

(3b)开式加热水箱变温变容工况
(3)变容变温工况

图7-23　加热水箱和容积式水加热器工况

1—冷水；2—蒸汽；2′—凝结水；3—热水箱；3′—冷水箱；4—热水；

5—快速式水加热器；6—穿孔进水管；7—容积式水加热器

贮水器容积和多种因素有关，如加热设备的类型、建筑物用水规律、热源和热媒的充沛程度、自动控制程度、管理情况等。集中热水供应根据建筑物日用热水量小时变化曲线，及加热设备的工作制度经计算确定。当缺少这方面的资料和数据时，可用经验法计算确定贮水器的容积。

1. 理论计算法

理论计算法即按贮水器变容变温供热工况的热平衡方程求解。集中热水供应系统中全天供应热水的耗热量应等于贮水器中预热量与加热设备之和，并减去供水终止后贮水器中当天的剩余热量。

$$Q_h T = V(t_r - t_L) \cdot c + Q_s T - \Delta V(t_r' - t_L) \cdot c \qquad (7-52)$$

式中 Q_h——热水供应系统设计小时耗热量，kJ/h；

   T——全天供应热水小时数，h；

   V——热水贮水器容积，L；

   t_r——贮水器中热水的计算温度，℃；

   t_L——冷水计算温度，℃；

   c——水的比热容，$c=4.187J/(kg \cdot ℃)$；

   Q_s——供应热水过程中加热设备的小时加热量，kJ/h；

   ΔV——供水结束时，热水贮存器中剩余热水容积，L；

   t'_r——供水结束时，热水贮存器中剩余热水水温，℃。

设 $K_1=\dfrac{Q_s}{Q_h}$、$K_2=\dfrac{\Delta V}{V}$，并取热水：1L＝1kg，代入式（7 - 52）后化简得

$$V=\frac{1-K_1}{(t_r-t_L)-K_2(t'_r-t_L)}\times\frac{Q_hT}{c} \qquad (7-53)$$

当 $K_2\approx0$ 时，$\Delta V\approx0$，为变容变温工况，不考虑备用储存量时，加热器的有效容积为

$$V_1=\frac{1-K_1}{t_r-t_L}\times\frac{Q_hT}{c} \qquad (7-54)$$

当 $K_2=1$ 时，$\Delta V=V$，为定容变温工况，贮存热水的有效容积为

$$V_2=\Delta V=\frac{1-K_1}{t_r-t'_r}\times\frac{Q_hT}{c} \qquad (7-55)$$

当 $t_r=t'_r$ 时，为定温变容工况，贮存热水的有效容积为

$$V_3=\frac{1-K_1}{(t_r-t_L)(1-K_2)}\cdot\frac{Q_hT}{c} \qquad (7-56)$$

当 $t_r=t'_r$，$K_1=0$ 时，即热水在热水箱中全部预加热的定温变容工况，贮存热水的有效容积为

$$V_4=\frac{Q_hT}{(t_r-t_L)(1-K_2)c} \qquad (7-57)$$

2. 经验计算法

在实际工程中，贮水器的容积多采用经验法，按下式计算确定：

$$V=\frac{60TQ_h}{(t_r-t_L)c} \qquad (7-58)$$

式中 V——贮水器的贮水容积，L；

   T——表 7 - 24 中规定的时间，min；

   Q_h——热水供应系统设计小时耗热量，W；

   c——水的比热容，$c=4.187J/(kg \cdot ℃)$；

   t_r——热水温度，℃；

   t_L——冷水温度，℃。

表 7 - 24　　　　　　　　　　　　水加热器的贮热量

加热设备	以蒸汽或 95℃以上的高温水为热媒时		以≤95℃的低温水为热媒时	
	工业企业淋浴室	其他建筑物	工业企业淋浴室	其他建筑物
容积式水加热器或加热水箱	≥30minQ_h	≥45minQ_h	≥60minQ_h	≥90minQ_h
导流型容积式水加热器	≥20minQ_h	≥30minQ_h	≥30minQ_h	≥40minQ_h
半容积式水加热器	≥15minQ_h	≥15minQ_h	≥15minQ_h	≥20minQ_h

注：1. 半即热式、快速式水加热器的贮热容积应根据热媒的供给条件与安全、温控装置的完善程度
　　　等因素确定。当热媒可按设计秒流量供应，且有完善可靠的温度自动调节和安全装置时，可
　　　不考虑贮热容积。当热媒不能保证按设计秒流量供应，或无完善可靠的温度自动调节和安全
　　　装置时，则应考虑贮热容积，贮热量宜根据热媒供应情况按导流型容积式水加热器或半容积
　　　式水加热器确定。

　　2. 表中 Q_h 为设计小时耗热量。

　　按上述公式计算确定出容积式水加热器或加热水箱的容积后，当冷水从下部进入，热水从上部送出，其计算容积宜附加 20%～25%；当采用有导流装置的容积式水加热器时，其计算容积应附加 10%～15%；当采用半容积式水加热器时，或带有强制罐内水循环装置的容积式水加热器，其计算容积可不附加。

3. 估算法

　　在初步设计或方案设计阶段，各种建筑水加热器或贮热容器的贮水容积（60℃热水）可按表 7 - 25 估算。

表 7 - 25　　　　　　　　　　　　贮水容积估算值

建筑类别	以蒸汽或 95℃以上的高温水为热媒时		以≤25℃的低温水为热媒时	
	导流型容积式水加热器	半容积式水加热器	导流型容积式水加热器	半容积式水加热器
有集中热水供应的住宅/[L/(人·d)]	5～8	3～4	6～10	3～5
设单独卫生间的集体宿舍、培训中心旅馆/[L/(床·d)]	5～8	3～4	6～10	3～5
宾馆、客房/[L/(床·d)]	9～13	4～6	12～16	6～8
医院住院部/[L/(床·d)]	4～8	2～4	5～10	3～5
设单独卫生间门诊部	0.5～1	0.3～0.6	0.8～1.5	0.4～0.8
有住宿的幼儿园、托儿所/[L/(人·d)]	2～4	1～2	2～5	1.5～2.5
办公楼/[L/(人·d)]	0.5～1	0.3～0.6	0.8～1.5	0.4～0.8

7.3 热水系统的设备

◆◆7.3.1 集中加热设备

1. 热水锅炉

(1) 燃煤热水锅炉。燃煤热水锅炉多数是为供暖系统制造的，中小型热水锅炉也可用于热水系统。图 7 - 24 所示为快装卧式内燃锅炉的构造示意。

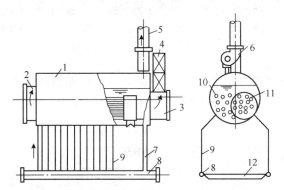

图 7 - 24 快装卧式内燃锅炉构造示意

1—锅炉；2—前烟箱；3—后烟箱；4—省煤器；5—烟囱；6—引风机；7—下降管；
8—联箱；9—鳞片水冷壁；10—第 2 组烟管；11—第 1 组烟管；12—炉壁

优点：该种锅炉热效率较高、体积小和安装简单。燃煤锅炉使用燃料价格低，运行成本低。

缺点：存在烟尘和煤渣对环境的污染问题，不适宜安装在建筑设备层内。

(2) 燃油（燃气）热水锅炉。燃油（燃气）热水锅炉的构造示意如图 7 - 25 所示。

优点：该类锅炉通过燃烧器向正在燃烧的炉膛内喷射雾状油（或通入煤气），燃烧迅速，且比较完全，构造简单、体积小、热效率高、排污总量少。对环境有一定要求的建筑物可考虑选用。

缺点：价格较高，因为所配置的燃油燃气双燃料燃烧器十分昂贵，所以锅炉的整体报价要高。型号不全，油燃气双燃料燃烧器没有较小型号的，只有 0.35MW 以上的型号。

2. 水加热器

(1) 容积式水加热器。容积式水加热器是内部设有热媒导管的热水贮存容器，具有加热冷水和贮备热水两种功能，热媒为蒸汽或热水，有卧式和立式之分。常用的容积式水加热器有传统的 U 形管型容积式水加热器和导流型容积式

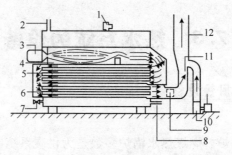

图 7-25 燃油（燃气）热水锅炉构造示意

1—安全阀；2—热媒出口；3—油（煤气）燃烧器；4——级加热管；5—二级加热管；

6—三级加热管；7—泄空阀；8—回水（或冷水）入口；9—导流器；

10—风机；11—风挡；12—烟道

水加热器。图 7-26 所示为 U 形管型卧式容积式水加热器构造示意，共有 10 种型号，其容积为 $5\sim15m^3$，换热面积为 $0.86\sim50.82m^2$。

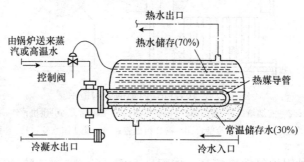

图 7-26 U 形管型卧式容积式水加热器构造示意

优点：具有较大的贮存和调节能力，可提前加热，热媒负荷均匀，被加热水通过时压力损失较小，用水点处压力变化平稳，出水温度较稳定，对温度自动控制的要求较低，管理比较方便。

缺点：加热器中，被加热水流速缓慢，传热系数小，热交换效率低，且体积庞大，占用空间过多，在热媒导管中心线以下有 20%～25% 的贮水容积是低于规定水温的常温水或冷水，所以贮罐的容积利用率较低。此外，由于局部区域水温合适、供氧充分、营养丰富，因此容易滋生"军团菌"，造成水质生物污染。

U 形管型容积式水加热器这种层叠式的加热方式可称为"层流加热"。导流型容积式水加热器是传统型的改进，图 7-27 所示为 RV 系列导流型容积式水加热器的构造示意图。该类水加热器具有多行程列管和导流装置，在保持传统型容积式水加热器优点的基础上，克服了其被加热水无组织流动、冷水区域大、产水量低等缺点，贮罐的有效贮热容积为 85%～90%。

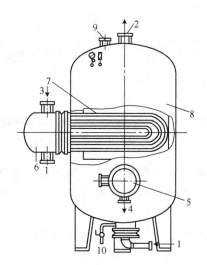

图 7-27 RV 系列导流型容积式水加热器构造示意
1—进水管；2—出水管；3—热媒进口；4—热媒出口；5—下盘管；6—导流装置；
7—U 形盘管；8—罐体；9—安全阀；10—排污口

（2）快速式水加热器。针对容积式水加热器中"层流加热"的弊端，出现了"紊流加热"理论，即通过提高热媒和被加热水的流动速度，来提高热媒对管壁、管壁对被加热水的传热系数，以改善传热效果。快速式水加热器就是热媒与被加热水通过较大速度的流动进行快速换热的一种间接加热设备。根据热媒的不同，快速式水加热器有汽-水和水-水两种类型，前者热媒为蒸汽，后者热媒为过热水。根据加热导管的构造不同，又有单管式、多管式、板式、管壳式、波纹板式、螺旋板式等多种形式。图 7-28 所示为多管式汽—水快速式水加热器，图 7-29 所示为单管式汽—水快速式水加热器，它可以多组并联或串联。这种水加热器是将被加热水通入导管内，热媒（即蒸汽）在壳体内散热。

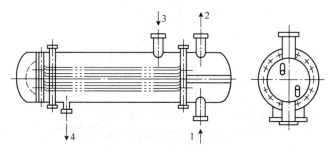

图 7-28 多管式汽—水快速式水加热器
1—冷水；2—热水；3—蒸汽；4—凝结水

优点：快速式水加热器效率高，体积小，安装搬运方便。

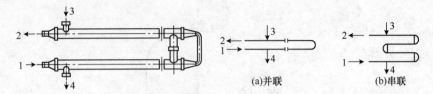

图7-29 单管式汽—水快速式水加热器
1—冷水；2—热水；3—蒸汽；4—凝结水

缺点：不能贮存热水，水头损失大，在热媒或被加热水压力不稳定时，出水温度波动较大，仅适用于用水量大，而且比较均匀的热水供应系统或建筑物热水采暖系统。

（3）半容积式水加热器。半容积式水加热器是带有适量贮存与调节容积的内藏式容积式水加热器，是由英国引进的设备。其原装设备的基本构造如图7-30所示，由贮热水罐、内藏式快速换热器和内循环泵三个主要部分组成。其中贮热水罐与快速换热器隔离，被加热水在快速换热器内迅速加热后，通过热水配水管进入贮热水罐，当管网中热水用量低于设计用水量时，热水的一部分落到贮罐底部，与补充水（冷水）一起经内循环泵升压后再次进入快速换热器加热。内循环泵的作用有以下三点：

第一，提高被加热水的流速，以增大传热系数和换热能力。

第二，克服被加热水流经换热器时的阻力损失。

第三，形成被加热水的连续内循环，消除了冷水区或温水区，使贮罐容积的利用率达到100%。

内循环泵的流量根据不同型号的加热器而定，其扬程为20～60kPa。当管网中热水用量达到设计用水量时，贮罐内没有循环水，如图7-31所示，瞬间高峰流量过后又恢复到如图7-30所示的工作状态。

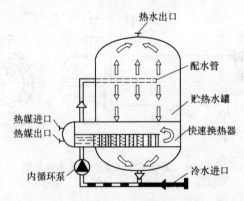

图7-30 半容积式水加热器构造示意

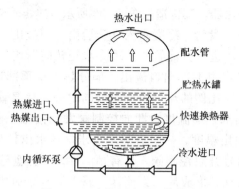

图 7 - 31 高峰用水时工作状态

半容积式水加热器具有体型小（贮热容积比同样加热能力的容积式水加热器减少 2/3）、加热快、换热充分、供水温度稳定、节水节能的优点，但由于内循环泵不间断地运行，需要有极高的质量保证。图 7 - 32 所示为国内专业人员开发研制的 HRV 型高效半容积式水加热器的工作系统，其特点是取消了内循环泵，被加热水（包括冷水和热水系统的循环回水）进入快速换热器后被迅速加热，然后先由下降管强制送至贮热水罐的底部，再向上升，以保持整个贮热水罐内的热水同温。

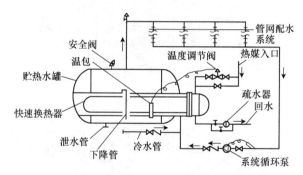

图 7 - 32 HRV 型高效半容积式水加热器工作系统

当管网配水系统处于高峰用水时，热水循环系统的循环泵不启动，被加热水仅为冷水；当管网配水系统不用水或少量用水时，热水管网由于散热损失而产生温降，利用系统循环泵前的温包可以自动启动系统循环泵，将循环回水打入快速换热器内，生成的热水又送至贮热水罐的底部，依然能够保持罐内热水的连续循环，罐体容积利用率亦为 100%。HRV 型半容积式水加热器具有与带有内循环泵的半容积式水加热器相同的功能和特点，更符合我国的实际情况，适用于机械循环的热水供应系统。

（4）半即热式水加热器。半即热式水加热器是带有超前控制，具有少量贮存容积的快速式水加热器，其构造如图 7-33 所示。热媒蒸汽经控制阀和底部入口通过立管进入各并联盘管，冷凝水入立管后由底部流出，冷水从底部经孔板入罐，同时有少量冷水进入分流管。入罐冷水经转向器均匀进入罐底并向上流过盘管得到加热，热水由上部出口流出。部分热水从顶部进入感温管开口端，冷水以与热水用水量成比例的流量由分流管同时进入感温管，感温元件读出瞬间感温管内的冷、热水平均温度，即向控制阀发出信号，按需要调节控制阀，以保持所需的热水输出温度。一旦有热水需求，热水出口处的水温尚未下降，感温元件就能发出信号开启控制阀，具有预测性。加热盘管内的热媒由于不断改向，加热时盘管颤动，形成局部紊流区，属于"紊流加热"，故传热系数大，换热速度快，又具有预测温控装置，所以其热水贮存容量小，仅为半容积式水加热器的 1/5。同时，由于盘管内外温差的作用，盘管不断收缩、膨胀，可使传热面上的水垢自动脱落。

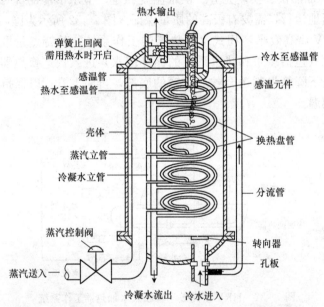

图 7-33　半即热式水加热器构造示意

　　优点：半即热式水加热器能够快速加热被加热水，浮动盘管自动除垢，其热水出水温度一般能控制在±2.2℃内，且体积小，节省占地面积，适用于各种不同负荷需求的机械循环热水供应系统。

　　缺点：由于内循环泵不间断运行，需要有极高的质量保证。

3. 加热水箱和热水贮水箱

　　加热水箱是一种简单的热交换设备，在水箱中安装蒸汽多孔管或蒸汽喷射器，可构成直接加热水箱。在水箱内安装排管或盘管即构成间接加热水箱。加热水箱适用于公共浴室等用水量大而均匀的定时热水供应系统。

热水贮水箱（罐）是一种专门调节热水量的容器，可在用水不均匀的热水供应系统中设置，以调节水量，稳定出水温度。

◆◆7.3.2 局部加热设备

1. 燃气热水器

燃气热水器的热源有天然气、焦炉煤气、液化石油气和混合煤气四种。依照燃气压力，有低压（$P \leqslant 5kPa$）和中压（$5kPa < P \leqslant 150kPa$）热水器之分。民用和公共建筑生活、洗涤用燃气热水设备一般采用低压，工业、企业生产所用燃气热水器可采用中压。按加热冷水的方式不同，燃气热水器有直流快速式和容积式之分，图 7-34 和图 7-35 所示为两类热水器的构造示意。直流快速式燃气热水器一般安装在用水点就地加热，可随时点燃并可立即取得热水，供一个或几个配水点使用，常用于家庭、浴室、医院手术室等局部热水供应。容积式燃气热水器具有一定的贮水容积，使用前应预先加热，可供几个配水点或整个管网用水，可用于住宅、公共建筑和工业、企业的局部和集中热水供应。

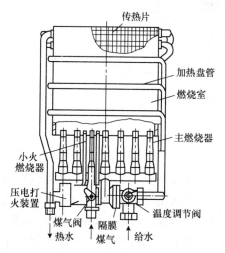

图 7-34 快速式燃气热水器构造示意

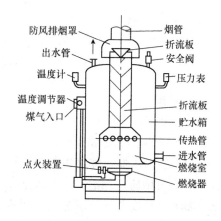

图 7-35 容积式燃气热水器构造示意

2. 电热水器

电热水器是把电能通过电阻丝变为热能加热冷水的设备，一般以成品在市场上销售。电热水器产品分快速式和容积式两种。

快速式电热水器无贮水容积或贮水容积很小，不需在使用前预先加热，在接通水路和电源后即可得到被加热的热水。

优点：该类热水器体积小、质量小、热损失少、效率高、容易调节水量和水温、使用安装简便。

缺点：电耗大，尤其在一些缺电地区使用受到限制。目前市场上该种热水器种类较多，适合家庭和工业、公共建筑单个热水供应点使用。

容积式电热水器具有一定的贮水容积，其容积为 10～104L。该种热水器在使用前需预先加热，可同时供应几个热水用水点在一段时间内使用。

优点：耗电量较小、管理集中。

缺点：其配水管段比快速式热水器长，热损失也较大。一般适用于局部供水和管网供水系统。典型容积式电热水器构造如图 7 - 36 所示。

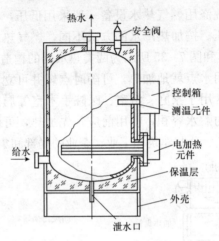

图 7 - 36 典型容积式电热水器构造示意

3. 太阳能热水器

太阳能热水器是将太阳能转换成热能并将水加热的装置。

太阳能热水器按组合形式分为装配式和组合式两种。装配式太阳能热水器一般为小型热水器，即将集热器、贮热水箱和管路由工厂装配出售，适于家庭和分散使用场所。组合式太阳能热水器，即将集热器、贮热水箱、循环水泵、辅助加热设备按系统要求分别设置而组成，适用于大面积供应热水系统和集中供应热水系统。

太阳能热水器按热水循环方式可分为自然循环和机械循环两种。自然循环太阳能热水器是靠水温差产生的热虹吸作用进行水的循环加热，该种热水器运行安全可靠、不需用电和专人管理，但贮热水箱必须装在集热器上面，同时使用的热水会受到时间和天气的影响。机械循环太阳能热水器是利用水泵强制水进行循环的系统。该种热水器贮热水箱和水泵可放置在任何部位，系统制备热水效率高，产水量大。为克服天气对热水加热的影响，可增加辅助加热设备，如煤气加热、电加热和蒸汽加热等措施。

优点：结构简单、维护方便、节省燃料、运行费用低、不存在环境污染问题。

缺点：受天气、季节、地理位置等影响不能连续稳定运行，为满足用户要求需配置贮热和辅助加热设施、占地面积较大，布置受到一定的限制。

项目 8 建筑中水工程设计

8.1 中水系统设计

8.1.1 中水系统的类型

1. 建筑中水系统

建筑中水系统是指单幢建筑物或几幢相邻建筑物所形成的中水系统，系统框图如图 8-1 所示。建筑中水系统适用于建筑内部的排水系统采用分流制的情况，生活污水单独排入城市排水管网或化粪池。水处理设施设在地下室或邻近建筑物的外部。建筑内部由生活饮用水管网和中水供水管网分质供水。目前，建筑中水系统主要在宾馆、饭店中应用。

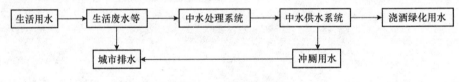

图 8-1 建筑中水系统

2. 小区中水系统

小区中水系统的中水原水，取自居住小区内各建筑物排放的污、废水，系统框图如图 8-2 所示。根据居住小区所在城镇排水设施的完善程度，确定室内排水系统，但应使居住小区给排水系统与建筑内部给排水系统相配套。目前，采用自建中水处理系统的居住小区多采用分流制，以杂排水为中水水源。居住小区和建筑内部供水管网分为生活饮用水和杂用水双管路配水系统。此系统多用于居住小区、机关大院和高等院校等。

3. 城镇中水系统

以城镇二级生物处理污水厂的出水和部分雨水为中水水源，经提升后送到中水处理站，处理达到生活杂用水水质标准后，供本城镇作杂用水使用，系统框图如图 8-3 所示。城镇中水系统不要求室内外排水系统必须污、废水分流，但城镇应有污水处理厂，城镇和建筑内部供水管网应分为生活饮用水和杂用水双管路配水系统。

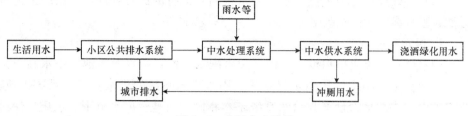

图 8-2   小区中水系统

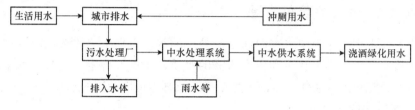

图 8-3   城镇中水系统

◈◈■ 8.1.2   中水系统的组成

1. 原水收集系统

中水的原水收集系统是指收集、输送中水原水到中水处理设施的管道系统和一些附属构筑物。根据中水原水的水质，中水原水收集系统可分为污水、废水分流制和合流制两类。合流制是以全部生活排水为中水水源，集取容易，不需要另设污水、废水分流排水管道，管网建设费用大大减少。我国的中水试点工程是以生活排水作为中水水源的，后经不断实践，发现中水原水系统宜采用污水、废水分流制。采用污水、废水分流制的中水原水收集系统适合我国的经济水平和管理水平。建筑物、居住小区、城镇排放的优质杂排水或杂排水经处理后，可以满足其自身杂用水水量的需求。中水处理流程简单，处理设施少，占地面积小，工程造价低。同时，还减少了污泥处理困难及产生臭气对环境的影响，容易实现处理设施一体化、管理自动化。

2. 处理系统

中水处理系统的设置应根据中水的原水水量、水质和使用要求等因素，经过技术经济比较后确定。一般将整个处理过程分为预处理、主处理和后处理三个阶段。

（1）预处理用来截留大的漂浮物、悬浮物和杂物。其主要工艺包括格栅或滤网截留、油水分离、毛发截留、调节水量、调整 pH 值等。

（2）主处理是去除水中的有机物、无机物等。按采用的处理工艺，主要构筑物有沉淀池、混凝池、生物处理设施、消毒设施等。

（3）后处理是对中水供水水质要求很高时进行的深度处理，常用的工艺有过滤、膜分离、活性炭吸附等。

3. 供水系统

中水供水系统应单独设立，包括中水配水管网、中水贮水池、中水高位水箱、中水泵站或中水气压给水设备等。中水供水系统的供水方式、系统组成、管道敷设方式及水力计算与给水系统基本相同，只是在供水范围、水质、使用等方面有一定的限制和特殊要求。

◆◆8.1.3 中水系统的水源

中水原水指选作为中水水源而未经处理的水。中水水源的选用应根据原排水的水质、水量、排水状况和中水所需的水质、水量等确定。建筑中水水源一般可选用建筑物内或居住小区内的生活排水及其他可以利用的水源。

1. 建筑物中水水源

（1）建筑物中水水源可选择的种类和选择顺序为：卫生间、公共浴室的盆浴和淋浴等的排水；盥洗排水；空调循环冷却系统排水；冷凝水；游泳池排污水；洗衣排水；厨房排水；冲厕排水。

（2）建筑中水原水量按下式计算：

$$Q_y = \sum \alpha \cdot \beta \cdot Q \cdot b \tag{8-1}$$

式中 Q_y——中水原水量，m^3/d；

     α——最高日给水量折算成平均日给水量的折减系数，一般取 $0.67\sim 0.91$；

     β——建筑物按给水量计算排水量的折减系数，一般取 $0.8\sim 0.9$；

     Q——建筑物最高日生活给水量，m^3/d；

     b——建筑物用水分项给水百分率。各类建筑物的分项给水百分率应以实测资料为准，在无实测资料时，可参照表 8-1 选取。

表 8-1   各类建筑物分项给水百分率   （单位：%）

项目	住宅	宾馆、饭店	办公楼、教学楼	公共浴室	餐饮业、营业餐厅
冲厕	21.3~21	10~14	60~66	2~5	6.7~5
厨房	20~19	12.5~14	—	—	93.3~95
沐浴	29.3~32	50~40	—	98~95	—
盥洗	6.7~6.0	12.5~14	40~34	—	—
洗衣	22.7~22	15~18	—	—	—
总计	100	100	100	100	100

注：沐浴包括盆浴和淋浴。

用作中水水源的水量宜为中水回用水量的110%～115%。综合医院污水作为中水水源时，必须经过消毒处理，产出的中水仅可用于独立的不与人直接接触的系统；传染病医院、结核病医院污水和放射性废水，不得作为中水水源。建筑屋面雨水可作为中水水源或其补充。

（3）建筑中水原水水质应以实测资料为准，在无实测资料时，各类建筑物各种排水的污染物浓度可以参照表 8-2。

表 8-2　　　　　　　　各类建筑物各种排水污染物浓度　　　　　　（单位：mg/L）

类别		冲厕	厨房	沐浴	盥洗	洗衣	综合
住宅	BOD_5	300～450	500～600	50～60	60～70	220～250	230～300
	COD_{Cr}	800～1100	900～1200	120～135	90～120	310～390	455～600
	SS	350～450	220～280	40～60	100～150	60～70	155～180
宾馆、饭店	BOD_5	250～300	400～550	40～50	50～60	180～220	140～175
	COD_{Cr}	700～1000	800～1100	100～110	80～100	270～330	295～380
	SS	300～400	180～220	30～50	80～100	50～60	95～120
办公楼、教学楼	BOD_5	260～340	—	—	90～110	—	195～260
	COD_{Cr}	350～450	—	—	100～140	—	260～340
	SS	260～340	—	—	90～110	—	195～260
公共浴室	BOD_5	260～340	—	45～55	—	—	50～65
	COD_{Cr}	350～450	—	110～120	—	—	115～135
	SS	260～340	—	35～55	—	—	40～65
餐饮业、营业餐厅	BOD_5	260～340	500～600	—	—	—	490～590
	COD_{Cr}	350～450	900～1100	—	—	—	890～1075
	SS	260～340	250～280	—	—	—	255～285

在不同的生活地区，人们的生活习惯不同，污水中的污染物成分也不尽相同，相差较大，但人均排出的污染物浓度比较稳定。建筑物排水的污染浓度与用水量有关，用水量越大，其污染浓度越低，反之则越高。设计时，应结合实际调查，分析后慎重取值。

2. 居住小区中水水源

小区中水水源的合理选用，对处理工艺、处理成本及用户接受程度都会产生重要影响。居住小区中水水源的选择要依据水量平衡和技术经济比较确定，并应优先选择水量充裕稳定、污染物浓度低、水质处理难度小、安全且居民宜接受的中水水源。

（1）居住小区中水水源可选择的种类和选择顺序：小区内建筑物杂排水；小区或城市污水处理厂出水；相对洁净的工业排水；小区内的雨水；小区生活

污水。居住小区内建筑物杂排水同样是指冲便器污水以外的生活排水，包括居民的盥洗和沐浴排水、洗衣排水及厨房排水。其中居民的洗浴排水，即优质杂排水，水质相对干净且水量充裕，可作为小区中水的优选水源。当城市污水处理厂出水达到中水水质标准时，居住小区可直接连接中水管道使用；当城市污水处理厂出水未达到中水水质标准时，可作为中水原水进一步处理，达到中水水质标准后方可使用。

（2）小区中水原水量。小区建筑物分项排水原水量可按上述公式计算确定。小区综合排水量的确定，按《建筑给水排水设计规范》（GB 50015—2003）的规定计算小区最高日给水量，再乘以折减系数 α、β。

（3）小区中水原水水质。中水原水水质应以实测资料为准。无实测资料，当采用生活污水为原水时，可按表 8-2 的综合水质取值；当采用城市污水处理厂出水为原水时，可按二级处理实际出水水质或相应标准执行。其他种类的原水水质则需实测。

◆◆■8.1.4　中水系统的水质

建筑中水的用途主要是城市污水再生利用分类中的城市杂用水。城市杂用水包括绿化用水、冲厕、街道清扫、车辆冲洗、建筑施工、消防等。回用时其水质必须符合国家制定的相应水质标准。

（1）中水用作建筑杂用水和城市杂用水水质，如冲厕、道路清扫、消防、城市绿化、车辆冲洗、建筑施工等杂用，其水质应符合国家标准《城市污水再生利用　城市杂用水水质》（GB/T 18920—2002）的规定，见表 8-3。

表 8-3　　　　　　　　　　城市杂用水水质标准

序号	项目＼指标		冲厕	道路清扫、消防	城市绿化	车辆冲洗	建筑施工
1	pH 值		6.0～9.0				
2	色/度	≤	30				
3	嗅		无不快感				
4	浊度/NTU	≤	5	10	10	5	20
5	溶解性总固体/(mg/L)	≤	1500	1500	1000	1000	—
6	BOD_5/(mg/L)	≤	10	15	20	10	15
7	氨氮/(mg/L)	≤	10	10	20	10	20
8	阴离子表面活性剂/(mg/L)	≤	1.0	1.0	1.0	0.5	1.0
9	铁/(mg/L)	≤	0.3	—	—	0.3	—
10	锰/(mg/L)	≤	0.1	—	—	0.1	—

序号	项目 指标	冲厕	道路清扫、消防	城市绿化	车辆冲洗	建筑施工
11	溶解氧/(mg/L) ≥	1.0				
12	总余氯/(mg/L)	接触 30min 后≥1.0,管网末端≥0.2				
13	总大肠菌群/(个/L) ≤	3				

注:混凝土拌合用水还应符合《混凝土用水标准》(JGJ 63—2006)的规定。

(2) 中水用于景观环境用水水质,其水质应符合国家标准《城市污水再生利用 景观环境用水水质》(GB/T 18921—2002)的规定,见表 8-4。

表 8-4　　　　　　　　　　景观环境用水的再生水水质指标

序号	项目	观赏性景观环境用水			娱乐性景观环境用水		
		河道类	湖泊类	水景类	河道类	湖泊类	水景类
1	基本要求	无漂浮物,无令人不愉快的嗅和味					
2	pH 值	6~9					
3	BOD₅/(mg/L) ≤	10	6		6		
4	SS/(mg/L) ≤	20	10				
5	浊度/NTU ≤	—			5.0		
6	溶解氧/(mg/L) ≥	1.5			2.0		
7	总磷(以 P 计)/(mg/L) ≤	1.0	0.5		1.0	0.5	
8	总氮/(mg/L) ≤	15					
9	氨氮(以 N 计)/(mg/L) ≤	5					
10	粪大肠菌群/(个/L) ≤	1000	2000	500	不得检出		
11	余氯/(mg/L) ≥	接触 30min 后≥0.05(对于非加氯消毒方式无此项要求)					
12	色度/度	30					
13	石油类/(mg/L) ≤	1.0					
14	阴离子表面活性剂/(mg/L) ≤	0.5					

注:1. 对于需要通过管道输送再生水的非现场回用情况一般采用加氯消毒方式,而对于现场回用情况不限制消毒方式。

2. 若使用未经过除磷脱氮的再生水作为景观环境用水,鼓励使用本标准的各方在回用地点积极探索通过人工培养具有观赏价值水生植物的方法,使景观水的氮磷满足表中的要求,使再生水中的水生植物有经济合理的出路。

（3）中水用于食用作物、蔬菜浇灌用水时，应符合《农用灌溉水质标准》（GB 5084—2005）的要求；中水用于采暖系统补水等其他用途时，其水质应达到相应使用要求的水质标准；当中水同时满足多种用途时，其水质应按最高水质标准确定。

8.2　中水水量平衡

◆◆■8.2.1　水量平衡计算

水量平衡是指中水原水水量、中水处理水量、中水用水量和生活补给水量之间通过计算调整达到平衡一致，以合理确定中水处理系统的规模和处理方法，使原水收集、水质处理和中水供应几部分有机结合，保证中水系统能在中水原水和中水用水很不稳定的情况下协调运作。水量平衡应保证中水原水量稍大于中水用水量。水量平衡计算是系统设计和量化管理的一项工作，是合理设计中水处理设备、构筑物及管道的依据。水量平衡计算可按下列步骤进行：

（1）实测确定各类建筑物内厕所、厨房、淋浴、盥洗、洗衣及绿化、浇洒等用水量，无实测资料时，可按"各类建筑物分项给水百分率"估算；

（2）初步确定中水供水对象和中水原水集流对象；

（3）计算可集流的中水原水量 Q；

（4）计算原水收集率，收集率不应低于回收排水项目给水量的 75%；

（5）计算中水用水量 Q'；

（6）确定中水处理水量 Q_1，宜为中水回用水量的 110%～115%；

（7）比较可集流中水原水量与中水处理水量的计算公式如下：

$$a = \frac{Q - Q_1}{Q_1} \times 100\% \tag{8-2}$$

式中　a——考虑集流水量和中水用水量不稳定的安全系数，一般取 10%～15%。

（8）计算不处理的溢流量或生活饮用水补给水量：

$$Q_2 = |Q - Q_1| \tag{8-3}$$

式中　Q_2——当 $Q > Q_1$ 时，为溢流中水原水量；当 $Q < Q_1$ 时，为补给水量，m^3/d。

◆◆■8.2.2　水量平衡图

水量平衡的结果应绘成水量平衡图，图中应注明给水量、排水量、集流水量、不可集流水量、中水供水量、溢流水量和生活给水补给水量等。通过对集流的中水原水项目和中水供水项目增减调整后，将满足各种水量之间关系的数值用图线和数字表示出来，使人一目了然。水量平衡图并无定式，以清楚表达水量平衡关系为准则，以能从图中明显看出设计范围中各种水量的来龙去脉、各量值及相互关系、水的合理分配及综合利用情况为目的。根据确定的各种用水量（或用水比例）和排水率，可绘出水量平衡图。图 8-4 所示为一建筑小区中水工程的典型水量平衡图，图中括号内为中水处理站停用时的给排水量。

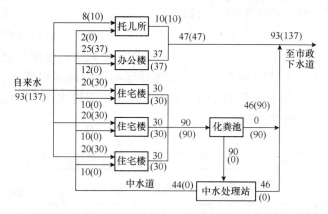

图 8-4　水量平衡示意图（单位：m³/d）

◆◆8.2.3　水量调节

　　中水系统中应设调节池（箱），其作用是调节中水原水量和处理水量的供求不均衡关系。调节池（箱）的调节容积应按中水原水量及处理量的逐时变化曲线计算。在缺乏上述资料时，其调节容积可按下列方法计算：

　　（1）连续运行时，调节容积可按日处理水量的 35%～50% 计算；

　　（2）间歇运行时，调节容积可按处理工艺运行周期计算。

　　处理设施后应设中水贮存池（箱），其作用是调节中水处理水量和中水供水量需求不均衡关系。中水贮存池（箱）的调节容积应按处理量及中水用量的逐时变化曲线求算。在缺乏上述资料时，其调节容积可按下列方法计算：

　　（1）连续运行时，调节容积可按中水系统日用水量的 25%～35% 计算；

　　（2）间歇运行时，调节容积可按处理设备运行周期计算；

　　（3）当中水供水系统设置供水箱采用水泵-水箱联合供水时，其供水箱的调节容积不得小于中水系统最大小时用水量的 50%。

　　中水贮存池或中水供水箱上应设自来水补水管，其管径按中水最大时供水量计算确定。

8.3 中水系统处理

◈◈8.3.1 中水系统的处理工艺

中水处理工艺流程应根据中水原水的水质、水量和中水的水质、水量及使用要求等因素,经技术经济比较后确定。

当以优质杂排水或杂排水作为中水原水时,因水中有机物浓度较低,处理目的主要是去除原水中的悬浮物和少量有机物,降低水的浊度和色度,可采用以物化处理为主的工艺流程,或采用生物处理和物化处理相结合的工艺流程,如图8-5所示。采用膜处理工艺时,应有保障其可靠进水水质的预处理工艺和易于膜的清洗、更换的技术措施。

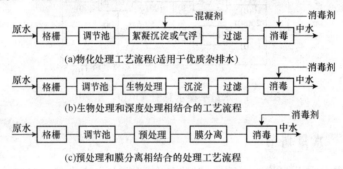

图8-5 优质杂排水和杂排水为中水水源时的水处理工艺流程

当以含有粪便污水的排水作为中水原水时,因中水原水中有机物和悬浮物浓度都很高,中水处理的目的是同时去除水中的有机物和悬浮物,宜采用二段生物处理与物化处理相结合的处理工艺流程,如图8-6所示。

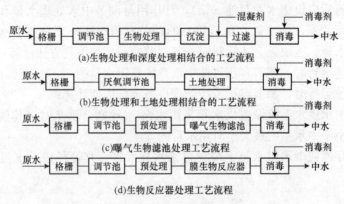

图8-6 生活排水为中水水源时的水处理工艺流程

当利用污水处理站二级处理出水作为中水水源时，处理目的主要是去除水中残留的悬浮物，降低水的浊度和色度，宜选用物化处理或与生化处理结合的深度处理工艺流程，如图 8-7 所示。

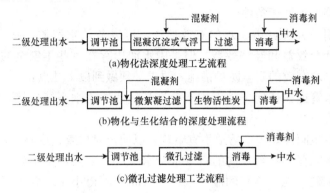

图 8-7　污水处理站二级出水作为中水水源时的水处理工艺流程

当中水用于采暖系统补充水等用途，采用一般处理工艺不能达到相应用水水质标准要求时，应增加深度处理设施。选用中水处理一体化装置或组合装置时，装置应具有可靠的处理效果参数，其出水水质应符合使用用途要求的水质标准。

中水处理产生的沉淀污泥、活性污泥和化学污泥，当污泥量较小时，可排至化粪池处理；当污泥量较大时，可采用机械脱水装置或其他方法进行妥善处理。

◆◆◆8.3.2　中水系统的处理站

中水处理站位置应根据建筑的总体规划、中水原水的产生、中水用水的位置、环境卫生和管理维护要求等因素确定。以生活污水为原水的地面处理站与公共建筑和住宅的距离不宜小于 15m，建筑物内的中水处理站宜设在建筑物的最底层，建筑群的中水处理站宜设在其中心建筑的地下室或裙房内，小区中水处理站按规划要求独立设置，处理构筑物宜为地下式或封闭式。

中水处理站面积应按处理工艺确定，并留有发展空间。对于居住小区中水处理站，加药贮药间和消毒剂制备贮存间宜与其他房间隔开，并有直接通向室外的门；对于建筑物内的中水处理站，宜设置药剂贮存间。中水处理站应设有值班室和化验室等。

中水处理站内处理构筑物及处理设备应布置合理、紧凑，满足构筑物施工、设备安装、运行调试、管道敷设及维护管理的要求。

中水处理站应设集水坑，当无法重力排水时，应设置潜水泵排水。排水泵一般设置两台，一用一备，排水能力不应小于最大小时来水量。

中水处理站应设有适应处理工艺要求的采暖、通风、换气、照明、给水、排水设施。中水处理站应采取有效的除臭措施、隔音降噪和减振措施，具备污泥（渣）的存放和外运条件。

中水回用是解决城市缺水的有效途径，可以节约水资源，减少环境污染，具有良好的社会效益和经济效益，但是中水回用存在一些不安全的因素，必须认真对待。采取有效的安全防护措施，要求必须做到以下几点：

（1）中水管道在任何条件下均不允许与生活饮用水系统连接，以免污染生活饮用水水质。

（2）除卫生间外，中水管道不宜暗装，以便及时检查、维修。

（3）中水贮存池（箱）内的自来水补水管应采取防污染措施，补水管出水口应高于中水贮存池（箱）的溢流水位，其间距不得小于 2.5 倍管径。严禁采用淹没式浮球阀补水。

（4）中水管道与生活饮用水管道、排水管道平行埋设时，其水平净距不得小于 0.5m；变叉埋设时，中水管道应在生活饮用水管道下面，排水管道的上面，其净距不得小于 0.15m。中水管道与其他专业管道的间距应按《建筑给水排水设计规范》（GB 50015—2003）中给水管道要求执行。

（5）中水贮存池（箱）设置的溢流管、泄水管，均应采用间接排水方式。溢流管后设隔网。

（6）中水管道应采取防止误接、误用和误饮的措施。

（7）中水管道外壁应按有关标准的规定涂色和标志。

（8）中水系统的水池、阀门、水表及给水栓、取水口等均应有明显的"中水"标志。

（9）公共场所及绿化的中水取水口应设带锁装置。

（10）工程验收时应逐段进行检查，防止误接。

项目 9 建筑饮用水工程设计

9.1 饮用水系统设计

9.1.1 饮用水系统的水质

饮用水水质应满足《生活饮用水卫生标准》（GB 5749—2006）的要求，见表 9-1。对于作为饮用水的温水和冷饮用水，除满足《生活饮用水卫生标准》外，为防止贮存、运输过程中的二次污染和进一步提高饮用水质，在接至饮用水装置前，还应进行必要的过滤。

表 9-1　　　　　《生活饮用水卫生标准》（GB 5749—2006）

项　目		限值
感官性状指标	色度	色度不超过 15 度
	浑浊度	不超过 3NUT
	臭和味	不得有异臭、异味
	肉眼可见度	不得含有
一般化学指标	pH 值	6.5～8.5
	铁	0.30mg/L
	锰	0.10mg/L
	铜	1.0mg/L
	锌	1.0mg/L
	铝	0.2mg/L
	阴离子合成洗涤剂	0.30mg/L
	硫酸盐	250mg/L
	氯化物	250mg/L
	溶解性总固体	1000mg/L
	总硬度	450mg/L

续表

项　目		限值
毒理学指标	氟化物	1.0mg/L
	氰化物	0.05mg/L
	砷	0.01mg/L
	硒	0.01mg/L
	汞	0.001mg/L
	镉	0.005mg/L
	铬（六价）	0.05mg/L
	铅	0.01mg/L
	银	0.05mg/L
	硝酸盐（以氮计）	10mg/L
	四氯化碳	0.002mg/L
	苯并 [a] 芘	0.000 01mg/L
	滴滴涕（DDT）	0.001mg/L
	六六六	0.005mg/L
细菌学指标	细菌总数	100CUF/mL
	总大肠菌群	不得检出
	耐热大肠菌群	不得检出
放射性指标	总 α 放射性	0.5Bq/L
	总 β 放射性	1Bq/L

9.1.2　饮用水系统的定额

　　饮用水定额及小时变化系数因建筑性质（或劳动性质）和地区的条件不同而异，详见表 9 - 2。

表 9 - 2　　　　　　　　饮用水定额及小时变化系数

建筑物名称	单位	饮用水定额/L	时变化系数 K_h
热车间	每人每班	3~5	1.5
一般车间	每人每班	2~4	1.5
工人生活间	每人每班	1~2	1.5
办公楼	每人每班	1~2	1.5
集体留舍	每人每班	1~2	1.5
教学楼	每学生每日	1~2	2.0

续表

建筑物名称	单位	饮用水定额/L	时变化系数 K_h
医院	每床每日	2～3	1.5
影剧院	每观众每日	0.2	1.0
招待所、旅馆	每客人每日	2～3	1.5
体育馆（场）	每观众每日	0.2	1.0

◆◆■9.1.3 饮用水系统的温度

表 9-3 所列为饮用水温度及其适用条件。

表 9-3 饮用水温度及其适用条件

饮用水类型		饮用水温度/℃	适用条件
开水		100	宾馆、饭店、机关、高校、部队、厂矿
冷饮用水	常温	10～30	涉外宾馆、饭店及旅游景点
		14～18	高温作业、重体力劳动
	低温	10～14	重体力劳动
		7～10	一般工作或轻体力劳动
		4.5～7	冷饮专卖店、涉外高级饭店

◆◆■9.1.4 饮用水开水的供应

1. 开水制备

（1）直接加热。直接加热，即一种常用的煮沸方式。

优点：比较简单，投资省、热效率较高、维护管理简单，适合小规模的热水供应，小型的开水器使用方便、灵活，可以设置在专用的饮水间、医院的住院处、车间、办公楼的走廊等处，可采用燃气、燃油、燃煤开水炉或电热开水炉加热。

缺点：冷水水质不好时容易结垢，如采用煤作为燃料容易造成环境污染。饮用开水不宜采用蒸汽直接加热方式。

（2）间接加热。间接加热不容易发生水质污染，水与热媒不直接接触，如间断式蒸汽开水器，如图 9-1 所示。开水器本身具有一定的容积，一般是钢制的，开水器内部设置有蒸汽盘管，热蒸汽进入蒸汽盘管，通过盘管的金属表面进行热交换，冷水被加热，蒸汽释放热量后冷凝水可以回收。

优点：采用间接式加热的方式，开水不会受到蒸汽的品质的影响，煮沸时噪声比较低，可以保证开水温度。

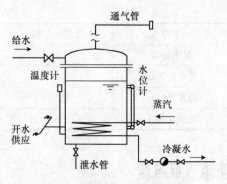

图 9-1 间断式蒸汽开水器

缺点：热效率低，不便于集中管理，投资较大。

2. 开水供应

（1）集中制备，集中供应。设置集中的开水间，在开水间集中制备开水，如学校、机关的锅炉房，集中在锅炉房烧开水，从锅炉房接出热水管道，饮用者需要时到锅炉房去打开水，如图 9-2 所示的分散制备开水，每个开水间的服务范围半径一般不大于 250m。

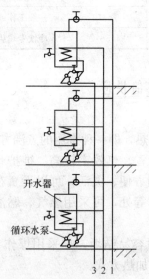

图 9-2 分散制备开水
1—冷水；2—蒸汽；3—冷凝水

优点：投资少、耗热量少、易于操作管理。

缺点：饮用不方便。

这种方式适用于大中小学校、机关、军营等。

（2）分散制备，分散供应。在建筑物的各层设置开水间或开水供水点，冷水、热蒸汽和冷凝水管道分别与各楼层的开水器连接，一般采用间接加热器，用热蒸汽加热，也可采用电加热器加热。

优点：使用方便，可以保证饮用点的开水温度。

缺点：耗热量大，不容易管理，投资比较高。

这种方式适用于旅馆、饭店、工矿企业、办公楼、医院等。

（3）集中制备，管道输送供应。集中制备指在开水间集中制备开水，然后用管道输送到各个楼层的饮水点，为了保证水温，需要设置循环管道，一般加热器设置在建筑物的底部，可采用下行上给的全循环方式，如图9-3所示；也可以设置于顶层采用上行下给的方式，回水管道上设置循环水泵形成开水的全循环。

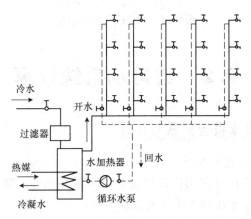

图 9-3 开水集中制备管道输送

优点：能保证各个用水点的水温，而且使用、管理方便。

缺点：耗热量比较大，投资高。

这种方式一般用于建筑标准高的情况，对水温的要求比较高，为了保证用水点的水温，要求开水器的出水温度 $t_1 \geqslant 105℃$，回水温度为 $t_2 = 100℃$。加热方式采用直接加热、间接加热都可以。加热设备可采用电加热器、蒸汽加热、燃油热水器等。

◈◈◈9.1.5 冷饮用水的供应

对于中小学、体育场馆、火车站等人员流动比较集中的公共场所，可以采用冷饮用水供应。冷饮用水供应方式也可以采用集中制备分散供应方式或集中制备管道供应方式。冷饮用水制备，如图9-4所示，系统一般由水加热器、冷却器和冷饮用水箱组成。可以采用间接加热方式，水由加热器加热沸腾后，送入冷却器，经过冷却器内的盘管，送入冷开水箱，开水在盘管内，在冷却器中冷水从下部进入，经过盘管外向上运动，由冷却器上部的管道进入加热器，冷水经过冷却器，即对开水有冷却作用，冷水本身也被预热了。需要用冷开水时可从冷饮用水箱直接接水。

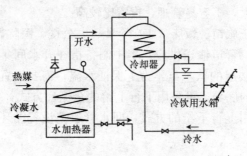

图 9-4　冷饮用水供应系统

9.2　饮用水系统计算

◆◆9.2.1　饮用水供应的水力计算

1. 饮用净水的水量和水压

饮用净水系统应保证向用户提供足够的水量和水压，额定水量包括居民日用水量和水嘴流量，水压指水嘴处的出水水压。

水量要求饮用净水主要用于居民饮用、煮饭、烹饪，也可用于淘米、洗涤蔬菜水果等，其用水量随经济水平、生活习惯、水嘴水流特性等因素而变化，特别是受水价的影响比较大。根据有关研究结果，一般用于饮用的为 2～3L/（人·d）；用于饮用和烹饪的为 3～6L/（人·d）；用于饮用和做饭的水量估算占平均日用水量的 4%左右。一些已建工程的设计值范围为 3～10L/（人·d）。因此规范规定：居住小区、住宅、别墅等建筑设有饮用净水供应系统时，饮水定额宜为 4～7L/（人·d），小时变化系数宜为 6。一般北方地区可以按低限取值，南方发达地区可以按高限取值，办公楼为 2～3L/（人·d）。有些情况下也可根据用户要求确定。饮用净水水嘴的出水量和自由水头应先满足使用要求。由于饮用净水的用水量小，而且价格比一般生活给水贵很多，为了避免饮水的浪费，饮用净水不能采用一般额定流量大的水嘴，应采用额定流量小的专用水嘴，饮用净水水嘴额定流量宜为 0.04L/s，最低工作压力为 0.03MPa。饮用净水水嘴额定流量和工作压力值是根据对一种不锈钢鹅颈龙头进行试验研究后推荐的参数。

最大时饮用水量 Q_{yh} 根据调查，普通住宅约有 40% 的日用水量集中在做晚饭的一小时内耗用（主要是做饭洗菜及烧开水），故推荐 $Q_{yh} \geqslant 0.40 Q_{yd}$，$Q_{yd}$ 为系统日用水量。设计最大时饮用水量，与饮用开水设计流量相同。饮用水定额及小时变化系数，根据建筑物的性质和地区的条件确定。办公楼内的饮用水常常是开水炉将自来水烧开后供给，配置饮用净水管道后，可同时供应开水和冷开水，用水规律变化不大，时变化系数可参照传统值，取 $K_h = 2.5 \sim 4.0$，用水时间可取 10h；住宅、公寓可取 $K_h = 4.0 \sim 6.0$，用水时间可取 24h。

2. 饮用净水管网系统水力计算

整个饮用净水管网系统分为供水管网和回水管网，通过水力计算确定各管段管径及水头损失，以及选择加压贮水设备等。

根据饮用净水的使用情况，系统的用水在一天中每时每刻都是变化的，为保证用水可靠，应以最不利时刻的最大用水量为各管段管道的设计流量。对供水管网而言，管道的设计流量应为饮用净水设计秒流量与回水量之和。对回水管网而言，如采用全天回流方式，每条支管回流量可以采用一个饮用净水水嘴的额定流量，系统的回流量为各支管回流量的总和。

（1）设计秒流量。

1）饮用净水供应系统的中配水管中的设计秒流量应按下式计算：

$$q_g = q_0 m \qquad\qquad (9-1)$$

式中　q_g——计算管段的设计秒流量，L/s；

　　　q_0——饮水水嘴额定流量，L/s，取 $q_0 = 0.04$L/s；

　　　m——计算管段上同时使用饮水水嘴的个数，设计时可按表 9-4 选用。

2）当管道中的水嘴数量在 12 个以下时，m 值可以采用表 9-4 中的经验值。

表 9-4　　　　　　　　　　　　　　　m 值经验

水嘴数量 n	1	2	3	4～8	9～12
使用数量 m	1	2	3	3	4

3）当管道中的水嘴数量多于 12 个时，m 值按下式计算：

$$\sum_{k=0}^{m} P^k (1-P)^{n-k} \geqslant 0.99 \qquad\qquad (9-2)$$

式中　k——表示 1～m 个饮水水嘴数；

　　　n——饮水水嘴总数，个；

　　　P——饮水水嘴使用概率。

$$P = a q_h / 1800 n q_0 \qquad\qquad (9-3)$$

式中　a——经验系数，0.6～0.9；

　　　q_h——设计小时流量，L/h；

n——饮水水嘴总数，个；

q_0——饮水水嘴额定流量，L/s。

（2）管径计算。

1）管道的设计流量确定后，选择合理的流速，即可根据水力学公式计算管径：

$$d = \sqrt{\frac{4q_g}{\pi u}} \qquad (9-4)$$

式中　d——管径，m；

　　　q_g——管段设计流量，m^3/s；

　　　u——流速，m/s。

2）饮用净水管道的控制流速不宜过大，可按表9-5中的数值选用。

表9-5　　　　　　　　　饮用净水管道中的流速

公称直径/mm	15~20	25~40	≥50
流速/(m/s)	≤0.8	≤1.0	≤1.2

（3）循环流量。系统的循环流量 q_x 一般可按下式计算：

$$q_x = V/T_1 \qquad (9-5)$$

式中　q_x——循环流量，L/h；

　　　V——闭合循环回路上供水系统这部分的总容积，包括贮存设备的容积，L；

　　　T_1——饮用净水允许的管网停留时间，h，可取 4~6h。

（4）供水泵。

1）变频调速水泵供水系统中，水泵流量计算公式为

$$Q_b = q_s \times 3600 + q_x \qquad (9-6)$$

2）变频调速水泵供水系统中，水泵扬程计算公式为

$$H_b = h_0 + z + \sum h \qquad (9-7)$$

式中　Q_b——水泵流量，L/h；

　　　q_s——瞬间高峰用水量，L/s；

　　　q_x——循环流量，L/h；

　　　H_b——供水泵扬程，m；

　　　h_0——最不利点水嘴自由水头，m；

　　　z——最不利水嘴与净水箱的几何高度，m；

　　　$\sum h$——最不利水嘴到净水箱的管路总水头损失，m。

注：水头损失的计算与生活给水的水力计算方法相同。

（5）循环水泵。设置循环水泵的系统中，循环水泵的扬程 h_B 由两部分组

成：供水管网部分（包括水泵输水管）发生的水头损失 h_P 和循环管网部分发生的水头损失 h_x，即

$$h_B = h_P + h_x \tag{9-8}$$

式（9-8）中 h_P 值的大小与循环泵的设计运行方式密切相关。若循环泵仅在无用水时运行，则 h_P 比 h_x 小得多，可以忽略不计；若循环泵连续运行，包括高峰用水时也运行，则 h_P 又比 h_x 大。实际上，循环泵的运行应以管网中的水能够维持更新为宗旨进行设定。当管网用水量超过了 q_x 时，管网水能够自我维持更新，可不必循环，循环泵应停止运行。当管网用水量小于 q_x，管网水就不能自我维持更新，循环系统应运行。可见，管网用水量是否超过 q_x 可作为控制循环泵启停的判定指标。为避免循环泵频繁启停，可允许用水流量围绕 q_x 值有一波动范围，如波动范围为正负 20%，即管网用水量达到 $1.2q_x$ 时停泵，小于 $0.8q_x$ 时启泵。在这样的运行方式下，循环泵运行时配水管网中的流速则比回水管中的流速小得多，从而 h_P 比 h_x 小得多，以至于可以忽略不计，即 $h_B \approx h_x$。

◆◆9.2.2　开水供应的计算

1. 饮用水开水设计流量

饮用水开水设计流量应按饮水定额和小时变化系数计算。开水温度集中开水供应系统按 100℃ 计算，管道输送全循环供水系统按 105℃ 计算。设计最大时饮用水量的计算公式为

$$Q_h = K_h \cdot \frac{mq}{T} \tag{9-9}$$

式中　Q_h——设计最大时饮用水量，L/h；

　　　K_h——小时变化系数；

　　　q——饮水定额；

　　　m——用水计算单位，人或床位数；

　　　T——饮用水供应时间，h。

2. 耗热量计算

制备开水需要消耗热量，设计小时耗热量可按下式计算：

$$W_h = \alpha \Delta t Q_h \tag{9-10}$$

式中　W_h——设计小时耗热量，kJ/h；

　　　α——开水供应系统热损失系数，对于无管道输送系统，$\alpha = 1.05 \sim 1.10$；对于有管道输送系统，$\alpha = 1.10 \sim 1.20$；

　　　Δt——冷水与开水的计算温度差，开水温度一般均按 100℃ 计算，冷水计算温度根据水源情况确定；

　　　Q_h——设计最大时饮用水量，L/h。

注：其他计算可参照热水供应系统的计算方法进行，应注意的是，由于开水温度较高，汽化和结垢的倾向比较大，按热水系统进行管道水力计算所得到的管径应适当放大。

9.3 管道饮用净水设计

◆◆9.3.1 分质供水

一个城市的用水包括工业用水（多数是冷却用水）、市政用水与居民用水，而这些用水的水质要求是各异的，长期以来我国城市供水系统采用统一给水方式下多数都用生活饮用水标准要求水质，并合用一套供水管网。由于自来水厂的常规水处理工艺对水质净化程度有限，而且城市供水管网及建筑内部供水系统也常常会发生二次污染，另外，很多小区的自备井更存在水质差、水质处理不彻底等问题，随着人们对生活环境、生活质量的要求越来越高，建筑内部生活给水的水质问题已引起人们的普遍关注。

生活给水包括一般日常生活用水和饮用水两部分，一般来说，与饮水和烹调有关的用水量只占日常生活用水量的 2%～5%，每人每日需要 3L 左右，这部分水直接参与人体的新陈代谢，对人体健康影响极大，其水质应是优质的，需要进行深度处理。而其他 95%～98% 的生活用水，仅作为洗涤、清洁之用，对水质的要求并不一定很高，满足国家规定的《生活饮用水卫生标准》（GB 5749—2006）即可。直接饮用的水与生活用水的水质、水量相差比较大，如将生活给水全部按直接饮用水的水质标准进行处理，则太不经济，也没有必要。而分质供水就是根据人们用水的不同水质需要而提出的，是解决供水水质问题的经济、有效的途径。

分质供水是根据用水水质的不同，在建筑内或小区内，组成不同的给水系统，如直接利用市政自来水，供给清洁、洗涤、冲洗等用水，为生活给水系统；自来水经过深度净化处理，达到饮用净水标准，供人们直接饮用，为饮用净水（优质水）系统；在建筑中或建筑群中将洗涤等用水收集后加以处理，回收利用供给冲厕所、洗车、浇洒绿地等，称为中水供水系统。

管道饮用净水系统是指在建筑物内部保持原有的自来水管道系统不变，供应人们生活清洁、洗涤用水，同时对自来水中只占 2%～5% 用于直接饮用的水集中进行深度处理后，采用高质量无污染的管道材料和管道配件，设置独立于自来水管道系统的饮用净水管道系统至用户，用户打开水龙头即可直接饮用。如果配置专用的管道饮用净水机与饮用净水管道连接，可从饮用净水机中直接供应热饮用水或冷饮用水，非常方便。

◆■■*9.3.2* 饮用水的水质

1. 管道饮用净水的水质要求

直接饮用水应在符合国家《生活饮用水卫生标准》（GB 5749—2006）的基础上进行深度处理，系统中水龙头出水的水质指标不应低于建设部颁发的中华人民共和国城镇建设行业标准《城市供水水质标准》（CJ/T 206—2005），水质安全规范如下：

（1）供水水源地必须依法建立水源保护区。保护区内严禁建任何可能危害水源水质的设施和一切有碍水源水质的行为。

（2）城市公共集中式供水企业和自建设施供水单位，应依据有关标准，对饮用水源水质定期监测和评价，建立水源水质资料库。

（3）当供水水质出现异常和污染物质超过有关标准时，要加强水质监测频率。并应及时报告城市供水行政主管部门和卫生监督部门。

（4）水厂、输配水设施和二次供水设施的管理单位，应根据本标准对供水水质的要求和水质检验的规定，结合本地区的情况建立相应的生产、水质检验和管理制度，确保供水水质符合本标准要求。

（5）当城市供水水源水质或供水设施发生重大污染事件时，城市公共集中式供水企业或自建设施供水单位，应及时采取有效措施。当发生不明原因的水质突然恶化及水源性疾病暴发事件时，供水企业除立即采取应急措施外，应立即报告当地供水行政主管部门。

（6）城市公共集中式供水企业、自建设施供水和二次供水单位应依据本标准和国家有关规定，对设施进行维护管理，确保到达用户的供水水质符合本标准要求。

2. 饮用净水的处理

（1）水处理技术常用的方法是活性炭吸附过滤法和膜分离法。

1）活性炭吸附过滤法。活性炭是一种具有发达孔隙结构和良好吸附性能的疏水性吸附剂，活性炭还是一种良好的催化剂，具有催化氧化及催化还原作用，可使水中金属如二价铁氧化成三价铁，二价汞还原成三价汞而被吸附去除。活性炭在水处理中具有如下功能。

①除臭：去除酚类、油类、植物腐烂和用氯杀菌所导致水的异臭。

②除色：去除铁、锰等重金属的氧化物和有机物所产生的色度。

③除有机物：去除腐质酸类、蛋白质、洗涤剂、杀虫剂等天然的或人工合成的有机物质，降低水中的耗氧量（BOD 和 COD）。

④除氯：去除水中游离氯、氯酚、氯胺等。

⑤除重金属：去除汞（Hg）、铬（Cr）、砷（As）、锡（Sn）、锑（Sb）等有

毒有害的重金属。

活性炭有粉状活性炭（粉末炭）和粒状活性炭（粒状炭）两大类。粉状活性炭适用于有混凝、澄清、过滤设备的水处理系统。在饮用水深度处理中通常采用粒状活性炭。粒状活性炭适用于在吸附装置内充填成炭层，水流在连续通过炭层的过程中，接触并吸附，粒状活性炭在吸附饱和后可在 900~1100℃绝氧条件下再生，粒状活性炭吸附装置的构造与普通快滤池相同，故亦称为活性炭过滤。在饮用水深度处理系统中通常采用压力式活性炭过滤器。

2）膜分离法。膜分离是一门新兴的技术，膜分离过程以选择性透过膜为分离介质，当膜两侧存在某种推动力（如压力差、浓度差、电位差等）时，原料侧组分选择性地透过膜，以达到分离、分级、提纯的目的。用于饮用水处理中的膜分离处理工艺通常分为四类，即微滤（MF）、超滤（UF）、纳滤（NF）和反渗透（RO）。这些膜分离过程可使用的装置、流程设计都相对较为成熟。

①微滤。微滤所用的过滤介质——微滤膜是由天然或高分子合成材料制成的孔径均匀整齐的类似筛网状结构的物质。微滤是以静压力为推动力，利用筛网状过滤介质膜的"筛合"作用进行分离膜的过程，其原理与普通过程相似，但过滤膜孔径为 $0.02~10\mu m$，所以又称精密过滤。与常规过滤的过滤介质相比，微孔过滤具有过滤精度高、过滤速度快、水头损失小、对截留物的吸附量少及无介质脱落等优点。由于孔径均匀，膜的质地薄，易被粒径与孔径相仿的颗粒堵塞。因此进入微滤装置的水质应有一定的要求，尤其是浊度不应大于5NUT。微滤能有效截留分离超微悬浮物、乳液、溶胶、有机物和微生物等杂质，小孔径的微滤膜还能过滤部分细菌。当原水中的胶体与有机污染少时可以采用，其特点是水通量大，渗透通量20℃时为 $120~600L/(h \cdot m^2)$；工作压力为 $0.05~0.2MPa$；水耗范围为 5%~8%，出水浊度低。

②超滤。超滤过程通常可以理解成与膜孔径大小相关的筛合过程。以膜两侧的压力差为驱动力，以超滤膜为过滤介质。在一定的压力下，当水流过表面时，只允许水、无机盐及小分子物质透过膜，而阻止水中的悬浮物、胶体、蛋白质和微生物等大分子物质通过，以达到溶液的净化、分离与浓缩的目的。超滤膜多为不对称结构，由一层较薄（通常：$<1\mu m$）只有一定尺寸孔径的表皮层和一层较厚（通常为 $125\mu m$ 左右）只有海绵状或指状结构的多孔层组成。前者起分离作用，后者起支撑作用。超滤的过滤范围一般介于纳滤与微滤之间，它的定义域为截留相对分子质量为 500~500 000，相应孔径大小的近似值为 $20 \times 10^{-10}~1000 \times 10^{-10}$ m。一般可截留相对分子质量大于 500 的大分子和胶体，这种液体的渗透压很小，可以忽略不计。所以超滤的操作压力较小，一般在 $0.1~0.5MPa$，膜的水透过率为 $0.5~5.0m^3/(m^2 \cdot d)$，水耗量 8%~20%。采用超滤膜可以去除和分离超微悬浮物、乳液、溶胶、高分子有机物、动物胶、果胶、

细菌和病毒等杂质，出水浊度低。

③纳滤。纳滤膜的孔径在纳米范围，所以称为纳滤膜及纳滤过程。在滤谱上它位于反渗透和超滤渗透之间，纳滤膜和反渗透膜几乎相同，只是其网络结构更疏松，对单价离子（Na^+、Cl^- 等）的截留率较低（＜50%），但对 Ca^{2+}、Mg^{2+} 等二价离子截留率很高（＞90%），同时对除草剂、杀虫剂、农药等微污染物或微溶质有较好的截留率。纳滤特别适合用于分离相对分子质量小于 200 的有机化合物，它的操作压力一般不到 1MPa。

④反渗透。反渗透过程是渗透过程的逆过程，即在浓溶液一边加上比自然渗透更高的压力，扭转自然渗透方向，把浓溶液中的溶剂（水）压到半透膜的另一边。当对盐水一侧施加压力超过水的渗透压时，可以利用半透膜装置从盐水中获得淡水。截留组分一般为 0.1～1nm 的小分子溶质，对水中单价离子（Na^+、K^+、Cl^-、NO_3^- 等）、二价离子（Ca^{2+}、Mg^{2+}、SO_4^{2-}、CO_3^{2-} 等）、细菌、病毒的截留率大于 99%，采用反渗透法净化水，可以得到无色、无味、无毒、无金属离子的超纯水。但由于反渗透膜的良好的截留率性能，将绝大多数的无机离子（包括对人类有益的盐类等）从水中除去，长期饮用会影响人体健康。反渗透装置一般工作压力为 1～10MPa。

3）饮用净水的后处理主要包括消毒和矿化。

①消毒。确定饮用净水消毒工艺应考虑以下几个因素：杀菌效果与持续能力；残余药剂的可变毒理；饮用净水的口感及运行管理费用等。饮用净水消毒一般采用臭氧、二氧化氯、紫外线照射或微电解杀菌。目前常用紫外线照射与臭氧或与二氧化氯合用，以保证在居民饮用时水中仍能含有少量的臭氧或二氧化氯，确保无生物污染；也可以采用次氯酸钠，因为经过深度处理的水中有机物含量减少，一般不会发生有机卤化物的危害。

②矿化。由于经纳滤和反渗透处理后，水中的矿物盐大大降低，为使洁净水中含有适量的矿物盐，可以对水进行矿化，将膜处理后的水再进入装填有含矿物质的粒状介质（如木鱼石、麦饭石等）的过滤器处理，使过滤出水含有一定的矿物盐。

（2）饮用水深度处理工艺流程。管道优质饮用净水深度处理的工艺、技术和设备都已十分成熟。因管道饮用净水的供水规模一般比较小，国内已经有一些厂家生产各种处理规模的综合净水装置，以适应建筑或小区规模有限、用地紧张的情况。设计时应根据城市自来水或其他水源的水质情况、净化水质要求、当地条件等，选择饮用净水处理工艺。一般地面水源，主要污染是胶体和有机污染，饮用净水深度处理工艺中活性炭是必需的，微滤或超滤也常被采用；地下水源的主要污染一般是无机盐、硬度、硝酸盐超标或总溶解固体超标，也有的水源受到有机污染，在处理工艺中离子交换与纳滤是必须有的，有时也用活性炭对水进行深度处理。完整的深度处理工艺如图 9-5 所示。简易的深度处理工艺如图 9-6 所示。

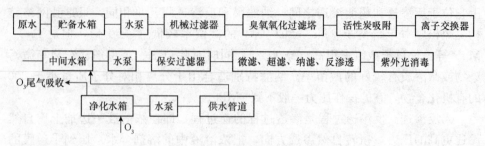

图 9-5　完整的深度处理工艺

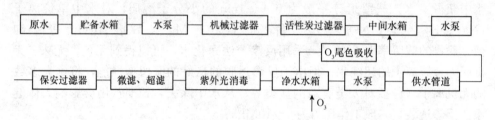

图 9-6　简易的深度处理工艺

3. 管道饮用净水供应方式

管道饮用净水系统一般由供水水泵、循环水泵、供水管网、回水管网、消毒设备等组成。为了保证水质不受二次污染，饮用净水配水管网的设计应特别注意水力循环问题，配水管网应设计成密闭式，用循环水泵使管网中的水得以循环，以保证水质新鲜。

由于优质水用水量比较小，而设计秒流量比较大，有可能形成设计管道直径较大，而总管流量又较小的矛盾，易造成循环短路。为解决这一矛盾，可参照热水系统的设计经验，将循环管路设计成同程式。常见的供水方式如下：

（1）水泵和高位水罐（箱）供水方式。图 9-7 所示为高位水箱供水方式，净水车间及饮用净水泵设于管网的下部。管网为上供下回式，高位水箱出口处设置消毒器，并在回水管路中设置防回流器，以保证供水水质。

（2）变频调速泵供水方式。图 9-8 所示为调速泵供水方式，净水车间设于管网的下部，管网为下供上回式，由变频调速泵供水，不设高位水箱。

（3）屋顶水池重力流供水方式。屋顶水池重力流供水系统如图 9-9 所示，屋顶水池重力流供水方式，净水车间设于屋顶。饮用净水池中的水靠重力供给配水管网，不设置饮用净水泵，但设置循环水泵，以保证系统的正常循环。

高层建筑中的饮用净水供水系统应采用竖向分区供水方式，分区时可优先考虑使用减压阀而不是多设水泵，减压阀可只设一个，不设备用，饮用净水水

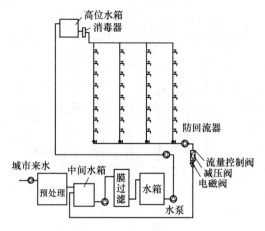

图 9-7　高位水箱供水方式

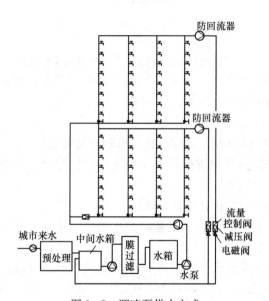

图 9-8　调速泵供水方式

质较好，阀前的过滤器也可不设。使用时各楼层水龙头的流量差异越小越好，根据经验饮用净水系统的分区压力可比自来水系统的值取小些，住宅中分区压力小于等于 0.32MPa，办公楼中分区压力小于等于 0.40MPa。

4. 管道饮用净水系统设置要求

为保证管道饮用净水系统的正常工作，并有效地避免水质二次污染，饮用净水必须设循环管道，并应保证干管和立管中饮水的有效循环。其目的是防止管网中长时间滞留的饮水在管道接头、阀门等局部不光滑处由于细菌繁殖或微

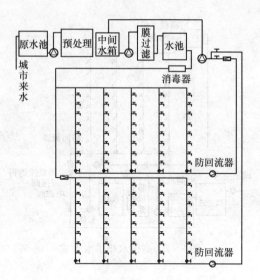

图 9-9　屋顶水池重力供水方式

粒集聚等因素而产生水质污染和恶化的后果。循环回水系统一方面把系统中各种污染物及时去掉，控制水质的下降，同时又缩短了水在配水管网中的停留时间（规定循环管网内水的停留时间不宜超过 6h），借以抑制水中微生物的繁殖。饮用净水管道系统的设置一般应满足以下要求：

（1）系统应设计成环状，并应保证足够的水量和水压。

（2）管道系统应达到动态循环和循环消毒，供配水管路中应不产生滞水现象，并应尽量减少管路的长度。

（3）室内循环管路应设计成同程式。

（4）设计循环系统运行时不得影响配水系统的正常工作压力和饮水龙头的出流率。

（5）饮用净水在供配水系统中各个部分的停留时间不应超过 6h。

（6）各处的饮用净水龙头的自由水头应尽量相近，且不宜小于 0.03MPa。

（7）饮用净水管网系统应独立设置，不得与非饮用净水管网相连。

（8）一般应优先选用无高位水箱的供水系统，宜采用变频调速水泵供水系统。

（9）配水管网循环立管上、下端部位设球阀，管网中应设置检修门，在管网最远端设排水阀门，管道最高处设置排气阀。排气阀处应有滤菌、防尘装置，排气阀处不得有死水存留现象，排水口应有防污染措施。

5. 管道系统中的水质防护

饮用净水在管网中的保质输送，是饮用净水管网系统设计中的关键，不仅是水处理设备出口处水质应合乎标准，更要保证各个饮用水水嘴出水的水质合乎标准。

饮用净水系统需要向用户明确承诺，从饮用水水嘴流出的水是安全的，是可以直接饮用的。

但是从已建成的部分饮用净水系统工程实例的运行情况看，有些饮用净水系统存在着不可忽视的水质下降，如饮用净水管道中经一、两周时间就有较明显的附壁物，有的饮用净水水箱中的水在夏天细菌超标，有的饮用净水系统因管网存在各种问题建成后不能运行等。优质饮用净水的二次污染可能出现在管网系统中的各个环节，因此，饮用净水管网系统若只在传统生活给水管网的概念上增加一套循环系统，仍不能完全解决问题。优质饮用净水管网系统除必须设置循环管网以外，还需采取积极主动的措施，抑制、减少污染物的产生，对可能产生的二次污染物及时去除。

饮用净水系统的设计中一般应注意以下几点：

（1）管道、设备材料。饮用净水系统的管材应优于生活给水系统。净水机房及与饮用净水直接接触的阀门、水表、管道连接件、密封材料、配水水嘴等均应符合食品级卫生标准，并应取得国家级资质认证。饮水管道应选用薄壁不锈钢管、薄壁铜管、优质塑料管，一般应优先选用薄壁不锈钢管，因其强度高、受高温变化的影响小、热传导系数低、内壁光滑、耐腐蚀、对水质的不利影响极小，但使用薄壁不锈钢管一般比其他管道材料贵，比 PPR 管或铝塑管贵 10% 左右。

（2）水池、水箱的设置。水池、水箱中出现的水质下降现象，常常是由于水的停留时间过长，使得生物繁殖、有机物及浊度增加造成的。饮用净水系统中水池、水箱没有与其他系统合用的问题，但是，如果储水容积计算值或调节水量的计算值偏大，以及小区集中供应饮用净水系统中，由于入住率低导致饮用净水用水量达不到设计值时，就有可能造成饮用净水在水池、水箱中的停留时间过长，引起水质下降。为减少水质污染，应优先选用无高位水箱的供水系统，宜选用变频给水机组直接供水的系统，另外应保证饮用净水在整个供水系统中各个部分的停留时间不超过 6h。

（3）管网系统设计。饮用净水管网系统必须设置循环管道，并应保证干管和立管中饮用水的有效循环。饮用净水管网系统应设置成环状，且上、下端横管应比配水立管管径大，循环回水管在配水环网的最末端，即距输水干管进入点最远处引出。如管网为枝状，若下游无人用水，则局部区域会形成滞水。当管网为环状时，这一问题便会缓解甚至消除，如果设计得当，即使某一立管无用水，也不易形成滞水。同时应尽量减少系统中的管道数量，各用户从立管上接至配水龙头的支管也应尽量缩短，一般不宜超过 1m，以减少死水管段，并尽量减少接头和阀门井。饮用净水管道应有较高的流速，以防细菌繁殖和微粒沉积、附着在内壁上。干管（$DN \geqslant 32mm$）设计流速宜大于 1.0m/s，支管设计流速宜大于 0.6m/s，循环回水须经过净化与消毒处理方可再进入饮用净水管道。

（4）防回流。防回流污染的主要措施如下：若饮用净水水嘴用软管连接且水嘴不固定，使用中可随手移动，则支管不论长短，均设置防回流阀，以消除水嘴侵入低质水产生回流的可能；小区集中供水系统，各栋建筑的入户管在与室外管网的连接处设防回流阀；禁止与较低水质的管网或管道连接。循环回水管的起端设防回流器，以防循环管中的水回流到配水管网，造成回流污染。有条件时，分高、低区系统的回水管最好各自引回净水车间，以易于对高、低区管网的循环进行分别控制。

●项目 10　高层建筑给水排水设计

10.1　高层建筑给水设计

◆◆ 10.1.1　给水系统的分区

对于高层建筑物，如果给水系统只采用一个区供水，则下层的给水压力过大，将会产生下列后果：当水龙头开启时，水成射流喷溅，影响使用，而且导致管道振动，产生噪声；水龙头、阀门等五金配件容易损坏，减少使用期限。为了消除或减少上述弊端，高层建筑超过一定的高度时，其给水系统必须进行竖向分区。

竖向分区的高度一般以给水系统中最低处卫生洁具所受的最大静水压力值为依据。目前国内外尚无统一规定，往往根据使用要求、管材质量、卫生洁具的耐压性能，以及高层建筑的层数进行综合确定。实际工程中常以下列数据为分区依据：住宅、旅馆、医院的给水系统一般以 300~350kPa 为一区；办公楼350~450kPa 为一区。对于高层建筑消火栓的消防给水系统，分区以最低消火栓处最大静水压力不大于 800kPa 为标准，自动喷水灭火给水系统管网内的工作压力以不大于 1200kPa 为标准。

◆◆ 10.1.2　给水系统的方式

高层建筑的分区加压和供水方式是其给水设计的核心。当高层建筑竖向分区之后，重要的是如何以经济合理、安全可靠的方式向各区供水。高层建筑通常采用的给水方式见表 10-1，其反映的是当前国际高层建筑给水技术发展现状。据有关资料介绍，采用高位水箱并联供水方式较为有利，被国外实际工程普遍采用。近年来，无水箱并联供水方式有推广的趋势，但由于目前国内生产的减压阀和变频水泵等设备还不能完全满足要求，故高位水箱并联供水方式和减压水箱的供水方式仍采用最广。

表 10 - 1 　　　　　　　　　　　　高层建筑给水方式比较

给水方式	做法	优点	缺点	适用范围
设水池、水泵和水箱的并联给水方式，如图 10-1 所示	下部利用室外管网压力供水，上部利用各区水泵提升至各区水箱供水，分区设置水箱和水泵，水泵集中布置	（1）供水相对可靠。 （2）各区独立运行供水，压力稳定。 （3）水泵集中布置，便于管理。 （4）能源消耗合理	（1）管材消耗较多。 （2）水泵型号较多。 （3）投资较多。 （4）水箱占用上层建筑的面积较多	（1）允许分区设置水箱的各类高层建筑。 （2）由于此种给水方式供水安全可靠，能源消耗合理，应用较广
串联分区给水方式，如图 10-2 所示	分区设置水箱和水泵，水泵分散设置，自下区水箱抽水供上区用水	（1）供水可靠。 （2）设备、管道简单，投资较省，能源消耗合理	（1）水泵设在上层，振动、噪声较大。 （2）占地面积较大。 （3）设备分散，维护管理不便。 （4）上区供水受下区限制，可靠性差	（1）允许分区设置水箱的各类高层建筑。 （2）适用于超高层建筑
水箱减压分区给水方式，如图 10-3 所示	用水由底层水泵统一加压，利用各区水箱减压，上区供下区用	（1）设备及管道较简单，投资较省。 （2）设备布置较集中，维护管理方便	（1）最高层总水箱容积大。 （2）管道的管径加大。 （3）能源消耗较大	（1）适用于允许分区设水箱的高层建筑。 （2）电力供应充足、电价较低地区
减压阀分区减压给水方式，如图 10-4 所示	水泵统一加压，仅在顶层设置水箱，下区供水利用减压阀减压	（1）设备及管材较少，投资省。 （2）设备布置集中，不占用上层使用面积	下层供水压力损耗较大，能源消耗较大	适用于电力供应充足、电价较低地区的各类高层建筑
分区变频水泵供水，如图 10-5 所示	各区设变频水泵或多台水泵并联，根据出水量或水压调节水泵转速或运行台数	（1）供水较可靠。 （2）水泵布置集中。 （3）不占建筑上层使用面积。 （4）能源消耗少	（1）水泵型号及台数较多。 （2）投资较大。 （3）水泵控制及调节复杂	适用于各种类型的高层工业与民用建筑

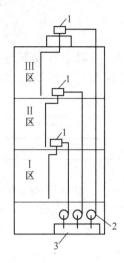

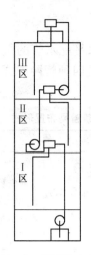

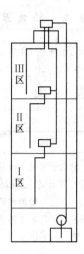

图 10-1   并联给水方式   图 10-2   串联给水方式   图 10-3   减压水箱给水方式

1—水箱；2—水泵；3—水池

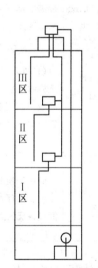

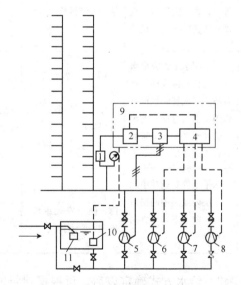

图 10-4   减压阀给水方式   图 10-5   有变频水泵的给水方式

1—压力传感器；2—微机控制器；3—变频调速器；

4—恒速泵控制器；5—变频调速泵；

6，7，8—恒速泵；9—电控柜；

10—水位传感器，11—液位自动控制阀

◆◆ 10.1.3　给水系统的布置

高层建筑各种给水系统，按照水平配水管的敷设位置，可以布置成下行上给式、上行下给式、环状式和中分式四种管网方式。其管网布置、适用范围和优缺点见表10-2。

表10-2　　　　　　　　　高层建筑管网布置形式

布置形式	管网布置	优点	缺点	适用范围
上行下给式	给水干管设于该分区的上部技术层或吊顶内，上接自屋顶水箱或分区水箱，下连各给水立管，向下供水	适用于分布给水的上部给水	对安装在吊顶内的配水干管，要考虑漏水或结露问题	应用于设置高位水箱的高层住宅及高层公共建筑
下行上给式	供水干管多敷设于该区的下部技术层、室内管沟、地下室顶板下或该分区底层下的吊顶	形式简单，明装时便于安装维修	(1) 埋地管道检修不便。 (2) 与上行下给式布置相比，最高层配水点流出水头较低	高层住宅、高层工业建筑等公共建筑，在利用外管网水压直接供水部建筑时，多采用这种方式
环状式	水平配水干管或配水立管互相连接成环，在有两条引入管时，也可将两条引入管通过配水立管和水平配水干管的方式组成环状	(1) 供水安全可靠。 (2) 水流通畅，水头损失小。 (3) 水不易变质	整个管网使用管材较多，致使管网造价较高	(1) 用于供水要求严格的高层建筑。 (2) 高层建筑消防管网均采用环状式
中分式	水平干管敷设在中间技术层内或某中间层吊顶内，向上下两个方向分别供水	管道安装在技术层内，便于安装维修，有利于管道排气	需要增设设备层或某中间层的层高	应用于层顶作露天茶座、舞厅或设有中间设备层的高层建筑

高层建筑给水方式确定以后，可根据建筑的平面设计和供水要求，进行室内给水管道的布置，此过程应确保供水安全、经济、可靠，力求美观并应便于施工及维护管理。给水管道的布置与建筑物的性质、结构情况、用水要求及给水系统的给水方式等有关，一般应遵循下列原则和要求：

（1）确保供水安全，力求经济合理。

室内给水管道应在满足水量、水压要求的前提下，使管线布置得最短，尽可能呈直线走向。配水点分散的建筑宜多设立管，以减少水平管路的穿越。引入管、主干管、立管应尽量敷设在用水量最大的配水点附近，可降低室内管网所需压力、节约管材。

为保证高层建筑安全供水，应从不同侧的室外管网设两条或两条以上的引入管，并与室内管道连成环状，进行双向供水。如条件不具备，也可由室外管网同侧引入，但两根引入管间距不得小于10m，并在两接入点间设置阀门，或采取设贮水池等措施以保证供水安全。

（2）保证管道不受损坏，防止水质污染。

给水埋地管应避免布置在可能被重物压坏处，管道不得穿越生产设备基础。如遇特殊情况，必须穿越时，应与相关专业协商处理。

给水管道不得敷设在排水沟内。给水管道不得穿过大小便槽，当立管位于小便槽端部0.5m以内时，在小便槽端部应有建筑隔断措施，以防管道腐蚀。给水管道不宜穿过伸缩缝、沉降缝，否则应采取如下保护措施：

1）软性接头法。即用橡胶软管或金属波纹管连接沉降缝、伸缩缝两边的管道。

2）丝扣弯头法。在建筑物沉降过程中，两边的沉降差可由丝扣弯头的旋转来补偿，此法适用于小口径给水管道。

生活饮用水管道不得与非饮用水管道连接。在特殊情况下，必须以饮用水作为工业备用水源时，两种管道连接处应采取防止水质污染的措施。

饮用水管与大便器（槽）冲洗水管连接时，应采取防止非饮用水倒流污染的措施，如在冲洗水管上设防污助冲器，或安装带有空气隔断装置的冲洗阀。

（3）不影响生产安全和建筑空间使用。

给水管道的位置不得妨碍生产操作、交通运输和建筑物的使用。管道不得布置在遇水易燃、易爆和易损坏的原料、产品和设备上面，并应尽量避免在生产设备上面通过。管道不宜穿过橱窗、壁柜和木质装修。

（4）便于管道安装、维修。

明装管道应尽量沿墙、梁、柱平行敷设。暗装管道横干管除直接埋地外，宜敷设在地下室、吊顶或管沟内，立管可敷设在管井中。给水管与其他管道同沟或共架敷设时，宜设在排水管、冷冻管上面，热水管或蒸汽管下面，给水管不宜与输送易燃、可燃或有害的液体、气体的管道同沟敷设。

管道井尺寸应根据管道数量、管径大小、排列方式、维修条件及建筑平面是否合理确定。一般可按整个建筑面积的3%～5%来考虑，如长城饭店竖井面积占标准楼层面积的5%。以两间背对背的卫生间为例，管道井的净宽度不宜少于0.75m，其长度为1.0m或为卫生间长度，卫生间的面积与建筑标准有关。

为便于检修，管道井净宽不宜小于0.6m，管道井应每层设检修洞，每两层应有横向隔断，检修门直开向走廊。

给水管穿过地下室外墙或地下构筑物的墙壁处时，应采取防水措施。穿过承重墙或基础处应预留洞口，且管顶上部净空不得小于建筑物沉降量，一般不小于0.1m。给水横干管宜有0.002～0.005的坡度，坡向泄水装置。

10.1.4 高层建筑消防类别

随着高层建筑内部设施的日益完善和消防科学技术的迅速发展，高层建筑消防系统的类型和装置也不断扩充，它们大致可分为如下两大类：

(1) 消防给水系统。高层建筑以水作为灭火剂，最常用的灭火装置有消火栓给水系统和自动喷水消防系统两种类型。

(2) 固定灭火装置。当火灾发生时，有些火灾场所是不能用水扑救的，因为有的物质（如电石、碱金属等）与水接触会引起燃烧、爆炸或助长火势蔓延，有些场所（如珍贵文物、图书室、档案室等）用水灭火会造成严重的水渍损失。这就要求高层建筑内部除了设置消防给水系统外，还应根据其内部不同房间或部位的特殊要求，设置适宜的灭火装置，用以控制或扑救初期火灾，减少火灾的损失。

注：目前固定灭火装置，1211和1301灭火系统因污染大气、引起臭氧层破坏已经被禁用。FN－200是目前取代1211和1301的气体灭火剂，其灭火浓度为7%，比1211或1301灭火系统略高，需进口。对于某些珍藏室、票据库等必须用气体灭火的场所，可考虑采用。长期应用的效果已证实，二氧化碳灭火系统的灭火效能比较理想。

10.1.5 高层建筑消防水量

高层建筑消防用水量标准，是进行高层建筑消防给水系统设计的基本参数。

高层建筑，尤其是百货大楼、展览楼、邮政楼、资料档案楼、高级旅馆、重要的办公楼、科研楼、图书馆和纺织工业楼、服装加工楼、制革工业楼、综合加工楼等一类高层建筑，室内可燃物多，楼梯间、电梯井、管道井、风管、电缆井等竖向管井也较多，如果分隔处理不善，发生火灾时向上蔓延快，烟气大，辐射热强，人员疏散和扑救火灾十分困难。有的高层建筑，由于缺乏足够的消防用水量和完善的消防设施，一旦发生火灾，就会造成十分严重的损失，为了保障高层建筑的消防安全，减少火灾损失，要求必须具备充足的消防用水量。

高层建筑消防用水量还与建筑物的性质、类别、高度、火灾次数、消防要求、消防系统的类型和设备，以及国家经济技术发展水平等因素密切相关。

1. 高层建筑在防火设计上的分类

高层建筑在防火设计上的分类，主要根据其使用性质、火灾危险性、疏散和扑救难度等确定。根据高层建筑的分类，消防用水量及消防要求也有以下区别：

（1）室内外消防用水量不同：一类高层建筑大，二类高层建筑小。

（2）火灾初期，消防水箱内的消防贮备水量不同：一类高层建筑多，二类高层建筑少。

（3）对固定灭火装置的要求不同：一类高层建筑（少数例外）必设，二类高层建筑可不设。

2. 消防用水量的确定

高层民用建筑的消防用水量，应按室内、室外消防用水量之和计算。

建筑内设有消火栓、自动喷水、水幕和泡沫等灭火设备时，其室内消防用水量应按需要同时开启上述设备时的用水量之和计算。

据资料统计，我国各大中城市最大火灾的平均用水量为89L/s。因此，我国现行的《建筑设计防火规范》（GB 50016—2006）规定，人口超过40万的城市或居住区，一次火灾的消防用水量不小于75L/s。有的高层建筑的火灾扑救水量更大（如上海某饭店火场用水量为200L/s）。但是，考虑到我国当前技术经济发展水平和消防装备状况，《建筑设计防火规范》（GB 50016—2006）规定高层建筑消防用水量的上限值为70L/s。

高层建筑消防用水量下限值，系指扑救火灾危险性较小、可燃物较少、建筑高度较低（如虽超过24m，但不超过50m）的建筑火灾用水量。根据上海、天津、沈阳等城市火场用水量统计，有效地扑救火灾的平均用水量为39.15L/s，扑救较大公共建筑火灾的平均用水量为38.7L/s。

3. 消火栓给水系统用水量标准

根据高层建筑消火栓给水系统立足于室内自救的原则和具体要求，按照扑救火灾实际需要，我国《高层民用建筑设计防火规范（2005版）》（GB 50045—1995）提出了具体的用水量标准。

（1）高层民用建筑消火栓给水系统的消防用水量应满足表10-3的要求。

（2）高级旅馆、住宅、重要的办公楼等高层建筑，除了设有自动喷水灭火系统、消火栓给水系统以外，还增设了消防水喉。这种水喉设备流量少，也是提供住户扑救初期火灾用的，可以不计算消防用水量。

表10-3　　　　　　　高层民用建筑消火栓系统用水量

| 建筑物名称 | 建筑物高度/m | 消防用水量/（L/s） | | 每根竖管最小流量/（L/s） | 每支水枪最小水流/（L/s） |
		室外	室内		
普通住宅	≤50	15	10	10	5
	>50	15	20	10	5

建筑物名称	建筑物高度/m	消防用水量/(L/s)		每根竖管最小流量/(L/s)	每支水枪最小水流/(L/s)
		室外	室内		
(1) 高级住宅。 (2) 医院。 (3) 二类建筑的商业楼、展览楼、综合楼、财贸金融楼、电信楼、商住楼、图书馆、书库。	≤50	20	20	10	5
(4) 省级以下的邮政楼、防灾指挥调度楼、广播电视楼、电力调度楼。 (5) 建筑高度不超过50m的教学楼和普通的旅馆、办公楼、科研楼、档案楼等	>50	20	30	15	5
(1) 高级旅馆。 (2) 建筑高度超过50m或每层建筑面积超过1000m² 的商业楼、展览楼、综合楼、财贸金融楼、电信楼。 (3) 建筑高度超过50m或每层建筑面积超过1500m² 的商住楼。 (4) 中央和省级（含计划单列市）邮政楼、防灾指挥调度楼。	≤50	30	30	15	5
(5) 藏书超过100万册的图书馆、书库。 (6) 重要的办公楼、科研楼、档案楼。 (7) 建筑高度超过50m的教学楼和普通的旅馆、办公楼、科研楼、档案楼等	>50	30	40	15	8

4. 自动喷水灭火设备的用水量

高层建筑物内自动喷水灭火设备的火灾控制率与自动喷水头的开放数量有关。该控制率随着喷水头开放数量的增加而增大，可见自动喷水灭火设备具有良好的灭火效果。

(1) 火灾初期 10min 内的消防用水量。

1) 为使自动喷水灭火设备经常处于备用状态，扑救火灾初期 10min 的消防用水量，应由屋顶分区水箱或气压罐供给。《建筑设计防火规范》（GB 50016—2006）规定，起火后 10min 的自动喷水灭火设备的消防用水量为 10L/s，大约相当于 10 个喷水头开放时的用水量。据国外统计资料，开放 10 个喷水头时，累积平均火灾控制率可达 83.78%。

2) 为配合自动喷水灭火设备扑救火灾，按高层防火规范规定，对同时设有消火栓给水系统的一类建筑，亦应同时考虑室内消火栓给水系统的消防用水量，其流量以 20L/s 为宜。

3）室内总消防用水量为自动喷水灭火设备及室内消火栓系统消防用水量之和，为30L/s。

（2）火灾 10min 后，50min 内的消防用水量。10min 后，50min 内的消防用水量是扑救火灾的主要用水量，根据《高层民用建筑设计防火规范（2005 版）》（GB 50045—1995）规定，按 30L/s 计算。

◈◈ 10.1.6 高层建筑消防设计

1. 消防给水系统类型

高层建筑中高度为 10 层及 10 层以上的住宅建筑和建筑高度为 24m 以上的其他民用和工业建筑的消防给水系统，称为高层建筑室内消防给水系统。

（1）按供水系统范围分类。

1）独立的室内消防给水系统，即每栋高层建筑设置一个室内消防给水系统。这种系统安全性较高，投资大。在地震区及重要的建筑物内宜采用独立的室内消防给水系统。

2）区域集中的室内消防给水系统。对于高层建筑群，常采用区域集中的室内高压（或临时高压）消防给水系统，即数栋或数十栋高层建筑物共用一个泵房的消防给水系统。这种系统便于集中管理，可相对节省投资。

（2）按建筑高度分类。

1）不分区室内消防给水系统。建筑高度不超过 50m 的工业与民用建筑物，一旦着火，消防队使用消防车，从室外消火栓（或消防水池）取水，通过水泵接合器往室内管道送水，可协助室内扑灭火灾。备有大型消防车的城市，建筑高度超过 50m 而不超过 80m 时，室内消防给水系统也可不分区。

2）分区室内消防给水系统。当建筑高度超过 80m 时，室内的消防给水系统难以得到消防车的供水支援，为保证火场灭火用水，应采用分区给水系统。

2. 消火栓系统

（1）消火栓系统形式。

1）不分区室内消火栓系统，适用于建筑高度不超过 50m 的工业与民用建筑，如图 10 - 6 所示。

2）分区室内消火栓系统，建筑高度超过 80m 的高层建筑或消火栓处静水压力大于 0.8MPa 时，采用分区室内消火栓系统，如图 10 - 7 所示。

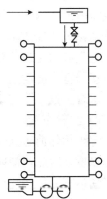

图 10 - 6　不分区的消火栓给水系统

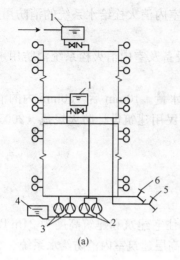
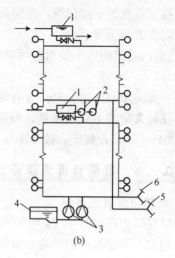

图 10-7　分区室内消火栓给水系统
1—水箱；2—水泵（供高区用）；3—水泵（供低区用）；4—水池；
5—高区用水泵接合器；6—低区用水泵接合器

（2）消火栓给水管网布置。

1）总体布置如下：

①高层建筑室内消防给水管道应布置成环状。需要由环状管道上引出枝状管道时（如设置屋顶消火栓），枝状管道上的消火栓数不宜超过一个（双口消火栓按一个计算）。

②室内环状管道的进水管不应少于两条，且宜从建筑物的不同方向引入。若在不同方向引入有困难时，直接接至竖管的两侧。若在两根竖管之间引入两条进水管时，应在两条进水管之间设置分隔阀门（此阀门应为常开阀门，只供发生事故或检修时使用）。当其中一条进水管发生故障或检修时，其余的进水管应仍能保证全部消防流量和规定的消防水压。

③设有两台或两台以上消防泵的泵站，应有两条或两条以上的消防泵出水管直接与室内的消防管网连接，不允许几个消防泵共用一条总的出水管，再在总出水管上设支管与室内管网连接。

2）立管布置：

①当相邻消防立管中一条在检修时，另一条立管应仍能保证扑灭初期火灾的用水量。因此，消防立管的布置，应保证同层相邻立管上的水枪的充实水柱同时到达室内任何部位。

②在建筑物走廊端头，应设消防主管，且走廊的立管数量，应保证单口消火栓在同层相邻立管上的水枪充实水柱同时到达室内任何部位的要求。其间距由计算决定，但消防立管的最大间距不宜大于 30m。

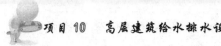

③消防立管的直径应按室内消防用水量由计算决定。计算出来的消防立管直径小于 100mm 时，应考虑消防车通过水泵接合器往室内管网送水的可能性，仍应采用 100mm。

④一般塔式住宅设置两根消防立管。高度小于 50m，每层面积小于 $500m^2$，且可燃物很少的耐火等级较高的建筑物，设置两根立管有困难时，也可设一根消防立管，但必须采用双出口消火栓。

⑤当建筑物内同时设有消火栓给水系统和自动喷水消防系统时，应将自动喷水设备管网与消火栓分开设置。如有困难时，可合用消防泵，但应在自动喷水系统的报警阀前（沿水流方向）将管道分开设置。

（3）消火栓布置。

1）室内消火栓布置的原则如下：

①室内消火栓应设在易于发现、易于取用的地点，严禁伪装消火栓，消防电梯前室应设消火栓。

②消火栓的间距应能保证同层相邻两个消火栓的水枪充实水柱同时到达室内任何一点。

③消火栓水枪充实水柱的确定：当室内消火栓栓口直径、水龙带长度和水枪喷嘴口径确定以后，水枪充实水柱应根据建筑物层高再通过计算确定，以保证水枪充实水柱能到达室内任何部位；对建筑高度超过 50m 的百货大楼、展览楼、财贸金融楼、省级财政楼、高级旅馆、重要的科研楼，为保证灭火效果，规定水枪充实水柱不应小于 13m。

2）室内消火栓布置的具体要求如下：

①每个消火栓处应设启动消防水泵的按钮，并应设置保护按钮的措施。

②高层建筑室内消火栓的直径采用 65mm，配备的水龙带长度不应超过 25m，水枪喷嘴口径不应小于 19mm。

③按照消火栓的机械强度，其所承受的静水压力不应大于 800kPa；如超过 800kPa，应采取分区给水措施或在消火栓处设减压措施。

（4）消火栓的安全设施。

1）消火栓管网上的阀门。高层建筑室内消防给水管网应设置一定数量的阀门，以保证火场供水安全。阀门的布置应使管道在检修时，被关闭的立管不超过一条，一般可按分水节点的管道数 $n-1$ 的原则布置，如图 10-8 所示。消防管网上的阀门应经常处于开启状态，为防止管道（或消防设备）检修后

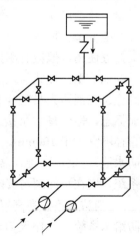

图 10-8　室内消防环网及阀门布置

忘开阀门或误关闭，阀门应有明显的启闭标志、信号，或在阀门开启后进行铅封。

2) 屋顶消火栓。高层建筑屋顶应设检查和试验用的消火栓，供本单位和消防队定期检验室内消火栓给水系统的供水能力时使用。这对保护建筑物免受邻近火灾的威胁有良好的效果。屋顶消火栓一般采用双出口，每个消火栓充实水柱不应小于 10m，水龙带长 25m。某些屋顶水箱难以满足屋顶消火栓的水量、水压的要求，但消防泵开启后应能满足屋顶消火栓的水压要求。屋顶消火栓的设置数量，宜按消火栓给水系统的用水量确定。在北方寒冷地区，屋顶消火栓应有防冻和泄水装置。

3) 水泵接合器。高层建筑消防给水管网系统均应设置水泵接合器。水泵接合器是消防车往室内管网供水的接口，当室内消防水泵发生故障或室内消防用水量不足（如火场用水量超过固定消防泵的流量）时，消防车队即从室外消火栓、消防水池或天然水源取水，通过水泵接合器将水送至室内管网，保证室内火场用水。当室内消防水泵发生故障时，要求将室外消防用水通过水泵接合器送至室内管网。因此，水泵接合器的数量应按室内消防用水量进行计算确定。当计算出水泵接合器数量少于两个时，仍应采用两个，以保证安全。对于一般的塔式住宅，当为建筑高度小于 50m、每层面积小于 $500m^2$ 的普通住宅时，若采用两个水泵接合器有困难，也可采用一个，每个水泵接合器的流量，可按一个室外消防消火栓出水量计算。每一个室外消火栓仅供一台消防车用水。故每个水泵接合器的流量按 10～15L/s 计算。

水泵接合器有定型产品，根据需要，水泵接合器可从下述三种类型中选用。

①墙壁型。形似室内消火栓，可设在高层建筑物的外墙上，但与建筑物的门、窗、孔、洞应保持一定距离，一般不宜小于 1.0m。

②地上型。形状与地上式消火栓相似，可设在高层建筑物附近，便于消防人员接近使用，但应有明显的标志，标明是水泵接合器，以便识别使用。

③地下型。形状与地下式消火栓相似，可设在高层建筑物附近的专用井内。该井应设在消防人员便于接近和使用的地点，但不应设在车行道上，井盖应有明显标志，标明是水泵接合器，以便识别。消防水泵接合器与室内管网的连接管直径不宜小于 100mm。水泵接合器四周 15～40m 范围内应设室外消火栓（或消防水池），供水泵接合器用水。为防止消防车送水压力过高破坏室内消火栓给水系统，应在止回阀与管网之间的连接管上设置安全阀。

4) 消防水箱。在高层建筑独立的临时高压消防给水系统，或区域集中高压消防给水系统中，扑灭初期火灾，主要依靠消防给水系统中贮存一定消防水量的高位水箱。当室内某处发生火灾而消防水泵尚未启动时，依靠高位水箱的设置高度（位能）而产生的压力作用，把水箱中贮备的消防用水输送到火源附近的消火栓进行灭火，这是一种在火灾初期非常经济可靠的灭火措施。

①高层建筑的屋顶应设高位水箱。消防水箱的贮水量应按建筑物内 10min 的消防用水量进行计算。当建筑物内只设有消火栓时，其消防水箱的贮存量应符合下列要求：一类建筑（住宅除外）不应小于 18m³；二类建筑（住宅除外）和一类建筑中的住宅不应小于 12m³；二类建筑中的住宅不应小于 6m³。

②消防水箱宜与其他用水的水箱合用，使水箱的水经常处于流动状态，以防水质变坏。与其他用水合用的水箱，应有消防用水不被他用的技术措施。

③高层建筑物内的消防水箱最好设置两个。当一个水箱检修时，仍可保存必要的消防应急用水，尤其是重要的高层建筑物及建筑高度超过 50m 的建筑物。

5）远距离启动消防水泵的设备。为了在起火后迅速提供消防管网所需的水量和水压，各消防设备处必须设置按钮或水流指示器等远距离启动消防水泵的装置。建筑物内的消防控制中心，应能远距离控制消防水泵运转设备。

（5）自动喷水灭火系统。

自动喷水灭火装置是当前世界上广泛使用的固定灭火系统。据美国国家防火协会的资料统计，1925～1969 年的 45 年中，安装这种灭火系统的建筑物共发生过 81 425 次火灾，自动喷水灭火装置的灭火、控火成功率达到 96.2%。美国国家防火协会统计的美国 1925～1964 年自动喷水灭火系统的灭火成功率见表 10 - 4。

表 10 - 4　　　　　　　　　自动喷水灭火系统灭火成功率

建筑物名称	灭火成功		灭火不成功		合计	
	次数	相对比率（%）	次数	相对比率（%）	次数	相对比率（%）
学校	204	91.9	18	8.1	222	0.3
公共建筑办事处	259	95.6	12	4.4	271	0.4
办事处	403	97.1	12	2.9	415	0.6
住宅	493	95.6	43	4.4	986	1.3
公共集会场所	1321	96.6	47	3.4	1368	1.8
仓库	2957	89.9	334	10.1	3291	4.4
小百货商场	5642	97.1	167	2.9	5809	7.7
工厂	60 383	95.6	2156	3.4	62 539	83.0
其他	307	78.9	82	21.1	389	0.15
总计	72 419	96.2	2871	3.8	75 290	100.0

虽然我国的新老建筑，包括高层建筑、厂房、仓库及公共建筑，其自动喷水灭火系统并不普及，但从一些火灾案例看，灭火、控火效果非常明显。

目前，高层建筑自动喷水灭火系统按其保护对象可分为洒水系统、雨淋系统、水幕系统和水喷雾系统四种类型。目前普遍使用洒水系统中的湿式系统、干式系统、预作用系统，以及雨淋系统和水幕系统。

10.2 高层建筑排水设计

◈◈ 10.2.1 高层建筑排水类型

高层建筑排水系统根据排出污（废）水的性质分为五类，见表 10 - 5。

表 10 - 5 高层建筑排水系统分类

污（废）水种类	污（废）水来源及水质情况	排水系统
粪便污水	从大、小便器排出的污水，其中含有便纸和粪便杂质	粪便污水系统
生活废水	从脸盆、浴盆、洗涤盆、淋浴盆、洗衣房等器具排出的污水，其中含有洗涤剂及一些洗涤下来的细小悬浮杂质，相对来说，比粪便污水干净一些	生活污水系统
冷却废水	从空调机、冷冻机等排出的冷却废水，水质一般不受污染，仅水温升高，可冷却循环使用，但长期运转后，其酸碱度改变，须经水质稳定处理	冷却水系统
屋面雨水	水中含有从屋面冲刷下来的灰尘，一般比较干净	雨水系统
特殊排水	如公共厨房排出含油脂的废水、冲洗汽车的废水，一般需单独收集，局部处理后回用或排放	特殊排水系统

◈◈ 10.2.2 高层建筑排水组成

（1）高层建筑排水系统应满足以下要求：

1）管道及设备布置应结合高层建筑的特点，尽量做到安全、合理，便于施工安装，并能迅速排出污（废）水，防止震动后的位移、漏水；

2）应保证管道系统内气压稳定，防止管道系统内的水封被破坏和水塞形成；

3）为污水综合利用及处理提供有利条件，尽可能做到"清、污"分流。

（2）高层建筑排水系统一般由下列几部分组成，如图 10 - 9 所示。

1）卫生洁具。卫生洁具是建筑排水系统的起点，接纳各种污水后排入管网系统，污水从卫生洁具排出口经过存水弯和洁具排水管流入横支管。

2）横支管。横支管的作用是把各卫生洁具排水管流来的污水排至立管，横支管应具有一定的坡度。

3）立管。立管接受各横支管流出的污水，然后再排至排出管。

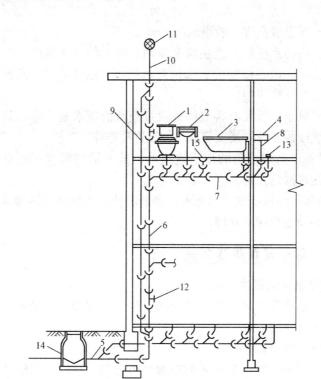

图 10-9 建筑内部排水系统

1—大便器；2—洗脸盆；3—浴盆；4—洗涤盆；5—排出管；6—立管；
7—横支管；8—支管；9—通气立管；10—伸顶通气管；11—网罩；
12—检查口；13—清扫口；14—检查井；15—地漏

4）排出管（出户管）。排出管是室内排水立管与室外排水检查井之间的连接管。它接受立管流出的污水并排至室外排水管网，其管径应由水力计算确定。

5）专用通气管。对于高层建筑，通气管是其排水系统的重要组成部分，其作用如下：污水在室内外排水管道中产生的臭气及有毒害的气体能排到大气中去。

在污水排放时横排水管系内的压力变化应尽量稳定，并接近大气压力，这样可使卫生洁具存水弯内的存水（水封）不致因压力的波动而被抽吸（负压时）或喷溅（正压时）。专用通气立管管径应比最低层污水立管管径小一级，联合通气管的管径不得小于所连接的最小立管的管径。

6）清通设备。为了疏通排水管道，在室内排水系统内，一般可设置以下三种清通设备。

①检查口。设在排水立管上及较长的水平管段上，是带有螺栓盖板的短管。清通时，将盖板打开。立管装设规定：除建筑最高层及最低层必须设置外，应

隔层设置一个，其设置高度一般距地面1m。

②清扫口。当污水横管上连接两个及两个以上的大便器或三个及三个以上的其他卫生洁具时，应在横管的起端设置清扫口，也可采用带螺栓盖板的弯头或带堵头的三通配件作清扫口。

③检查井。对于不散发有害气体或大量蒸汽的废水地下排水管道，在管道转弯、变径、坡度改变及连接支管处，应设置检查井。

7) 抽升设备。高层建筑的地下室或地下技术层的污水不能自流排至室外时，必须设置污水抽升设备。

8) 污水局部处理构筑物。当室内污水未经处理不允许直接排入城市下水道污染水体时，必须进行局部处理。

◆◆◆ 10.2.3　高层建筑排水布置

1. 卫生间及管井管道的布置

卫生间应根据建筑平面设计和选用的卫生洁具类型、数量进行布置，同时应考虑给水排水立管的位置。

(1) 卫生间的面积和布置。

宾（旅）馆类中的客房卫生间的布置是否合理，对以后的经营和等级标准的评定有直接影响。卫生间的面积根据宾馆的星级可按下列数据选用：五星级宾馆 $6\sim7m^2$；四星级宾馆 $5\sim6m^2$；三星级宾馆 $4\sim5m^2$。

(2) 卫生间及管道井中给水排水和热水管道的布置。

1) 粪便污水立管应靠近大便器，大便器排水支管尽可能直接接入。

2) 当污废水分流，且污废水立管共用一根专用通气管时，共用的专用通气立管应布置在两者之间，并应考虑各管道的安装间距。

3) 冷、热水立管应布置在靠近检修门处，以手伸入检修门即可操作支管截止阀为宜。

4) 热水支管从立管接至卫生洁具应有弯头等配件，以消除立管伸缩引起的应力。

5) 宾馆给水排水的水平支管一般布置在卫生间的吊顶内。

6) 管道井中有空调等管道时，应注意各工种间的协调。

公共建筑卫生间布置如图 10-10 所示，高层住宅卫生间布置如图 10-11 所示，旅馆建筑卫生间布置如图 10-12 所示。

2. 排水管道的布置特点

高层建筑排水管道的布置应结合其建筑特点，满足良好的水力条件并考虑维护的方便，保证管道正常运行，以及经济和美观的要求。为此，在高层建筑排水管道的布置中应注意以下特点：

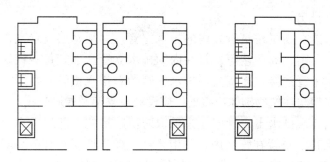

图 10 - 10 公共建筑卫生间平面布置

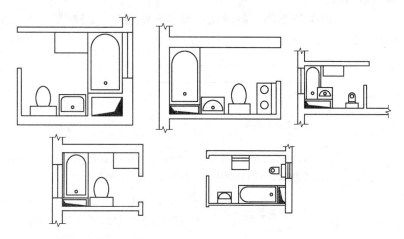

图 10 - 11 高层住宅卫生间平面布置

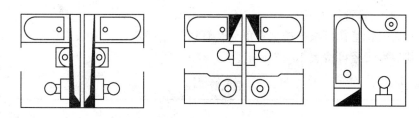

图 10 - 12 旅馆卫生间平面布置

（1）对高层建筑排水管道系统，应考虑分区排出，首层的排水应单独设置排水出户管（排水横干管），一般按坡度要求埋设于地下。当设有地下室或地下设备层时，排水横干管可敷设在设备层内或敷设在地下室顶板下。

（2）两层以上的排水系统另行分区，根据建筑条件确定系统的形式，单独设立出户排水管。

（3）地下室以下的排水无法直接排入室外下水道时，应设置地下排水泵房，由污水泵提升排出。

（4）对布置在高层建筑管井内的排水立管，必须每层设置支撑架。高层建筑（如旅馆、公寓、商业楼等）管井内的排水立管，不宜每一根单独排出，往往在底层用水平管连接，连接多根排水立管的总排水横管，必须按坡度要求以支架固定。支架与建筑物砌体连接处，应设减震支架及橡胶垫。

（5）高层建筑排水出户管应考虑采取防沉陷措施，即将出户至第一个排水检查井的排水管段布置在管沟内，并用弹性支架支撑。对有些高层建筑，采取待主体结构完成相当时间后，再与室外的排水管连接的方法。

3. 通气管系统

（1）通气管的种类和作用。高层建筑排水系统通气管的种类、作用及连接方法见表 10 - 6。

表 10 - 6　　　　　　　　　　**各类通气管的作用及连接方法**

种类	设置作用	连接方法
伸顶通气管	补气，防止负压，排除臭气	取决于卫生器具设置数量和立管工作高度，一般将排水立管按相同管径延伸出屋顶
专用通气管	用于立管总负荷超过允许排水负荷时，起平衡管内的正负压作用	在污水立管上，每隔两层用斜三通或特别配件与专用通气管相连
环形通气管	用于卫生洁具数量超过允许负荷时	在横支管起点的两个卫生洁具之间接通气管，帮排水横管连接时，垂直或45°连接，然后将环形通气管逐层与主通气管和副通气管连接

（2）通气管管径的确定：

1）通气管管径可根据排水管负荷及管道长度确定，一般采用排水管管径的 1/2。其最小管径可按表 10 - 7 确定。

表 10 - 7　　　　　　　　　　　　**通气管管径**

污水管	32	40	50	75	100	150
环形通气管	—	—	32	40	50	—
通气立管	—	—	40	50	75	100

2）通气立管长度在 50m 以上者，其管径应与立管管径相同。

3）两根及两根以上的污水管同时与一根通气立管相连时，应按最大一根污水立管确定通气立管管径，且其管径不宜小于其余任何一根污水立管管径。

4）伸顶通气管的管径与所接污水立管的管径相同。

5）几根污水立管的通气部分汇合为一根总管时，总管的断面积应取各汇合管中最大管断面积加其余各管断面积之和的 1/4。

（3）通气管的设置与连接。穿过屋顶的通气管须伸出屋顶 300mm 以上，并大于积雪厚度。屋顶作为活动场所时，必须选择合适位置使通气管单独或联合伸出屋顶 2m 以上。通气管口须设耐腐网罩。10 层以上的高层建筑的排水立管，除根据要求设置通气管外，为了使管道中气压平衡，每隔 2 或 3 层就设连接通气管。连接通气管与排水主管和通气管连接时，其下端在本层排水横支管的下方用斜三通与排水立管连接，然后上升至离本层楼面 1m 或在卫生洁具溢流口以上 150mm 处用斜三通与通气立管连接。

项目 11 居民小区给水排水设计

11.1 居住小区给水设计

11.1.1 给水系统的设计

1. 水量和水压

居住小区给水设计用水量应根据小区的实际规划设计的内容，各自独立计算后综合确定。当居住小区内设有公用游泳池或水上娱乐池及水景池时，应按国家相关规范的规定计算其用水量。

居民生活用水是指日常生活所需的饮用、洗涤、沐浴和冲洗便器等用水，居民生活用水量还应该包含居住小区内用水量不大的居委会、理发店、商店、粮店、邮局、银行等小型公共设施的生活用水。居民生活用水量，应按小区人口和住宅最高日生活用水定额及小时变化系数经计算确定。

公共建筑用水量是指医院、中小学校、幼儿园、浴室、饭店、食堂、旅馆、洗衣房、影剧院等用水量较大的公共建筑的用水量。居住小区内的公共建筑用水量，应按其使用性质、规模，按照生活用水定额及小时变化系数 K_h 经计算确定。

居住小区生活给水管网（从地面算起）的最小服务水压可按住宅建筑层数确定，一层为 0.10MPa，二层为 0.12MPa，二层以上每增加一层服务水压增加 0.04MPa。

居住小区消防用水量和供水水压，应按国家现行《建筑设计防火规范》（GB 50016—2006）及《高层民用建筑设计防火规范（2005 版）》（GB 50045—1995）确定。7 层及 7 层以下的多层建筑居住小区，采用生活和消防共用的低压给水系统比较经济。高层建筑居住小区宜采用生活和消防各自独立的供水系统。

2. 给水系统方式

居住小区给水方式的选择应该根据城镇供水条件、小区规模、各建筑物用水要求（用水量、水压和水质）、小区规划管理要求、社会效益和环境效益等因素经综合评价确定，应做到技术先进、经济合理、运行安全可靠且便于管理维护。

以住宅的建筑层数划分居住小区,可分为高层住宅区、多层住宅区和混合型住宅区。无论是何种类型的住宅区,一般都有与城镇给水管网连接的居住小区室外给水管网,此管网的水量应满足居住小区全部用水量的要求,并在居住小区发生火灾时,通过此管网上的室外消火栓向消防车供水。所以居住小区的室外给水管网一般为生活用水与消防用水合用的给水管网。

设计居住小区给水系统时,应充分利用城镇给水管网水压,采用直接给水方式。当市政给水管网水压不足时,多层住宅区不宜采用分散的加压系统,宜相对集中加压。对供水水质有不同要求的居住小区,宜采用分质给水方式。在严重缺水地区或无合格水源的地区,居住小区内宜集中设置水处理站,采用分质给水系统。多层与高层住宅同时存在的混合型住宅区宜采用分压给水系统。

(1)直接给水方式。从城镇市政供水管网直接供水的给水方式来分,主要包括以下几种:

1)当市政给水管网的水量、水压能满足最不利点用水要求时,采用直接给水方式。其特点是能耗低、运行管理方便、供水水质有保证,而且施工简单,应该优先选用。

2)当城镇市政给水管网的水量、水压周期性不足时,可以设置高位水箱供水,以调蓄水量和调节水压。

3)水泵直接从市政给水管网抽水加压。此种方式,只有在经当地供水部门同意的情况下方可采用。

(2)分质给水方式。分质供水就是将优质饮用水系统作为城市主体供水系统,只供市民饮用;而另设管网供应低品质水作为非饮用水系统,作为主体供水系统的补充。根据国外发达国家的供水经验,分质供水是提高现代居民生活用水质量的可行办法。分质供水的水质一般分为杂用水、自来水(原生活饮用水)和饮用净水三种。

在严重缺水地区或无合格水源的地区,为了降低优质水的供水量,也可以采用分质给水系统。在严重缺水地区,分别设置居住小区中水系统与生活饮用水系统,分质供水;在无合格水源地区采用优质深井水或深度处理水作为生活饮用水,冲洗、绿化等大量其他用水采用小区中水系统供水。

在新建居住小区内,宜实施自来水(原生活饮用水)和饮用净水分质供水。小区内设置两套管网。一套管网输送自来水,用于洗涤、绿化等居民杂用;另设一套管网将自来水经深度处理后得到的饮用净水输送到居民家中专供饮用。

(3)分压给水方式。在多层与高层建筑混合的居住小区中,高层建筑的高层部分无论是生活给水系统还是消防给水系统,所需水压均远远高于多层建筑,应该采用分压给水系统。其中高层建筑部分给水系统应该根据高层建筑的数量、分布、高度、性质、管理和安全等情况,经技术经济比较后确定采用分散调蓄增压、分片集中或者集中调蓄增压给水系统。

1）分散调蓄增压。居住小区内只有一幢或为数不多的几幢高层建筑，但各幢建筑的供水压力相差很大，此时每幢建筑单独设水池和水泵供水。

2）分片集中调蓄增压。居住小区内相似的若干幢高层建筑分片共用一套调蓄增压装置供水。

3）集中调蓄增压。整个居住小区的高层建筑共用一套调蓄增压装置供水。

3. 管道布置和敷设

居住小区给水管道有小区干管、小区支管和接户管三类。在布置小区给水管网时，应该按干管、支管、接户管的顺序进行。

（1）管网布置形式。管网的布置形式有枝状管网和环状管网两种。枝状管网管道总长度短，阀门配件少，投资省，但供水安全性差，可用于小区边缘地区。一般新建小区多采用先期建成枝状管网，扩建时逐步发展成环状管网的方式建设。为提高供水安全性，小区干管一般应该布置成环状或与市政给水管网连成环状，与市政给水管网连接管不少于2根，当其中一根发生故障时，其余的连接管应能通过不少于70%的流量。小区干管应沿用水量较大的地段布置，以最短距离向大用户供水。给水管道宜与道路中心线平行敷设，并尽量减少与其他管道的交叉。

（2）管道敷设。小区给水管道一般采用埋地敷设，为了便于施工、管理、维修，小区给水管道的敷设应该满足间距和埋深等要求。

1）间距要求。给水管道与其他管道平行或交叉敷设的净距，应该根据两种管道的类型、埋深、施工检修的相互影响、管道上附属构筑物的大小和当地有关规定等条件确定。居住小区室外给水管道宜敷设在人行道、慢车道或草坪下，管道外壁与建筑物外墙的净距不宜小于1.0m，且不得影响建筑物基础。给水管道与建筑物基础的水平净距与管径有关，管径为100～150mm时，不宜小于1.5m；管径为50～75mm时，不宜小于1.0m。居住小区内给水管道埋地敷设时与其他地下管道、构筑物间的最小水平和垂直距离应按表11-1中的要求确定，并应符合《城市居住区规划设计规范》（GB 50180—1993）的规定。生活给水管道与污水管道交叉时，给水管应该敷设在污水管道上面，且不应该有接口重叠；当给水管道敷设在污水管道下面时，给水管道应采用钢管或钢套管，当无条件时给水管的接口离污水管的水平净距不宜小于1.0m。

表11-1　　　　居住小区地下管线（构筑物）间最小净距　　　　（单位：m）

地下管线	给水管		污水管		雨水管	
	水平	垂直	水平	垂直	水平	垂直
给水管	0.5～1.0	0.1～0.15	0.8～1.5	0.1～0.15	0.8～1.5	0.1～0.15

续表

地下管线	给水管		污水管		雨水管	
	水平	垂直	水平	垂直	水平	垂直
污水管	0.8~1.5	0.1~0.15	0.8~1.5	0.1~0.15	0.8~1.5	0.1~0.15
雨水管	0.8~1.5	0.1~0.15	0.8~1.5	0.1~0.15	0.8~1.5	0.1~0.15
低压煤气管	0.5~1.0	0.1~0.15	1.0	0.5~0.15	1.0	0.1~0.15
直埋式热水管	1.0	0.1~0.15	1.0	0.1~0.15	1.0	0.1~0.15
热力管沟	0.5~1.0	—	1.0	—	1.0	0.1~0.15
乔木中心	1.0	—	1.5	—	1.5	—
电力电缆	1.0	直埋 0.5 穿管 0.25	1.0	直埋 0.5 穿管 0.25	1.0	直埋 0.5 穿管 0.25
通信电缆	1.0	直埋 0.5 穿管 0.15	1.0	直埋 0.5 穿管 0.15	1.0	直埋 0.5 穿管 0.15
通信及照明电缆	0.5	—	1.0	—	1.0	—

注：1. 净距指管道外壁距离，管道交叉设有套管时指套管外壁距离，直埋式热力管道指保温管壳外壁距离。

2. 电力电缆在道路的东侧（南北方向的道路）或者南侧（东西方向的道路）；通信电缆在道路的西侧或者北侧。一般均在人行道下。

2) 埋深。给水管道的埋设深度，应该根据土层的冰冻深度、外部荷载、管材强度与其他管道交叉等因素确定。设计时非冰冻地区的管道主要由外部荷载、管材强度和管道交叉等因素确定。金属管道管顶覆土厚度一般不小于 0.7m，非金属管管顶覆土厚度不宜小于 1.0m。在冰冻地区尚需考虑上层的冰冻影响，小区内给水管道管径小于等于 30mm 时，管底埋深应该在冰冻线以下（$d+$ 200）mm。

3) 基础。给水管道一般敷设在未经扰动的原状土层上；对于淤泥和其他承载力达不到要求的地基，应该进行基础处理；敷设在基岩上时，应该铺设砂垫层。

◆◆■ 11.1.2　给水设施的要求

1. 给水管道

(1) 管材。居住小区给水管道材料的选择，应该根据供水水压、外部荷载、土壤性质、施工维护和材料供应等条件确定。小区给水管道一般埋地敷设，埋地金属管道中铸铁管的使用寿命要比钢管长得多，给水铸铁管最小管径一般为 100mm。管径小于等于 70mm，应该采用镀锌钢管、塑料给水管、铝塑复合管，管径大于 70mm，应该采用承插式铸铁管。有条件时可采用自应力钢筋混凝土管、硬聚氯乙烯给水管。自应力钢筋混凝土管 20 世纪 60 年代起先后在许多大中城市用作输配水管道，它具有节约金属、耐腐蚀和使用寿命长等优点，并已制定了管材制造的国家标准。使用钢筋混凝土管时应该考虑水和土壤对管体和密封圈的腐蚀作用，不致使混凝土管的高强钢筋腐蚀而导致爆管。硬聚氯乙烯给水管具有水力条件好、质量小、耐腐蚀、不结垢、施工方便、价格低、使用较可靠等优点，20 世纪 80 年代以来随着我国化工工业发展，硬聚氯乙烯管材原料聚氯乙烯树脂生产已形成规模，同时又不断从国外引进成套制管设备和技术，国内生产的硬聚氯乙烯给水管已从研制、试用到推广应用。

（2）防腐。埋地金属管，应根据选用管道材料、土层性质、输送水的特性采用相应的内、外防腐措施。埋地金属管道的外防腐对管道使用寿命影响很大，小区管道设计中的一般做法是给水铸铁管刷热沥青 1~2 遍；埋地镀锌钢管一般不再作防腐处理，但对有腐蚀性盐碱性土、酸性土、垃圾土需做石油沥青玻璃布（三油二布）外防腐层；埋地非镀锌钢管必须根据土层性质选择普通、加强或特加强石油沥青玻璃布外防腐层或其他相应防腐措施。关于金属管道的内防腐问题，近年来受到广泛关注，除经论证说明保证供水水质稳定外，埋地金属管应有可靠的内防腐。给水铸铁管可内涂水泥砂浆，镀锌钢管应该在内壁涂塑料进行内防腐。

2. 阀门与消火栓

（1）阀门。居住小区给水管道在小区干管从城镇给水管道接出处、小区支管从小区干管接出处、接户管从小区支管接出处、环状管网需调节和检修处都应该设阀门。阀门的口径一般和水管相同，但管径较大（如＞500mm）时，可安装 0.8 倍水管管径的阀门，以降低造价。阀门应该设在阀门井内，在寒冷地区的阀门井应该采取保温防冻措施。在人行道、绿化地的阀门可采用阀门套筒。

（2）室外消火栓和洒水栓。小区内应该设置室外消火栓，消火栓设置要求应该符合现行的《建筑设计防火规范》（GB 50016—2006）的要求。如果小区内有高层建筑，在高层建筑周围室外消火栓的设置应该符合现行《高层民用建筑设计防火规范（2005 版）》（GB 50045—1995）的要求。居住小区公共绿地和道路需要洒水时，可设洒水栓，洒水栓的间距不宜大于 80m。

3. 水泵房

水泵房位置宜靠近水量负荷中心，可以独立建设，也可与锅炉房或热力中心等公用动力站、房合建。水泵房机组噪声对周围环境有影响时，应该采取隔振消声措施。减少噪声，首先应该选用低转速、低噪声水泵，同时可采用如下隔振消声措施：

（1）水泵基础下部设橡胶隔振垫、橡胶隔振器或弹簧减振器等隔振装置；

（2）在水泵的吸水管和压水管上均设置可曲挠橡胶接头、可曲挠橡胶弯头等隔振装置；

（3）水泵出水管道的支架应该选用弹性吊架、弹性支架和弹性托架；

（4）有条件和必要时，在建筑上采取隔声和吸音措施。

当水泵采取隔振措施时，基础、管道和支架隔振必须配套，并通过计算确定。水泵的隔振技术的设计和安装可参照《水泵隔振技术规程》（CECS 59—1994）。确定泵房供水流量时，应该在保证小区供水安全可靠的前提下，尽量减少供水泵房的造价。节省供水能耗和使泵房运行管理方便。

（1）给水系统有水塔或高位水箱（池）时，应该满足给水系统的最大小时流量；

（2）给水系统无水塔或高位水箱（池）时，应该满足给水系统管道的设计流量；

（3）泵房负有消防给水任务时，应该同时满足生活给水流量和消防给水流量要求。

水泵的扬程应该满足最不利配水点所需水压。水泵的选择、水泵机组的布置、水泵吸水管和出水管及水泵房的设计要求，应该按现行的《室外给水设计规范》（GB 50013—2006）的有关规定执行。担负有消防给水任务时，还应该符合有关消防规范的规定。

4. 贮水池、水塔和高位水箱

（1）贮水池。贮水池的有效容积 Q 应该根据居住小区生活用水的调蓄贮水量、安全贮水量和消防贮水量确定，即

$$Q=Q_1+Q_2+Q_3 \tag{11-1}$$

式中　Q_1——小区生活用水的调蓄贮水量，m^3；

　　　Q_2——安全贮水量，m^3；

　　　Q_3——消防贮水量，m^3。

生活用水调蓄贮水量可根据市政管网的供水流量（水池进水量）、水泵的出水量和水泵的运行规律计算确定，也可以根据一些小区的经验资料，按居住小区最高日用水量的 20%～30% 确定调蓄贮水量。安全贮水量有两重意义：一是最低水位不能见底，应该留有一定水深的安全量；二是市政管网发生事故时的贮水量。安全贮水量一般由设计人员根据具体情况确定。消防贮水量应该按现行《建筑设计防火规范》（GB 50016—2006）和《高层民用建筑设计防火规范（2005 版）》（GB 50045—1995）的规定计算确定，一般为 2h 的消防用水量。水池贮有消防水量时，应该有确保消防用水不作他用的技术措施。例如，吸水管上开孔法、贮水池中设溢流法、提高生活或生产水泵吸水管标高法等，设计时可参考建筑给水排水设计手册中的有关内容。不允许间断供水的水池或有效容

积超过1000m³时的水池，应该分设两个或两格。两池（格）之间应该设连通管，并按每个水池（格）单独工作的要求配置管道和阀门。为减少二次污染对水质的影响，水池每隔一定时间需进行清洗。单个水池一般可在夜间清洗，尽量减少断水的影响，不允许间断供水的水池，应该设两个或分成两格并按单独供水的要求布置配管和阀门。防火规范规定容积超过1000m³的水池应该分成两个。水池的溢流管不得直接与排水道相通，应该有空气隔断和防止污水倒流入池的措施。

（2）水塔和高位水箱。水塔和高位水箱（池）的有效容积，应该根据居住小区生活用水的调蓄贮水量 Q_{1t}、安全贮水量 Q_{2t} 和消防贮水量 Q_{3t} 确定。其中生活用水调节贮水量在无资料时，可按表11-2确定，消防贮水量应该按现行《建筑设计防火规范》（GB 50016—2006）和《高层民用建筑设计防火规范（2005版）》（GB 50045—1995）的规定计算确定，一般为10min的消防用水量。

表11-2　　　水塔和高位水箱（池）生活用水的调蓄贮水量

居住小区最高日用水量/m³	<100	101～300	301～500	501～1000	1001～2000	2001～4000
调蓄贮水量占最高日用水量的百分数（%）	30～20	20～15	15～12	15～8	8～6	6～4

水塔和高位水箱（池）的有效容积 Q_t 为

$$Q_t = Q_{1t} + Q_{2t} + Q_{3t} \tag{11-2}$$

式中　Q_{1t}——小区生活用水的调蓄贮水量，m³；

　　　Q_{2t}——安全贮水量，m³；

　　　Q_{3t}——消防贮水量，m³。

注：水塔和高位水箱（池）最低水位的高程，应该满足最不利配水点所需水压。

11.2　居住小区排水设计

11.2.1　排水系统排水量

1. 分流制污水排放量

生活污水的排放量是指生活用水经使用后能排入污水管道的那一部分流量，其数值上应该等于生活用水量减去不可回收部分水量。生活污水排放量通常为生活用水量的60%～80%。但是实际排水管道中流量情况是很复杂的，它可能由于一部分不可收集的水量和管道渗漏等原因使污水量小于给水量；但也可能由于地下水经管道接口渗入管内、雨水经检查井口流入或其他原因使污水量大于给水量。居住小区内生活污水排放量和小时变化系数，目前尚无系统实测资料，所以确定污水量定额时应该具体情况具体分析，在无资料时采用与同一地区生活用水定额和小时变化系数相同的原则确定。居住小区内的公共建筑的生活污水排水定额和小时变化系数与生活用水定额和小时变化系数相同，应按现行《室外排水设计规范》（GB 50014—2006）确定。居住小区内生活污水的最大小时流量包括居民生活污水量和公共建筑生活污水量，生活污水的最大小时流量与生活用水量最大小时流量相同，应按现行《室外排水设计规范》（GB 50014—2006）的相关规定计算确定。若当地有点测资料时，则可与给水设计采用的生活用水定额和小时变化系数相协调，确定生活污水排放定额和小时变化系数。在当地无实测资料时，最大小时生活污水量可取与生活用水的最大小时流量相同。

2. 分流制小区雨水量

居住小区内的雨水设计流量和设计暴雨强度的计算与城镇雨水管渠计算公式相同，应按现行的《室外排水设计规范》（GB 50014—2006）计算确定。

（1）径流系数。小区内各种地面径流系数可按表 11-3 采用，小区内平均径流系数应该按各种地面的面积加权平均计算确定。如资料不足，小区综合径流系数根据建筑稠密程度在 0.5～0.8 内选用。建筑稠密取上限，反之取下限。

表 11-3　　　　　　　　　　径 流 系 数

地面种类	径流系数	地面种类	径流系数
各种屋面	0.9	非铺砌路面	0.3
混凝土和沥青路面	0.9	绿地	0.15
块石等铺砌路面	0.6		

（2）重现期。雨水管渠的设计重现期，应该根据地形条件和气象特点等因素确定。小区出现降雨积水现象可能与设计重现期偏小有关，也可能是因为如雨水口的布置、雨水口积泥无专人清掏及地面施工质量等因素造成。根据各地设计中实际数值范围，居住小区宜选用 0.5～1.0 年。重要地区或积水造成严重损失区，重现期 P 可取 2.0～5.0 年。

（3）降雨历时。雨水管渠设计降雨历时，应该按下式进行计算：

$$t = t_1 + mt_2 \tag{11-3}$$

式中　t——降雨历时，min；

　　　t_1——地面集水时间，min，视距离长短、地形坡度和地面铺盖情况而定，一般可选用 5～10min；

　　　m——折减系数，小区支管和接户管，$m=1$；小区干管，暗管 $m=2$，明渠 $m=1.2$；

　　　t_2——管内雨水流行时间，min，$t_2 = L/(60 \times v)$；

L——计算管渠段长度，m；

    v——计算管渠内的雨水流速，m/s。

小区雨水管渠设计时，设计降雨历时包括地面集水时间和管内流行时间两部分。地面集水时间采用的是经验数值，根据距离长短、地面坡度和地面覆盖情况而定，一般取 5～10min。小区雨水干管的折减系数 m 的取值与室外排水相同。根据对雨水管道空隙容量的理论研究成果提出的数据，小区支管和按户管均属起始部分的管段，雨水流动时上游管段的空隙很小，为避免形成地面积水故取 $m=1$，即不考虑折减系数。雨水管道的设计流量按下式计算：

$$Q=q\psi F \tag{11-4}$$

式中 Q——雨水设计流量，L/s；

    q——设计暴雨强度，$L/(s \cdot hm^2)$；

    ψ——径流系数；

    F——汇水面积，hm^2。

3. 合流制排水量

居住小区中合流制管道的设计流量为生活污水量和雨水量之和。生活污水量可取平均日污水量（L/s）；因合流制管道降雨时，管内排除生活污水和雨水混合的污水，且管内常有晴天时沉积的污泥，如果发生溢流情况，对环境卫生影响较大，所以雨水流量计算时，设计重现期宜高于同一情况下分流制的雨水管道设计重现期。

合流管道的设计流量应该按下式计算：

$$Q_z=Q_s+Q_g+Q_y=Q_h+Q_y \tag{11-5}$$

式中 Q_z——总设计流量，L/s；

    Q_s——平均日生活污水量，L/s；

    Q_g——最大生产日内的平均日工业废水量，L/s；

    Q_h——设计雨水量，L/s，计算时，设计重现期宜高于同一情况下分流制
          雨水排水系统的设计重现期；

    Q_y——溢流井以前的旱流污水量，L/s。

◆◆ 11.2.2   排水管道的布置

1. 管道布置

居住小区排水管道的布置应该在小区总体规划、道路和建筑布置的基础上协调进行。一般采用按照总体规划一次设计、分期建设的原则进行。

居住小区内污水、雨水的排放方式首先考虑采用重力流方式排放。由于排水水量大（尤其是雨水）、杂质多，这种排水方式水依靠重力流动，运行管理费用低。

居住小区内污水、雨水的排向通常有直接排入城镇市政排水管道系统，泵站提升后排入城镇市政排水管道系统和（较大）居住小区内自成独立的排水管道系统，污水经集中或分散处理后和雨水就近排入水体几种方式。

居住小区污水、雨水的排放形式又有集中排放和分散排放方式。所以小区排水管道的布置应该首先研究和确定排除方案，然后再结合地形进行布置，并要求做到满足管线长度短、埋深小、尽可能采用重力流排水方式排放。

2. 管道敷设

居住小区排水管道应该采用埋地敷设。为便于施工、管理、维修，排水管道宜沿道路和建筑物的周边呈平行敷设，并尽量减少相互间及与其他管线间的交叉。污水管道与生活给水管道相交时，应该敷设在给水管道下面，但实际中在小区内常有给水管道敷设在污水管下面。

排水管道敷设时，相互间及与其他管线间的水平和垂直净距离应该根据两种管道的类型、埋深、施工检修的相互影响、管道上附属构筑物的大小和当地有关规定等因素确定。其相互之间及与其他管线的水平、垂直距离见表11-1。

根据一些地区经验做法，排水管道与建筑物基础的水平净距，在管道埋深浅于基础时应该不小于1.5m，在管道埋深深于基础时应该不小于2.5m。

排水管道的管顶最小覆土厚度应该根据外部荷载、管材强度和冰冻土层等因素，结合当地埋管经验确定。在车行道下不宜小于0.7m，如小于0.7m，应该采取保护管道防止受压破损的技术措施。当管道不受冰冻和外部荷载影响时，最小覆土厚度不宜小于0.3m。

小区内的排水接户管，南方城镇一般不受外部荷载和冰冻深度的影响，但覆土厚度也不宜小于0.3m，这是一些城市的经验做法。冰冻层内排水管道的埋设深度，应该按现行的《室外排水设计规范》（GB 50014—2006）的有关规定确定。

3. 管道连接

为了使管内水流平稳，减少水流交叉相互的影响，排水管道转弯和交接处，水流转角应该不小于90°，小区内的管道、接入管段多，尤其应该予以重视。当管径小于等于300mm，且跌水水头大于0.3m时可不受此限制。各种不同直径的排水管道在检查井中的连接宜采用管顶平接。管顶平接水力条件好、水流平稳，便于施工，更适宜于小区管道敷设。若是相同管径的排水管道连接，为了保证良好的水力条件，避免空水、涡流等现象发生，应该采用水面平接方式。

排水管道的接口应该根据管道材料、连接形式、排水性质、地下水位和地质条件等确定。排水管道的不透水性和耐久性与管道接口选择关系密切。有些居住小区的污水管道渗水情况严重，大量地下水渗入导致污水浓度很低，影响了污水正常处理，分析原因，往往是管道接口设计和施工不当所造成的。

排水管道接口一般分柔性、刚性和半柔性三种形式。柔性接口常用的有石棉沥青接口，适用于地基沿管道纵向沉陷不均匀管道上。刚性接口常用的有水泥砂浆抹带接口和钢丝网水泥砂浆抹带接口，适用于地基土质较好的排水管道上。预制套管石棉水泥接口属半柔性接口，使用条件与柔性接口相似。设计时应该正确选择接口形式。

4. 管道基础

排水管道基础的正确选择对保证管道的正常使用关系很大。若管道基础设计选择不当或施工不好，使管道发生不均匀沉陷，造成管道渗漏、错口、断裂，必将导致严重的不良后果。因此应该根据地质条件、布置位置、施工条件和地下水位等因素来确定排水管道的基础。一般可按下列规定选择：

（1）干燥密实的土层、排水管道不在车行道下、地下水位低于管底标高且非几种管道合槽施工时，可以采用素土（或灰土）基础，但接口处必须做混凝土枕基；

（2）岩石和多石地层采用砂垫层基础，砂垫层厚度不宜小于 200mm，接口处应该做混凝土枕基；

（3）一般土层或各种潮湿土层，应该根据具体情况采用 90°～180°混凝土带状基础；

（4）如果施工超挖，地基松软或不均匀沉降地段，管道基础和地基应该采取加固措施。

◈◈ *11.2.3* 　排水设施的要求

1. 排水管道

排水管道管材应就地取材，一般采用混凝土管、钢筋混凝土管。穿越铁路、过河等特殊地段或承压的管段可采用钢管和铸铁管。陶土管因质脆易碎、管段短、接口多、施工麻烦、不易找坡度，所以居住小区内已经不再推荐使用。

建筑用硬聚氯乙烯排水管具有质量小、耐腐蚀、管壁光滑、不易堵塞等优点，且系国家科委明确推广的新产品，但因其产品规格小，最大管径（外径）为 160mm，在小区内只能用作接户管的最小管，其设计、施工可参见《建筑排水塑料管道工程技术规程》（CJJ/T 29—2010）。输送腐蚀性污水的管道必须采用耐腐蚀的管材，其接口及附属构筑物也必须采取防腐措施。

2. 排水检查井与雨水口、小区排水泵房

（1）排水检查井。排水管道与室外排出管连接处，管道交汇、转弯、跌水、管径或坡度改变处，以及直线管段上每隔一定距离处，应该设检查井，检查井井底应设流槽。直线管段上检查井的最大距离可按表 11 - 4 确定。

表 11-4 检查井最大间距

管径/mm	最大间距/m		管径/mm	最大间距/m	
	污水管道	雨水管和合流管道		污水管道	雨水管和合流管道
150	20	—	400	30	40
200～300	30	30	≥500	—	50

如果检查井是按规划布置设计的预置检查井，应该设预留支管。预留支管接口应该封堵。检查井的内径尺寸和构造要求应该根据管径、埋深、地面荷载、便于养护检修并结合当地实际经验确定。

根据建筑周围管线多的情况，为利于管线综合，排水接户管埋深小于 1m 时，宜采用小直径检查井。小直径检查井的直径小于 700mm，通常为 500mm× 500mm 左右。为创造良好的水流条件，应该在检查井内设流槽。流槽顶部宽度应该便于在井内养护操作，一般为 15～20cm。

（2）雨水口。小区内雨水口的布置应该根据地形、建筑物和居住小区内道路的布置坡度等因素确定，应能保证迅速有效地收集地面雨水。雨水口一般沿道路长度布置，在道路的交汇处，在建筑物单元出入口附近、建筑物雨落管附近，以及建筑前后空地和绿地的低洼点等处也要设置雨水口。雨水口是收集地面雨水的设施，小区内雨水不能及时排除或低洼处形成积水往往是雨水口布置不当造成的，因此雨水口的数量及布置在设计时应该予以重视。雨水口的数量应该根据雨水口形式、布置位置、汇集雨水流量和雨水口的泄水能力计算确定。特别是在小区内建筑物前后空地、球场、游园、绿地等低洼易积水处，雨水口的数量应该根据汇水面积的汇水流量和选用的雨水口形式及其泄水能力经计算确定。雨水口沿街道布置间距宜为 20～40m，雨水口连接管长度不宜超过 25m，在低洼和易积水的地段，应根据需要适当增加雨水口的数量。平箅式雨水口箅口的长边应平行道路，箅面设置宜低于路面 30～40mm，在地面上时宜低于地面 50～60mm。平箅式雨水口的设置高度对地面雨水排除的影响很大，若设置过高，雨水无法排入，造成地面积水；设置过低，易被堵塞，排水不畅同样造成地面积水，具体做法可按当地经验确定。

雨水口的深度不宜大于 1m，泥沙量大的地区可根据需要设置沉泥槽。有冻胀影响地区，雨水口深度可根据当地经验确定。雨水口深度是指雨水口进水管至连接管管底距离，不包括沉泥槽的深度。考虑到雨水口养护方便和不增加造价，规定雨水口深度不宜大于 1m。

（3）小区排水泵房。在地势低洼地区建设的居住小区，由于无法采用重力流排水，所以需要建设小区排水泵房，将收集的小区污水、雨水提升排放。居住小区内的排水泵房一般对周围环境有影响（污水、污物、臭气、噪声等），故宜建成单独建筑物，并与居住建筑和公共建筑有一定的距离。我国曾规定过排水泵房与居住建筑和公共建筑的距离应不小于 25m，但在建设中不易达到。对距离的要求与泵房的规模、性质、机组噪声、周围的绿化等因素有关，只能以尽量减少对周围环境影响为原则。对于噪声的影响亦可通过对水泵机组采取消声、隔振和泵房周围绿化等措施来改善；隔振、消声措施可参见给水泵房做法。

雨水泵房机组的设计流量可取与泵房进水管道的设计流量相同。污水泵房机组的设计流量可按最大小时流量计算。排水泵房前应设置集水池，集水池可起到一定的污水量调节作用。泵房内水泵的选择、机组的布置、水泵吸水管、压水管及集水池等的设计要求应该按现行《室外排水设计规范》（GB 50014—2006）的有关规定执行。

◆◆ 11.2.4 污水处理的方式

居住小区的污水排放，应该符合现行的《污水排入城镇下水道水质标准》（CJ 343—2010）和《污水综合排放标准》（GB 8978—1996）规定的要求。

根据现行《污水综合排放标准》（GB 8978—1996）的要求，居住小区污水排放应该按污水排放的去向及排至地面水域的使用功能分别执行一、二、三级排放标准。三级排放标准是排入城镇市政排水管道并进入二级污水处理厂进行生物处理的污水，小区内要求各幢建筑排出的污水亦应按此标准要求；一、二级标准为排向各种不同使用功能的地面水域或排入未设置二级生物处理污水厂的城镇下水道的污水。

居住小区污水处理设施的建设，应该由城镇排水总体规划统筹确定，并尽量纳入城镇污水集中处理工程范围，积极推进排水污染物的集中控制，提高工程投资效益和水污染防治能力。城镇已建成或已规划建设城镇污水处理厂时，小区的污水能排入污水处理厂服务区内的污水管道，小区内不应再设置污水处理设施。

新建居住小区若远离城镇或其他原因，污水无法排入城镇污水管道时，小区内应该按现行《污水综合排放标准》（GB 8978—1996）的要求设置分散或集中的污水处理设施，污水经处理后方可排放。

关于小区污水集中处理设施的建设，我国一些城市如上海、常州等地已有一批工程实践，并积累了一些经验。一般是将临近几个居住小区规划共建一个污水处理（站），建造时应结合城镇排水工程总体规划，或者将来逐步发展形成规模，成为城镇分片、分区的污水集中处理工程，或者将来改建为污水中途提升泵站。

分散设置的二级生物处理设备，目前国外用来代替化粪池进行居民生活污水处理的趋势比较明显，对于一些远离城市、建设标准较高的小型住宅区无疑是一种合适的污水处理设施。居住小区的生活污水处理首先需确定污水处理程度，根据污水处理的标准，确定必须采用的处理流程。

（1）污水处理程度的计算式为

$$\eta = (C - C_u)/C \times 100\% \qquad (11 \text{-} 6)$$

式中　η——污水处理程度，%；

　　　C——污水未处理前某种污染物的浓度，mg/L；

　　　C_u——污水中某种污染物的允许排放浓度，mg/L。

（2）几种处理构筑物的功能。

1）调节池。调节池主要起调节水量和调节污染物的变化幅度的作用。居住小区的调节池一般比较小，调节容积一般按最大日平均流量的 4～6 倍计算。

2）隔油池。小区中食堂、饭店的厨房洗涤水，汽车库的洗车水等，排放的污水中含有植物和动物油脂，当油脂含量超过一定的标准时，会堵塞管道，必须先进行除油处理，然后才能排放。隔油池的有效容积为

$$V_g = Q_{max} 60t \qquad (11 \text{-} 7)$$

$$A = Q_{max}/v \qquad (11 \text{-} 8)$$

$$L = V/A \qquad (11 \text{-} 9)$$

$$b = A/h \qquad (11 \text{-} 10)$$

式中　V_g——隔油池的有效容积，m³；

　　Q_{max}——含油污水设计秒流量，m³/s；

　　　v——池内污水流速，含食用油污水，$v \leqslant 0.005$m/s；含汽油、柴油、煤油、润滑油等污水，$v = 0.002～0.01$m/s；

　　　V——隔油池的有效容积，m³；

　　　L——隔油池的长度，m；

　　　t——污水在池中的停留时间，min。食用油污水，$t = 2～10$min；含汽油、柴油、煤油、润滑油等污水，$t = 0.5～1.0$min；

　　　A——隔油池有效容积部分的断面面积，m²；

　　　b——隔油池宽，m；

　　　h——隔油池有效水深，m，取大于 0.6m。

目前小型隔油设备有定型产品，在《建筑设备施工安装通用图集（2000版）》（91SB—X1）中有隔油池的大样图，可以在设计时选用。

3）降温池。污水排放标准中规定：$t > 40$℃的污水不能直接排入市政排水管网，必须经过降温处理才可以排放。所以小区中如有锅炉房，或有其他的小型锅炉排污时，就必须考虑降温措施。

降温时首先考虑余热利用，然后与冷水混合。当余热不便利用时（如小型锅炉定期排污）可采用先二次蒸发，然后冷却降温。以锅炉排污水为例，当锅

炉排出的污水由锅炉的工作压力骤然减到大气压力时，一部分热污水汽化蒸发（二次蒸发），减少了排污水量和所需热量，对剩余的热污水加入冷水混合，使污水温度降到40℃以下，然后排放。降温池总容积，由三部分组成，即

$$V_j = V_1 + V_2 + V_3 \tag{11-11}$$

$$V_1 = \frac{Q - Kq}{\rho} \tag{11-12}$$

$$V_2 = \frac{t_2 - t_Y}{t_Y - t_L} V_1 \tag{11-13}$$

$$V_3 = AH \tag{11-14}$$

$$q = Q\frac{i_1 - i_2}{i - i_2} = Q\frac{t_1 - t_2}{r} \cdot c_B \tag{11-15}$$

式中 V_j——降温池的总容积，m^3；

       V_1——进入降温池的热水量，m^3；

       V_2——需混合加入的冷却水量，m^3；

       V_3——保护容积，m^3，一般取保护高 $h = 0.3 \sim 0.5m$ 计算；

       Q——锅炉最大一次排污量，kg；

       q——二次蒸发所带走的水量，kg；

   i_1, t_1——分别为锅炉工作压力下排污水的热焓（J/g）和温度（℃）；

   i_2, t_2——分别为大气压力下排污水的热焓（J/g）和温度（℃），一般按100℃计；

    i, r——分别为大气压力下干饱和蒸汽热焓和汽化热，J/g；

       K——安全系数，一般为0.8；

       ρ——锅炉工作压力下水的密度，kg/m^3；

      t_L——冷却水温度，℃，与水源有关，地下水为4℃；

      t_Y——允许排入排水系统的水温，一般取 $t_Y = 40$℃；

       A——降温池面积，m^2；

       H——保护高度，一般取 $0.3 \sim 0.5m$；

      c_B——水的比热容，4.19kJ/(℃·kg)。

4）化粪池。用来去除生活污水中可沉淀和悬浮的污物，贮存污泥，并使污泥在无氧条件下进行厌气分解。小区中是否采用化粪池作为分散的或过渡性的处理设施，应该按当地的规定执行，慎重进行技术经济比较后决定。在下游没有污水处理厂时，一定要建化粪池，使污水经过处理后排放。化粪池目前在我国采用比较多，管理较好的化粪池，处理生活污水可以达到：悬浮物去除50%～60%，BOD_5 可去除 20% 左右。但是化粪池存在的问题也比较多，由于管理不善、清掏不及时等原因，达不到预期处理效果。从目前的情况看，现在的化粪池处理生活污水，达不到污水排放标准的要求。国外已经逐步用小型污

水处理装置代替化粪池，这些小型的污水处理装置是按二级生物处理的要求设计的，是小区污水处理的发展方向。化粪池应设置在建筑物背街一面，靠近卫生间的地方，距建筑物外墙大于等于 5m，距水源地需有 30m 的卫生防护距离。施工时应该采取防渗漏措施，一般是水泥砂浆加防水粉抹面。有地下水的地区，特别要考虑防渗漏，以免污染地下水。化粪池的设计主要是计算化粪池容积，按《给水排水国家标准图集》选用化粪池标准图。化粪池容积由有效容积 V 和保护层容积 V_3 组成，保护层容积根据化粪池大小确定，保护层高度一般为 $250 \sim 450$mm。

●项目 12　公共设施给水排水设计

12.1　泳池设计

◆◆ 12.1.1　泳池系统供水方式

1. 定期换水

每隔一定的时间将池水放空再换入新水。一般每 2~3d 换一次水，每天应清除池底和表面脏物，并投加漂白粉或漂白精等进行消毒。

优点：系统简单、投资省、维护管理方便。

缺点：不能保证池水水质，易传播疾病，每换一次水需要停用几天，所以目前我国不推荐采用此种供水方式。

2. 直流供水

连续向池内补充新水，同时不断从泄水口和溢流口排走被沾污的水。为保证水质，每小时的补充水量不得小于游泳池容积的 15%。每天应清除池底和表面脏物，并用漂白粉或漂白精等进行消毒。

优点：系统简单、投资省、维护简便。

缺点：需要充足清洁的水源。

3. 循环供水

设专用净化系统，对池水进行循环处理，经过消毒、加热等处理达到游泳用水水质要求后再送入游泳池供重复使用。

优点：可保证池水水质符合卫生要求，运行费用低、耗水量少，对于水资源贫乏的地区、室内游泳池和正式比赛用的游泳池可以节约水资源和能源。

缺点：系统复杂，投资费用大，维护管理不方便。

◆◆ 12.1.2　泳池系统设计要求

（1）充水时间：游泳池的初次充水时间，主要按游泳池的使用性质和当地给水条件而定。作为正式比赛训练用或营业游泳池，充水时间应短一些；对于公共游泳池、学校内部使用的游泳池，主要作为锻炼身体和娱乐之用，充水时间可适当长一些。如果水源不充足，充水时影响到其他单位的正常用水，充水时间宜长一些。游泳池的初次充水时间，一般宜采用 24h，最长不宜超过 48h。

（2）补充水量：游泳池运行后的补充水量，应根据游泳池的水面蒸发、排污、过滤设备反冲洗（如用池水反冲洗时）和游泳者带出等所损失的水量决定每天补充水量，可按表 12-1 选用。

表 12-1   游泳池和水上游乐池的补充水量

序号	游泳池的类型和特征		每日补充水量占池水容积的百分数（%）
1	比赛池、训练池、跳水池	室内	3～5
		室外	5～10
2	公共游泳池、游乐池	室内	5～10
		室外	10～15
3	儿童池、幼儿戏水池	室内	不小于 15
		室外	不小于 20
4	按摩池	专用	8～10
		公用	10～15
5	家庭游泳池	室内	3
		室外	5

注：游泳池和水上游乐池的最小补充水量应保证一个月内水池全部更新一次。

（3）其他用水量：在游泳场内，还应根据游泳池的用途、设备完善条件等计算其他用水量，如运动员淋浴、卫生器具用水等，可按表 12-2 计算各项用水量。

表 12-2   游泳场其他用水量的用水定额

项目	单位	定额	项目	单位	定额
强制淋浴	L/(人·场)	50	运动员饮用水	L/(人·d)	5
运动员淋浴	L/(人·场)	60	观众饮用水	L/(m²·d)	3
入场前淋浴	L/(人·场)	20	大便器冲洗水	L/(h·个)	30
工作人员用水	L/(人·d)	40	小便器冲洗水	L/(h·个)	180
绿化和地面洒水	L/(m²·d)	1.5	消防用水	—	按消防规范
池岸和更衣室地面冲洗	L/(m²·d)	1.0			

◆◆ 12.1.3 泳池系统循环供水

1. 基本要求

（1）配水均匀，不出现短流、涡流和死水域，以防止局部水质恶化。

（2）有利于池水全部交换更新。

（3）有利于施工安装、运行管理和卫生保持。

2. 循环方式

（1）顺流式循环。全部循环水量由游泳池的两端壁或两侧壁的上部进水，

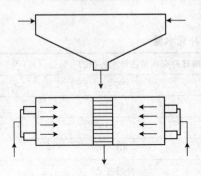

图 12-1　对称式顺流循环方式

由池底部回水。底部的回水口可与泄水排污口合用。该方式能满足配水均匀的要求，但池底易沉积污物，设计时应注意回水口位置的确定，以防短流。采用对称式顺流循环为两端对称进水，底部回水，如图 12-1 所示。这种方式能使每个给水口的流量和流速基本保持一致，有利于防止水波形成涡流和死水域，是目前国内普遍采用的循环方式。

（2）逆流式循环。如图 12-2 所示，该方式是全部循环水量由池底送入池内，由游泳池周边或两侧边的上缘溢流回水。给水口在池底沿泳道均匀布置，故配水均匀，池底不积污，有利于池水表面污物及时排除，是目前国际泳联推荐的循环方式。但基建投资费用较高。

（3）混合式循环。如图 12-3 所示，循环水从游泳池底部和两端进水，从两侧溢流回水。这种循环方式具有水流较均匀，池底沉积物少，有利于表面排污的优点。采用混合循环方式时，游泳池表面溢流回水量不得少于循环水量的50%，池底的回水量不得超过循环水量的50%。

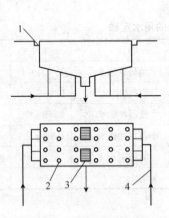

图 12-2　逆流式循环方式
1—溢流回水槽；2—给水口；
3—泄水；4—给水管道

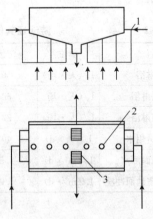

图 12-3　混合式循环方式
1—给水管道；2—给水口；
3—泄水口

3. 循环周期

游泳池的循环周期应根据游泳池的使用性质、游泳人数、池水容积、水面面积和池水净化设备运行时间等因素确定。计算公式为

$$T=\frac{24}{n} \tag{12-1}$$

式中 T——池水的循环周期，h，参照表 12-3 采用；

　　　n——每天循环次数。

表 12-3　　　　　　　　　游泳池和水上游乐池的池水循环周期

序号	池的类型	循环周期 T/h	序号	池的类型		循环周期 T/h
1	比赛池、训练池	4~6	7	造浪池		2
2	跳水池	8~10	8	按摩池	公共	0.3~0.5
3	俱乐部、宾馆内游泳池	6~8			专用	0.5~1.0
4	公共游泳池	4~6	9	滑道池、探险池		6
5	儿童池	2~4	10	家庭游泳池		8~10
6	幼儿戏水池	1~2				

注：池水的循环次数可按每日使用时间和循环周期的比值确定。

4. 循环流量的选择

游泳池的循环流量一般应按下式计算：

$$Q_x=\frac{\alpha V}{T} \tag{12-2}$$

式中 Q_x——游泳池池水的循环流量，m^3/h；

　　　α——管道和过滤设备水容积附加系数，一般为 1.05~1.10；

　　　V——游泳池的水容积，m^3；

　　　T——游泳池水的循环周期，h。

5. 循环水泵的选择

（1）对用途不同的游泳池，循环水泵宜单独设置，以避免各池不同时使用时造成管理困难；

（2）水泵出水流量按循环流量确定，即按式（12-2）计算；

（3）备用水泵按过滤设备反冲洗时，工作泵与备用泵并联运行确定备用泵的容量；

（4）扬程应根据管路、过滤设备、加热设备等的阻力和安装高度、流出水头经计算确定，流出水头无资料时，可按 0.02~0.05MPa 确定。

（5）循环水泵应尽量靠近游泳池，水泵吸水管内的水流速度采用 1.0~1.2m/s；压水管内的水流速度宜采用 1.5~2.0m/s；水泵机组的设置和管道的敷设应采取减振和降低噪声措施。

6. 循环管道的选择

循环给水管道内的水流速度，一般采用 $1.2\sim1.5m/s$；循环回水管道内的水流速度一般采用 $0.7\sim1.0m/s$。循环水管道宜敷设在沿游泳池周边设置的管廊或管沟内。

循环水系统的管道宜采用给水铸铁管或塑料管，埋地敷设的管道应采用给水铸铁管。如采用钢管时，管内、外壁应考虑防腐措施。

◆◆ 12.1.4 泳池系统水质净化

（1）为防止游泳池池水中的固体杂质（如毛发、纤维、树叶等）影响后续循环和处理设备正常运行，在池水进入水泵和过滤设备前，应予以去除。预净化装置为毛发聚集器，一般装设在水泵的吸水管上。毛发聚集器的设计选择应符合下列要求：

1）结构紧凑，耐腐蚀，水流阻力小。

2）过滤筒（网）耐腐蚀并具有一定的强度，其孔眼直径不大于 3mm，总面积应为连接管截面积的 $1.5\sim2.0$ 倍。

3）毛发聚集器的过滤筒（网）应易于清洗或更换。有两台循环水泵时，宜采用交替运行的方式对过滤筒（网）交替清洗或更换。

（2）过滤设备的设计选择应符合下列要求：

1）为保持过滤设备的稳定、高效运行，宜按 24h 连续运行状况设计；

2）每座游泳池的过滤器数量应按规模大小、运行条件等经技术经济比较确定，一般不宜少于 2 个；

3）过滤设备宜采用压力式过滤器。

（3）为保证游泳池和水上游乐池池水的过滤和消毒效果，如采用石英砂或无烟煤过滤器，在净化过程中应投加下列药剂：

1）过滤前投加混凝剂；

2）根据消毒剂品种，宜在消毒前投加 pH 调节剂；

3）根据气候条件和池水水质变化，不定期地间断式投加除藻剂；

4）根据池水的 pH 值、总碱度、钙硬度、总溶解固体等水质参数，投加水质平衡药剂（水质平衡应保证池水的水质符合卫生标准要求）。

（4）消毒。

1）为了防止疾病传播、保证游泳者的健康，必须对池水进行严格的消毒杀菌处理。消毒方法的选择应符合下列要求：

①杀菌消毒能力强，并有持续杀菌功能；

②不造成水和环境污染，不改变池水水质；

③对人体无刺激或刺激性小；

④对建筑结构、设备和管道无腐蚀或轻微腐蚀;

⑤费用低,且能就地取材。

2)游泳池池水一般采用氯消毒方法,在有条件和需要时,可采用臭氧、紫外线或其他消毒方法。采用臭氧、紫外线消毒时,还应辅以氯消毒。采用氯消毒时,应遵守下列规定:

①消毒剂采用液氯、次氯酸钠或二氧化氯,小型专用游泳池可采用氯片;

②氯消毒剂的投加量一般按有效氯为 1.0~3.0mg/L 设计计算;

③液氯宜采用负压自动投加方式,并应设置液氯与池水充分混合接触的装置;

④次氯酸钠宜采用重力式投加方式,投加在循环水泵的吸水管上。

12.2　水景设计

◆◆◆ 12.2.1　给水排水的形式

1. 直流给水系统

如图 12 - 4 所示,可将喷头直接与给水管网连接,喷头喷射一次后的水即排放,不循环使用。

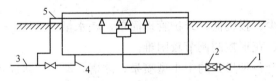

图 12 - 4　直流给水系统

1—给水管;2—止回阀;3—排水管;4—泄水管;5—溢流管

优点:系统简单、造价低、维护简单。

缺点:耗水量大。

此系统常与假山盆景配合做成小型喷泉、瀑布、孔流等,适合在小型庭院、大厅内设置。

2. 陆上水泵循环给水系统

如图 12 - 5 所示,系统设有贮水池、循环水泵房和循环管道。喷头喷射后的水多次循环使用。

优点:耗水量少,运行费用低。

缺点:系统较复杂,占地较多,管材用量较大,投资高,维护管理麻烦。

这种系统适合各种规模和形式的水景,一般用于较开阔的场所。

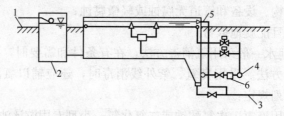

图 12-5　陆上水泵循环给水系统

1—给水管；2—补给水井；3—排水管；4—循环水泵；5—溢流管；6—过滤器

3. 潜水泵循环给水系统

如图 12-6 所示，系统设有贮水池，将成组喷头和潜水泵直接放在水池内循环使用。

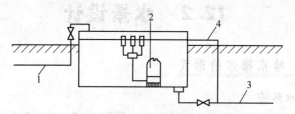

图 12-6　潜水泵循环给水系统

1—给水管；2—潜水泵；3—排水管；4—溢流管

优点：占地少、投资低、维护管理简单、耗水量少。

缺点：水姿、花形控制调节较困难。

这种系统适合各种形式的中小型喷泉、冰塔、涌泉、水膜等。

4. 盘式水景循环给水系统

如图 12-7 所示，系统设有集水盘、集水井和水泵房。盘内铺砌踏石构成甬路。喷头设在石隙间，适当隐蔽。

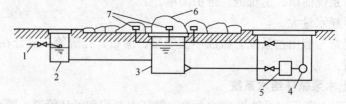

图 12-7　盘式水景循环给水系统

1—给水管；2—补给水井；3—集水井；4—循环泵；5—过滤器；6—踏石；7—喷头

优点：此系统可使人在喷泉间穿行，满足人们的亲水感，增加欢乐的气氛。同时系统不设贮水池，给水均循环利用，耗水量少，运行费用低。

缺点：循环水易被污染，维护管理较麻烦。

这种系统适合于公园中采用，可设计成各种中小型喷泉、冰塔、孔流、水膜、瀑布、水幕等形式。

上述几种系统的配水管道宜以环状形式布置在水池内，小型水池也可埋入池底，大型水池也可设专用管廊。设计时配水管的水头损失一般采用 5～10mm/m 为宜。配水管道接头应严密平滑，转弯处应采用大转弯半径的光滑弯头。每个喷头前应有直线管道，且管道长度应不小于 20 倍喷管管径。每组喷头应有调节装置，以调节射流的高度或形状。管道应有不小于 0.02 的坡度坡向集水坑，以利于泄空排水。在选用管材时，输水管可用铸铁管或钢管，配水管用钢管，管道应涂防腐材料，以延长使用年限。为了保持池中正常水位，还需设置补水管，以补充水池的水量损失。池内还要装设溢流管及泄水管，泄水管上需要安装阀门，在阀门之后可与溢流管合并成一条总排水管。图 12-8 所示为某喷泉给水排水系统。

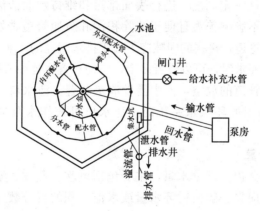

图 12-8　喷泉的给水排水系统

◆◆■ **12.2.2　水池设计的计算**

1. 工艺尺寸计算

水池是喷泉的贮水设施，也是水景景观的重要组成部分。水池的平面尺寸设计应考虑在设计风速下水滴不至于被风吹到水池外。水滴在风力作用下漂移的距离可按下式计算：

$$L = \frac{0.029\,6Hv^2}{d} \tag{12-3}$$

式中　L——水滴漂移的距离，m；

　　　H——水滴最大降落高度，m；

　　　v——设计平均风速，m/s；

d——水滴计算直径，mm，与喷头形式有关，其数值参考表 12-4 选用。

喷泉水池的平面尺寸每边应比计算值大 1.0m 以上，以减少向池外溅水。喷泉水池的水深一般采用 0.4～0.6m，水池的超高一般采用 0.25～0.30m。如果水池还兼作其他用途时，应按其特殊用途满足水池深度要求。

表 12-4 　　　　　　　　各种喷头喷洒水滴的直径

喷头形式	水滴直径/mm
旋流式	0.25～0.50
碰撞式	0.25～0.50
直流式	3.0～5.0

2. 排水设备计算

喷泉水池中应设有溢水和排污排水设施，以利于运行、管理和维修工作。为使水池中水位保持一定高度、进行表面排污和维持水面清洁，池中应设溢流口。溢流口宜设在不影响美观且便于清除积污和疏通管道之处，口上设置格栅以防止漂浮物堵塞管道，格栅的间隙应不大于排水管径的 1/4。大型水池如设一个溢流口不能满足要求时，可以设置多个，均匀布置在池中或周边处。

为便于水池和管道的放空，池中需设泄水装置。泄水口上设置格栅，泄水管上设置闸阀。采用循环供水系统时，泄水口可兼作水泵吸水口，利用水泵排空。

3. 补充水量计算

水景在运行中会损失部分水量，主要包括风吹、蒸发、溢流、排污和渗漏等水量损失。水量损失一般按循环水量或水池容积的百分数计算，其数值参考表 12-5 选用。

表 12-5 　　　　　　　　　　　水量损失

水景形式	风吹损失占循环流量的百分数（%）	蒸发损失占循环流量的百分数（%）	溢流排污损失（每天）占池容积的百分数（%）
喷泉、水膜、冰塔、孔流	0.5～1.5	0.4～0.6	3～5
水雾	1.5～3.5	0.6～0.8	3～5
瀑布、水幕、叠流、涌泉	0.3～1.2	0.2	3～5

补充水量应满足最大损失水量，还应满足运行前的充水要求，充水时间一般按 24～48h 考虑。对于非循环供水的镜池等静水景观，从卫生和美观考虑每月宜换水 1～2 次，或按 2%～4% 的溢流排污百分率连续溢流排污，同时不断补入等量的新鲜水。

补给水可使用生活饮用水、生产用水或清洁的天然水体，水质应符合《生活饮用水卫生标准》（GB 5749—2006）的感官性指标要求。

12.3 洗衣房设计

◈◈ 12.3.1 洗衣房的布置原则

洗衣房是宾馆、公寓、医疗机构、环卫单位等公共建筑中经常附设的建筑物，用于洗涤各类纤维织物等柔性物件。

洗衣房常附设在建筑物地下室的设备用房内，也可单独设在建筑物附近的室外，由于洗衣房消耗动力和热力大，所以宜靠近变电室、热水和蒸汽等供应源、水泵房；位置应便于洗物的接收、运输和发送；远离对卫生和安静程度要求较高的场所，以防机械噪声和干扰。

洗衣房主要由生产车间、辅助用房（脏衣分类贮存间、净衣贮存间、织补间、洗涤剂库房、水处理、水加热、配电、维修间等）和生活办公用房组成。

洗衣房的工艺布置应以洗衣工艺流程通畅、工序完善且互不干扰、尽量减小占地面积、减轻劳动强度、改善工作环境为原则。织品的处理应按接收、编号、脏衣存放、洗涤、脱水、烘干（或烫平）、整理折叠、洁衣发放的流程顺序进行；未洗织品和洁净织品不得混杂，沾有有毒物质或传染病菌的织品单独放置、消毒；干洗设备与水洗设备设置在各自独立用房，应考虑运输小车行走和停放的通道和位置。

◈◈ 12.3.2 洗衣量的计算

水洗织品的数量应由使用单位提供数据，也可根据建筑物性质参照表 12 - 6 确定。宾馆、公寓等建筑的干洗织品的数量可按 0.25kg/（床·d）计算。

表 12 - 6　　　　　　　各种建筑水洗织品的数量

序号	建筑物名称	计算单位	干织品数量/kg
1	居民	每人每月	6.0
2	公共浴室	每 100 床位每日	7.5～15.0
3	理发室	每一技师每月	40.0
4	食堂、饭馆	每 100 席位每日	15～20
5	旅馆：		
	六级	每床位每月	10～15
	四～五级	每床位每月	15～30

续表

序号	建筑物名称	计算单位	干织品数量/kg
	三级	每床位每月	45~75
	一~二级	每床位每月	120~180
6	集体宿舍	每床位每月	8.0
7	医院:		
	100病床以下的综合医院	每一病床每月	50.0
	内科和神经科	每一病床每月	40.0
	外科、妇科和儿科	每一病床每月	60.0
	妇产科	每一病床每月	80.0
8	疗养院	每人每月	30.0
9	休养院	每人每月	20.0
10	托儿所	每一小孩每月	40.0
11	幼儿园	每一小孩每月	30.0

洗衣房综合洗涤量（kg/d）包括客房用品洗涤量、职工工作服洗涤量、餐厅及公共场所洗涤量和客人衣物洗涤量等。宾馆内客房床位出租率按90%~95%计，织品更换周期可按宾馆的等级标准在1~10d范围内选取；床位数和餐厅餐桌数由土建专业设计提供；客人衣物的数量可按每日总床位数的5%~10%估计；职工工作服平均2d换洗一次。

洗衣房的洗衣工作量（kg/h）根据每日综合洗涤量和洗衣房工作制度（有效工作时间）确定，工作制度宜按每日一个班次计算。

洗衣设备主要有洗涤脱水机、烘干机、烫平机、各种功能的压平机、干洗机、折叠机、化学去污工作台、熨衣台及其他辅助设备。洗涤设备的容量应按洗涤量的最大值确定，工作设备数目不少于2台，可不设备用。烫平、压平及烘干设备的容量应与洗涤设备的生产量相协调。

◆◆ **12.3.3 给水排水管道设计**

洗衣房的给水水质应符合生活饮用水水质标准的要求，硬度超过100mg/L（CaCO$_3$）时考虑软化处理。洗衣房给水管宜单独引入。管道设计流量可按每kg干衣的给水流量为6.0L/min估算。洗衣设备的给水管、热水管、蒸汽管上应装设过滤器和阀门，给水管和热水管接入洗涤设备时必须设置防止倒流污染的真空隔断装置。管道与设备之间应用软管连接。

洗衣房的排水宜采用带格栅或穿孔盖板的排水沟，洗涤设备排水出口下宜设集水坑，以防止泄水时外溢。排水管径不小于100mm。

洗衣房设计应考虑蒸汽和压缩空气供应。蒸汽量可按 1kg/(h·kg 干衣) 估算，无热水供应时按 2.5～3.5kg/(h·kg 干衣) 估算，蒸汽压力以用汽设备要求为准或参照表 12-7。

表 12-7　　　　　　　　　各种洗衣设备要求蒸汽压力

设备名称	洗衣机	熨衣机 人像机 干洗机	烘干机	烫平机
蒸气压力/MPa	0.147～0.196	0.392～0.588	0.490～0.687	0.588～0.785

压缩空气的压力和用量应按设备要求确定，也可按 0.49～0.98MPa 和 0.1～0.3m³/(h·kg 干衣) 估算，蒸汽管、压缩空气管及洗涤液管宜采用铜管。

参 考 文 献

[1] 中华人民共和国住房和城乡建设部，中华人民共和国国家质量监督检验检疫总局．
GB 50015—2003 建筑给水排水设计规范（2009 版）［S］．北京：中国计划出版社，
2010.

[2] 中华人民共和国建设部，国家技术监督局．GB 50045—1995 高层民用建筑设计防火规范
（2005 版）［S］．北京：中国计划出版社，2005.

[3] 中华人民共和国建设部．GB 50336—2002 建筑中水设计规范［S］．北京：中国计划出版
社，2012.

[4] 中华人民共和国建设部，中华人民共和国国家质量监督检验检疫总局．GB 50016—2006
建筑设计防火规范［S］．北京：中国计划出版社，2006.

[5] 中华人民共和国建设部．GB 50084—2001 自动喷水灭火系统设计规范（2005 版）［S］．
北京：中国计划出版社，2005.

[6] 中华人民共和国卫生部，中国国家标准化管理委员会．GB 5749—2006 生活饮用水卫生标
准［S］．北京：中国标准出版社，2007.

[7] 中华人民共和国建设部，中华人民共和国国家质量监督检验检疫总局．GB 50140—2005
建筑灭火器配置设计规范［S］．北京：中国计划出版社，2005.

[8] 中华人民共和国建设部．GB 50013—2006 室外给水设计规范［S］．北京：中国计划出版
社，2006.

[9] 中华人民共和国建设部．GB 50014—2006 室外排水设计规范（2011 版）［S］．北京：中
国计划出版社，2012.

[10] 中华人民共和国住房和城乡建设部，中华人民共和国国家质量监督检验检疫总局．
GB/T 50106—2010 建筑给水排水制图标准［S］．北京：中国建筑工业出版社，2011.

[11] 中华人民共和国住房和城乡建设部．GB/T 50001—2010 房屋建筑制图统一标准［S］．
北京：中国建筑工业出版社，2011.

[12] 何俊雅，等．建筑给水排水设计［M］．北京：中国建筑工业出版社，2004.

[13] 高明远，等．建筑给水排水工程学［M］．北京：中国建筑工业出版社，2002.

[14] 汤万龙，等．建筑给水排水工程［M］．北京：机械工业出版社，2004.

[15] 李亚峰，等．高层建筑给水排水工程［M］．北京：化学工业出版社，2004.

[16] 严煦世，等．给水排水管网系统［M］．北京：中国建筑工业出版社，2008.

[17] 李玉华，等．建筑给水排水工程设计计算［M］．5 版．北京：中国建筑工业出版社，
2005.

[18] 谷峡．建筑给水排水工程［M］．哈尔滨：哈尔滨工业大学出版社，2001.

[19] 樊建军，等．建筑给水排水及消防工程［M］．北京：中国建筑工业出版社，2005.